高等学校烹饪与营养教育专业教材

烹饪美学

何志贵　庄　卓　杨　静 / 主编

PENGREN
MEIXUE

中国轻工业出版社

图书在版编目（CIP）数据

烹饪美学 / 何志贵，庄卓，杨静主编. -- 北京：中国轻工业出版社，2025. 9. -- ISBN 978-7-5184-5622-2

Ⅰ. TS972.11

中国国家版本馆CIP数据核字第2025B7G295号

责任编辑：贺晓琴
文字编辑：莫佳琳　　责任终审：高惠京　　设计制作：锋尚设计
策划编辑：史祖福　　责任校对：刘小透　晋　洁　　责任监印：张　可

出版发行：中国轻工业出版社（北京鲁谷东街5号，邮编：100040）
印　　刷：艺堂印刷（天津）有限公司
经　　销：各地新华书店
版　　次：2025年9月第1版第1次印刷
开　　本：787 × 1092　1/16　印张：12.75
字　　数：262千字
书　　号：ISBN 978-7-5184-5622-2　定价：49.00元
邮购电话：010-85119873
发行电话：010-85119832　010-85119912
网　　址：http://www.chlip.com.cn
Email：club@chlip.com.cn

240693J1X101ZBW

本书编委会

主　编：何志贵　庄　卓　杨　静

副主编：张嫚嫚　赵浩然　张　宇　陈　广

参　编：高蓝洋　王玉宝　纪宽宏　李佳妮

许万里　宿　时　李　洋　吴　晶

PREFACE 前言

美，是人类永恒的追求。从远古时期原始人对陶器纹饰的精心雕琢，到如今人们对建筑、服饰、艺术作品的审美鉴赏，美的力量始终贯穿于人类文明发展的历程。它不仅丰富了我们的精神世界，提升了生活品质，更成为推动文化传承与创新的重要动力。在众多美的领域中，烹饪美学以其独特的魅力，将味觉、视觉、嗅觉等多重感官体验融为一体，在人类生活中占据着不可或缺的地位。

烹饪美学，是烹饪艺术与美学理论的深度融合。它不仅是将食材制作成美味佳肴，更是通过对食材的巧妙搭配、烹饪技艺的精湛运用、菜品造型的创意设计，以及餐饮环境的精心营造，创造出具有审美价值的烹饪作品。在当今社会，人们对餐饮的需求早已不再局限于温饱，而是更加注重饮食过程中的审美体验。一道精美的菜肴，能够让人在品尝美味的同时，获得视觉与心灵的双重享受；一个富有艺术氛围的餐饮环境，能为用餐增添独特的情趣。烹饪美学的发展，不仅提升了烹饪行业的文化内涵与艺术价值，也为满足人民日益增长的美好生活需要提供了新的路径。

《烹饪美学》这本教材，旨在为烹饪与营养教育专业学生、餐饮行业从业者以及对烹饪美学感兴趣的爱好者，搭建一座深入了解烹饪美学的桥梁。本教材内容丰富全面，从基础理论到实践应用层层递进。第一章“绪论”，对烹饪美学的基本概念、研究对象和发展历程进行了系统阐述，帮助读者建立起对这一学科的整体认知；第二章“烹饪美感的构成”，深入剖析了味觉、视觉、嗅觉等多种感官因素在烹饪美感形成中的作用；第三章“烹饪审美的文化要素”，探讨了文学、美术等对烹饪审美观念的影响；第四章“烹饪产品的审美设计”与第五章“餐饮环境审美设计”，则从实践角度出发，介绍烹饪产品和餐饮环境的设计原则与方法；第六章“宴会综合设计”，将前面所学内容进行整合，指导读者完成一场兼具美味与美感的宴会设计。通过学习本教材，读者能够全面掌握烹饪美学的理论知识与实践技能，提升自身的审美素养与创新能力。

在本教材的编写过程中，我们参阅了大量的文献资料，使编者在编写过程中得到了很大启发，特别感谢扬州大学旅游烹饪学院的大力支持，本教材中引用的部分资料是我在扬州大学读书期间对专家授课笔记的整理。本教材由桂林旅游学院食品与健康学院何志贵教授、桂林旅游学院庄卓副教授和苏州城市学院艺术与创意设计学院杨静老师担任主编。桂林旅游学院张嫚嫚老师、赵浩然老师和苏州城市学院康养产业学院张宇副教授、成都银杏酒店管理学院现代酒店管理学院陈广教授担任副主编。顺德职业技术大学烹饪学院高蓝洋副教授、浙江旅游职业学院酒店管理与厨艺学院王玉宝教授、海南职业技术学院旅游学院纪宽宏副教授、上海中侨职业技术大学李佳妮老师、上海科创职业技术学院许万里副教授、河南农业职业学院烹饪营养学院宿时副教授、浙江农业商贸职业学院旅游烹饪学院李洋老师、无锡旅游商贸高等职业技术学校吴晶老师也参与了本书的编写工作。在编写过程中，老师们结合自身丰富的教学经验与实践成果，深入研究相关理论知识，力求内容的科学性与实用性。全书由何志贵和庄卓负责审稿、统稿工作，力求在整个内容体系上的协调与统一。

值此桂林旅游学院四十周年华诞之际，我们谨以此教材献给学校。四十年风雨兼程，桂林旅游学院培养了无数优秀人才，为旅游与餐饮行业的发展作出了卓越贡献。本教材的出版，既是对烹饪美学教学成果的一次展示，也是向桂林旅游学院四十周年华诞的一份献礼。在此，向所有为本教材付出努力的单位和个人表示最诚挚的感谢！

由于时间与水平有限，书中难免存在不足之处。恳请广大读者在阅读过程中，不吝赐教，提出宝贵的意见和建议。您的反馈将是我们不断改进和完善本教材的重要动力。再次感谢您对本教材的关注与支持！

何志贵

2025年6月

CONTENTS 目录

01 第一章 CHAPTER

绪论

教学目的与要求

（一）教学目的

知识：理解美学的定义，了解美学的研究方法，了解中西方美学的演变历程。

能力：感受烹饪审美的主体和客体的主要表现，体会烹饪美学实现的各个方面。

情感：通过对烹饪美学基础理论和基础技能的学习，能运用审美能力和烹饪科学知识进行烹饪美学训练的实践。

（二）教学要求

1. 内容

美学的基础知识和历史演变及其呈现；烹饪美学的理论基础体系和基础技能；烹饪美学的实践训练；烹饪审美的构成及实现。

2. 行为

搜集并总结中国八大菜系中任一菜系的中式烹饪美学特征。

3. 达标

分小组汇总汇报，要求信息全面，且理论联系实际。

教学重点

应用审美能力和烹饪科学知识进行烹饪美学训练。

教学难点

中国传统美学和西方美学的发展历程。

思考与实践

1. 中西方美学的主要特点分别是什么？主要差异有哪些？
2. 如何提高个人审美能力，具体方法有哪些？
3. 探讨审美鉴赏能力的提升对民众生活，以及对国家和社会层面产生的影响，举例说明。
4. 搜索一幅你认为当前最美的图片，待学习烹饪美学后再次欣赏，观察自己的审美感知是否有所提高。
5. 思考烹饪美学理念如何融入专业学习和日常生活？

第一节 烹饪美学概述

一、美学基础知识

（一）美学的定义

美学是哲学的二级分支学科，是研究人与世界的审美关系的一门学科。它是以意象世界为对象的人生体验活动，是人类的一种精神文化活动。美学需要扎实的哲学功底，它既是一门思辨的学科，又是一门感性的学科。美学与心理学、语言学、人类学、神话学等有着紧密联系。

"美学"一词来源于希腊语Aisthetikos，最初的意义是对感官的感受，由德国哲学家亚历山大·戈特利布·鲍姆加登首次提出。他的《美学》一书的出版标志着美学作为一门独立学科的产生。直到19世纪，美学在传统古典艺术的概念中通常被定义为研究"美"的学说。现代哲学将美学定义为认识艺术、科学、设计和哲学中认知感觉的理论和哲学。

（二）美学的方法

美由一定的内容和与之相适应的形式组成。美的形式是诉诸人的感官，从对美的欣赏过程来看，人们总是最先接触对象的形式，然后通过这种形式再去感受它的内容。故此，美的本质可以简要概括为：美是人类通过社会实践所形成的客体对象上，以宜人的物质形式显现出来的、体现人的积极、正面、肯定性的本质力量的、具有普遍性和共同性的品格或特质；或者说，美是在客体对象中以赏心悦目的物质形式显现出对人的本质力量的肯定和确证的品格或特质。由此，美的特征也表现为感染性、形象性、功利性和社会性。

美学作为一门具有独立研究对象的科学，一方面依赖于人们的审美活动、艺术活动的实践，从理论上概括社会审美经验；另一方面又能够反过来指导和影响社会审美意识的发展，推动艺术实践的发展。一般来说，审美研究中要以马克思主义哲学的基本观点为指导，将它应用于美学研究实践，需要强调的是：①理论与实践相结合的方法，从审美实践和美学思想斗争的实践出发，找出规律。②历史与逻辑相统一的方法，美学是一门在社会实践研究基础上，历史地变化着的审美现象的科学。美学中的各个范畴和规律是随着现实生活和艺术的发展而历史地产生和形成的。

二、美学的历史演变

（一）中国传统美学的发展历程

中国传统美学思想的起源与发展源远流长、博大精深，并有其独特的思想体系。在古代，羊是人类重要的食物来源之一，羊的大小直接影响其对于人类的生存意义。因此，羊大被视为美的一种表现。此外，“羊大为美”中的“美”字，在《说文解字》中被解释为“羊大则美”。无论儒家美学、道家美学、佛教美学或禅宗美学思想，都强调美与善的统一、情与理的统一、人与自然的统一、认识与知觉的统一。中国美学思想的历史演变见表1-1。

表1-1 中国美学思想的历史演变

时期	代表人物	学说、观点和特征
春秋战国	儒家	“仁”，就是做人的道理，也就是爱和同情心。有一定的局限性和片面性
	墨家	“食必常饱，然后求美；衣必常暖，然后求丽；居必常安，然后求乐。”重生产的实用美学思想，补充了儒家思想重人而忽视物的不足，充实了社会美的基本内容
	道家	“天地与我并生，而万物与我为一。”进一步形成了重人性、重人情的意境美学思想
	法家	重视社会规律的创造美学思想：“道者，万物之所然也，万理之所稽也。”补充了儒家重礼仪而忽视社会变革的不足
两汉	西汉《淮南子》	以道家的自然天道观为中心。综合先秦、儒、法各家的美学思想
	扬雄	继承发扬了思想中合理进步的因素，同时又表现出不受儒家思想束缚的气概
魏晋南北朝	曹丕《典论·论文》 陆机《文赋》 顾恺之《论画》 宗炳《画山水序》 阮籍《乐论》 嵇康《声无哀乐论》 王羲之《书论》 刘义庆《世说新语》 刘勰《文心雕龙》	从人物品藻开始，涉及诗、文、画、山水、庭院等，艺术全面发展和繁荣并且涌现大量艺术家。玄学家阮籍在《清思赋》中“余以为形之可见，非色之美；音之可闻，非声之善。”体现了崇尚自然、超越有限、追求无限的美的精神 从汉代到魏晋是中国美学思想体系的正式建立期，在哲学思想发展史上发生了一个转折性的变化，即从宇宙认识论转变为人格本体论，也就是说魏晋玄学抛弃了汉代阴阳五行说那种对宇宙系统的经验性的描述，代之以对人类社会人们关切的问题进行理性的哲学思考
唐宋元明清	唐 张彦远画论、孙过庭书论、韩愈文论、白居易和司空图的诗论	表现出儒、道、释的相映生辉 文艺创作空前繁荣，不同风格流派争奇斗艳：入仕、归隐、内地、边塞、庙堂、社会、自然等，方方面面都引发艺术创作，也凝结为各种理论
	宋元明 李贽、徐渭、汤显祖、袁宏道	以“童心”“至情”“性灵”“俗”“真”为主要概念的美学思想。宋代美学明显地表现为越来越浓的道释思想，宋画追求远与逸，宋诗讲究平淡，宋词也崇尚清空。宋代美学总体风格从唐的雍容大度转为远、逸、平淡 市民阶层和市民文艺的兴起，是一个新的背景，从宋发展到晚明，形成了具有独立形态的美学思想体系
	清 金圣叹、李渔、王夫之、袁枚、叶燮、郑板桥	美有客观性、相对性、多样性、差异性、继承性等 明代以前美学思想的总结和发展

续表

时期	代表人物	学说、观点和特征
近代	梁启超、王国维、蔡元培、鲁迅	梁启超重视文学和审美教育的社会功能。他认为文学、音乐、美术是实施“情感教育的‘三利器’”；劳作、游戏、艺术、学问都需培养高尚趣味 王国维的美学观点以叔本华、康德、尼采等人的哲学为理论基础，最早把西方文学介绍到中国。他对美的性质、范畴、审美心理、美育等进行论述，突破了旧传统、旧方法的局限，体现近代资产阶级美学的特点。他认为生活的本质是："欲""欲与生活与痛苦，三者一而已矣"。只有美和艺术可以使人暂时摆脱痛苦 蔡元培主要受康德美学理论的影响，继承了中国古代重视审美社会功用的思想，提倡美学为改造人的精神服务。认为世界观和美育能引导人们看到人生的真正价值 鲁迅提出真善美统一于艺术的思想，逐步形成了自己系统的现实主义美学思想，是资产阶级美学的批判者和无产阶级美学的奠基人 随着旧民主主义革命的发展，西方资产阶级美学思想传入中国
现代	四大学派 朱光潜	四大学派：一是以吕荧和高尔泰为代表的主观派，强调人的作用；二是以蔡仪为代表的客观派，强调美的客观性；三是以朱光潜为代表的主客观统一派，强调审美主体与客体的关系；四是以李泽厚为代表的客观性与社会性统一派，强调美的社会实践性 现代美学家朱光潜主张美是主客观统一。他在其《文艺心理学》一书中提出“美不仅在物，亦不仅在心，是在心与物的关系上面。但这种关系并不如康德和一般人所想象的，在物为刺激，在心为感受；它是心借物象来表现情趣，世间并没有天生自在俯拾即是的美，凡美都是经过心灵的创造。” 这一时期美学进入新的历史阶段

（二）西方美学的发展历程

“西方”是一个地缘概念，也是一个政治概念，从对“西方美学史”的概念来看，它更侧重于文化概念，它与我们所谓的“东方文化”形成鲜明对比，具有文化形态的意义内涵。作为西方美学的代表，它主要指欧美，但也包括俄罗斯，甚至日本。也有部分学者认为不是整个西方都有美学，而是主要集中在几个主体国家：古代的希腊和罗马，文艺复兴的意大利，近代的英法德。美学的概念最初由西方提出，美学作为学科的设立也始于西方，西方美学思想的历史演变见表1-2。

表1-2　西方美学思想的历史演变

时期	代表人物	关键事件和思想
古希腊 罗马时期	毕达哥拉斯 赫拉克利特 德谟克利特 苏格拉底 柏拉图 亚里士多德 郎加纳斯 普罗提诺	哲学和艺术高度繁荣，美学家开始对美和艺术进行哲学思辨性的反省和思考，形成了最早的美学思想。毕达哥拉斯学派认为美是数的和谐；赫拉克利特认为和谐是从斗争中产生的；德谟克利特则提出文艺创作中灵感与模仿两个重要的美学观念；苏格拉底美学思想强调美对于人类社会的效用；柏拉图和亚里士多德对美和艺术进行了真正的系统的哲学思考，建立起完整的体系，从而成为西方美学思想的奠基者。罗马时期的美学家提倡“寓教于乐”；郎加纳斯强调感情；普罗提诺把美学导向了神学唯心主义

续表

时期	代表人物	关键事件和思想
中世纪	方济各	宗教和神学统治了意识形态领域，艺术和美被认为是属于感性世界的享乐。以上帝的名义来讲美；反对艺术，实际上却又承认了艺术的存在；重视形式，形式来自上帝；美是有等级的，从物质感性的美，一层层引向道德性的内在的美，以至达到最高的上帝的美。中世纪美学思想复杂而又矛盾。它既是神学的附庸，又有反神学的东西。文艺复兴时期的美学思想，就是从中世纪美学思想中孕育出来的
文艺复兴时期	斯卡里杰 卡斯特尔维屈罗 达·芬奇	从神学的迷雾中走出来，面对现实的人，歌颂人的理性、智慧和力量，歌颂人的世俗的美和欢乐。文艺复兴时期的美学，在人与神的对立中发现了人，并将艺术引向了人，强调艺术要从人的技艺上升到哲学智慧的高度
法国新古典主义时期	笛卡尔 布瓦罗	对古希腊和古罗马古典的崇拜和对理性和秩序的尊重成为主流。笛卡尔是心体二元交感论的创始人，认为人在鉴赏艺术作品时，内心感到一种理智的喜悦，它不同于其他事物的爱憎，完全属于一种心灵的情绪。布瓦罗主张自然、理性、真理三位一体，认为理性是主宰，美的事物必须是符合理性的，也就必然具有普遍性，并在这种普遍性上建立起文艺的审美标准
法国启蒙运动时期	伏尔泰 狄德罗 卢梭	启蒙运动是思想和文艺领域里反新古典主义的运动。继文艺复兴之后它进一步从思想上打击了封建统治和教会神权。狄德罗等人的美学思想建立在唯物主义认识论的基础之上，提出了“实在的美”“相对的美”和“美是关系”的论点，在审美标准上提出了真、善、美的统一论。狄德罗在造型艺术上，力图扭转绘画的浮华纤巧的风气，反对迎合贵族社会口味的新古典主义绘画。美和美德问题是卢梭全部著作关注的中心。卢梭认为对奴役的仇恨和为自由而献身才是真正美德的内容。美和美德是分不开的
英国经验主义美学	沙夫茨伯里 哈奇生 阿里生 荷迦兹 休谟 博克	英国经验主义美学在西方美学史上是一个承前启后的重要阶段，是传统美学过渡到近现代美学的开始。它最显著的特点是强调感性经验的重要性，把经验的事实作为研究美学问题的出发点，认为美丑来自人的主观心理感受。沙夫茨伯里是柏拉图主义者，站在与经验主义相反的理性主义的立场上，认为人生来就有审辨善恶美丑能力的“内在感官”；除他以外，当时绝大多数英国经验主义美学家都深受洛克哲学的影响，强调感性经验是一切知识的来源，人类的一切知识都可以用感性经验来加以说明。英国画家荷迦兹曾提出蛇形线是最美的线条，因为它能表现动作。他认为适宜、变化、一致、单纯、错杂和量这六种因素恰当地混合在一起，就能产生美
德国理性主义美学	莱布尼茨 沃尔夫 鲍姆嘉通	是与英国经验主义美学相对立的思潮。英国经验主义强调经验，认为美丑来自人的主观心理感受的经验，力图把经验派的感性经验和理性派的先天理性统一和调和起来。莱布尼茨则认为感觉经验靠不住，具有普遍性和必然性的永恒真理，应当来自“理性的永恒法则”。人的认识，就是要使本来就有的“天赋观念”，经过感觉经验的“机缘”，加以触发，从朦胧的认识达到清晰的认识。沃尔夫把莱布尼茨的哲学通俗化了，在美学思想方面，他特别提出了“完满性”的概念，认为美在于一件事物的完满，它能引起人们的愉悦感。鲍姆嘉通把人的心理活动分成知、意、情三个部分。知，是理性认识，已有逻辑学来研究；意，是道德活动，已有伦理学来研究；情，就是感性认识，也应当有一门专门的学科来研究，他称这门学科为“感性学”，这也就是“美学”，据此称他为美学学科的创始人
德国古典美学	康德 席勒 谢林 歌德 黑格尔	法国启蒙运动美学、英国经验主义美学、德国理性主义美学，三者同时出现于18世纪，这是西方美学思想高度繁荣和发达的时期。康德的美学，是要为感性经验中快与不快的感情寻求具有普遍性和必然性的先验理性原则。席勒认为审美观照与艺术创造的“游戏冲动”，也是“感性冲动”与“形式冲动”的统一与和谐。黑格尔关于“美是理念的感性显现”的著名论断，更是感性与理性的统一，认为理念通过感性形象来显示自己，这就是美。最能通过感性形象来显现理念的是艺术，因此，艺术最美。黑格尔的美学研究，主要是研究艺术美。在艺术美中，感性与理性、个别与一般、客观与主观，达到了美学领域中最高的统一。在黑格尔的体系中，唯心主义美学得到了最辩证的完成

续表

时期	代表人物	关键事件和思想
俄国美学时期	赫尔岑 别林斯基 车尔尼雪夫斯基 杜勃罗留波夫 皮萨列夫	德国古典美学以后，西方美学思想向着三个方向发展：一是发展唯心主义，形成了19世纪中叶以后形形色色的资产阶级美学思想；二是经过费尔巴哈的批判，发展成为以车尔尼雪夫斯基为代表的俄国革命民主主义的美学思想；三是经过马克思、恩格斯的批判和改造，继承了以前的美学的“合理内核”，使其成为马克思主义美学的一个重要来源。在美学的基本观点上，俄国革命民主主义者从唯物主义的立场出发，反对唯心主义的美学理论。车尔尼雪夫斯基强调，美就是生活，现实生活本身就是美的，一切美的事物都包括在活生生的现实里；艺术美是现实美的再现，是对生活美的复制。强调文艺的人民性和民族性，并把它们看作与真实性问题密切相关的事物

三、烹饪美学及其呈现

（一）烹饪美学的定义

烹饪美学，具体又可称为烹饪工艺美学、烹饪工艺美术。烹饪美学，是研究以食用为目的的色彩和造型表现艺术，是实践烹饪技术所需的全部美术原理，是美化提高了的烹饪技术，主要涵盖色彩美学、造型艺术、文学、历史、音乐、心理学、营养卫生学、生物化学与分子生物学和食品雕刻、糖塑等多种烹饪工艺学。

随着人们对美的追求的纵深发展，烹饪工艺美术应运而生，乃至更全面的烹饪美学作为一门独立的学科，具有明显的特点和自己的艺术观。烹饪，旨在满足人类的饮食需求；而烹饪美学，则致力于提升人类的饮食体验，其食用价值又依附烹饪美学而得到升华，因此，研究烹饪美学，是在确保并提升食用价值的同时，去努力升华艺术的表现水平。一切相关艺术的原理都是烹饪美学可利用的“养分”，而又在烹饪的过程中得到消化和吸收。

（二）烹饪美学的呈现

烹饪美学形成的基础是烹饪活动和饮食生活。其现状与发展体现在多个方面，如美化进餐环境、选购饮食器具、购置工作人员服饰、训练工作人员的谈吐举止、安排宴会音乐、运用各种礼节和仪式、设计菜肴造型、餐桌台面布局等。烹饪过程不仅对菜肴的色、香、味、形有基本要求，还需妥善选择和购置餐具、炊具，在菜肴命名、进餐环境美化布置、宴席台面摆设、宴会气氛调节、菜肴装盘上桌规格顺序等方面按照美的规律呈现。

1. 烹饪美学中的造型设计与制作

烹饪美学中的造型设计即食品造型艺术，是在烹饪工艺美学理论的指导下进行的艺术实践。烹制菜肴在造型追求上是辩证的，既重天然色泽，又重装饰美化；既有自然形态，又有人工塑造，并力求将色、香、味、形、质、器、意、养融为一体。这就使烹饪艺术具有赏心悦目、脍炙人口的魅力，又给人以美的享受。烹饪美学是一门研究烹饪工艺造型美规律性的学科。

2. 烹饪环境美及饮食氛围美

烹饪过程不仅对菜肴的色、香、味、形等有基本要求，在菜肴命名、进餐环境的美化和布置、宴席台面的摆设、宴会气氛的设定与调节、厨房设计等方面也要按照美的规律来表现。烹饪美学也要研究烹饪环境美化的一般法则，追求饮食环境与宴席美的统一。

3. 烹饪饮食器具之美

饮食器具既有实用价值，又有审美价值。完美的烹饪工具能有效提高烹饪效率，并且还能在操作时影响厨师烹饪水平的发挥，展现出专业的烹饪过程美，确保菜品质量达到最佳水平。因此学习烹饪必须研究饮食器皿以及烹饪工具的美学价值，正确地使用，才会给顾客以美的享受。纵观中西方饮食器具、烹饪工具演进的历程，作为一种社会文化的象征，其审美形式感和实用性从未分离。

4. 烹饪饮食文化

烹饪饮食文化涉及食材的开发与利用、食具的运用与创新、食品的生产与消费、餐饮的服务与接待、餐饮业与食品业的经营与管理，以及饮食与国泰民安、饮食与文学艺术、饮食与人生境界的关系等。因此，烹饪美学是与这些元素相结合，在掌握中西菜系审美特征的基础上，以保证食用为前提，以升华烹饪艺术表现水平为目的的探索。

第二节
烹饪美学的研究方法

一、烹饪美学基础理论体系

作为多学科交叉的综合性学科，烹饪美学以“美善统一”为核心构建理论框架。其理论体系呈现三级递进结构：营养卫生学构成学科基石，保障烹饪活动的科学性与伦理性；烹饪工艺学作为主体支撑，通过刀工、火候、调味、技法等实现美学具象化表达；生物化学与分子生物学则形成学科前沿，推动烹饪美学的创新性发展。同时，色彩美学、造型艺术等学科作为辅助理论工具，通过视觉传达、空间构建、文化阐释等维度，共同完善烹饪美学的多维呈现。

（一）色彩美学

色彩作为人类接收的初级视觉信号，在烹饪美学中具有先导作用。现代色彩心理学研究表明，暖色系可提升食欲感知达23%，冷色系则增强清爽体验。烹饪色彩美学需遵循三原色互补原则，通过色相环理论实现食材本色的强化与人工着色的协调。专业厨师需掌握孟塞尔色彩系统的明度、彩度调控技巧，在保留食材自然色相的基础上，运用渐变、对比等手法构建视觉节奏。值得关注的是，中国传统“五色观”（青、赤、黄、白、黑）与五行学说形成了独特的配色体系，在时令菜肴设计中具有特殊的应用价值。

（二）造型艺术

烹饪造型突破传统二维平面限制，运用立体构成原理构建饮食空间美学。现代分子料理中常见的球化、凝胶化技术，实质是运用材料力学改变食物相态，实现造型的突破性创新。摆盘设计需遵循格式塔视觉原理，通过负空间运用（留白率建议30%～40%）、黄金分割构图（0.618比例）、质感对比（光滑/粗糙表面处理）等手法增强视觉张力。故宫博物院复原的“清宫万寿宴”造型显示，传统食雕技艺通过镂空雕（透雕率65%±5%）、浮雕（凸起高度0.3～1.2厘米）、圆雕（三维立体造型）等工艺，实现从“形似”到“神似”的美学升华。

（三）文学和历史

饮食文学研究显示，《红楼梦》中186处食事描写构成了完整的美学体系，其中“茄鲞”制作工艺的9道工序暗合“九重天”宇宙观。历史维度中，宋代《山家清供》记录的104道菜肴，通过命名学分析可见72%采用典故命名法。民俗田野调查表明，徽州“八碗八”宴席制度，通过偶数组合体现阴阳平衡思想。烹饪美学需构建“三位一体”阐释框架：以文学想象拓展意境空间（如“诗礼银杏”），以历史考据还原本真滋味（如仿唐宴），以民俗采风激活地域特色（如云南“绿叶宴”）。文学、历史、民俗与美食之间的关系源远流长，将之巧妙、充分地吸收并运用到烹饪美学领域中，既从隐性的层面纪念历史或记录现世，其中体现的丰富多彩的饮食文化，又是对人类社会发展的时间和空间的凝练和升华。

（四）音乐

音乐与美食之间的关系源远流长，它们之间存在着一种微妙的对应关系。音乐的元素如音高、音色、音量、节奏、切分音、独奏曲、轻音乐、古典音乐、摇滚乐和和声等，与美食的味道如酸、甜、苦、辣、咸、涩、香等有着惊人的相似之处。烹饪美学旨在实现一种音乐与美食的相互映衬的艺术形式。

音乐与烹饪美学之间的关系是一个复杂而有趣的话题，它涉及艺术、文化、感官体验等多个层面。在探索这种关系时，我们可以从不同的角度来审视，包括音乐元素与烹饪过程中的风味搭配、音乐风格与菜系之间的联系，以及音乐对食物味道的影响等方面。

（五）心理学

烹饪美学与心理学有着密切的联系。在烹饪过程中，人们对于美的感受和追求不仅体现在菜肴的外观、味道等方面，还涉及心理层面的因素。例如，烹饪对心理健康有好处。研究表明，执行创造性的烹饪任务能使我们感到更快乐。像烘焙这样的烹饪活动，对于一些患有精神疾病的病人来说是很好的职能疗法，可以帮助病人发展计划技能、短期记忆和社交技能。

此外，烹饪美学中的食趣美，讲究美食与美酒、美茶、美景、美事的结合，这种结合能给人们带来愉悦的心理体验，反映了人们在饮食活动中的心理需求和审美观念。心理学在烹饪美学中发挥重要作用，影响着人们对烹饪美的感知和创造。

（六）分子美食学

分子美食学（Molecular Gastronomy）这一概念最早于1988年由匈牙利物理学家尼古拉斯·柯蒂（Nicholas Kurti）及法籍化学家埃尔维·蒂斯（Herve This）提出。分子美食学是一门结合了科学和烹饪的学科，它通过研究烹饪过程中的物理和化学变化，来改进和创新美食的制作方法。

现代烹饪科学已建立了食材分子数据库，收录超过15万种风味化合物的相互作用参数。通过质构分析仪测定，分子料理中常用的海藻酸钠凝胶强度需控制在250～350克每平方厘米。低温慢煮技术运用阿伦尼乌斯方程，精确计算不同蛋白质变性温度（如牛肉胶原蛋白62℃解链）。球形化技术依据表面张力公式$\gamma=\Delta P \cdot r/2$，通过钙离子浓度（0.5%～1.2%）调控液膜厚度。这些技术创新不仅实现72小时低温牛排的精准嫩化，更推动“可食用香水”（风味微胶囊）等新型美学载体的诞生。

通过学习这些内容，在烹饪中掌握食材的基本特性，可以充分展现出烹饪活动中的色、香、味、形、质、器、养的美学要素，以及进行相关理化验证；运用好分子美食学的基础知识，还可以为烹饪美学的“意”，实现深入性和延展性的应用（如分子料理）打下扎实的理论基础。

二、烹饪美学基础技能

掌握烹饪美学基础技能对厨师来说至关重要。它不仅能提升菜肴的审美价值，还能增强食客的饮食体验，从而使餐饮服务更具吸引力。此外，随着人们生活水平的提高和对健康饮食的关注，烹饪美学已经成为评价一道菜肴是否美味和高级的重要标准之一。

（一）食材选择与搭配

烹饪美学首先体现在食材的选择上。优质的原材料是制作美味佳肴的基础。了解各种食材的特性、产地和季节性，能够帮助厨师更好地进行食材搭配，创造出既符合口味又具有视觉冲击力的菜肴。如东壁龙珠（图1-1）是一道具有深厚文化底蕴和独特风味的传统名菜，用福建泉州开元寺内种植的珍贵“东壁龙眼”作为这道菜的主要原料，将肉馅嵌入龙眼中，经

图1-1 东壁龙珠

过炸制而成。成菜后色泽金黄，形状如珠，皮壳酥脆，肉馅鲜美多汁，既有龙眼的清香，又有肉之鲜味，味道甘美奇特。

（二）加工技巧

食材的加工技巧直接影响到菜肴的口感和美观度。这包括切割、雕刻、拼摆等基本技能。通过精细的刀工和巧妙的摆盘，可以使菜肴呈现出艺术般的形态，增加食欲。如宝塔肉（图1-2）是一道超高难度的家常菜，主要难度在于需要高超的刀工，将肉切得薄而不断，再依据模具形状进行堆叠塑形，用笋干、黄花菜、菌菇等不同风味的配料填满塔腹。将塑好形的宝塔肉放入锅中蒸制数小时，直至肉质酥软。蒸制完成后，开模倒扣入盘中即可上桌。

图1-2　宝塔肉

（三）调味艺术

调味是烹饪中不可或缺的一环，它能够提升菜肴的味道层次，使食物更加美味。掌握调味的艺术，需要了解各种调料的性质和使用时机，以及如何通过调味来平衡菜肴的酸甜苦辣咸。如鱼香肉丝（图1-3）以其独特的“鱼香味”著称，这种味道综合了咸、甜、酸、辣、鲜、香等多种风味，主要通过泡红辣椒、葱、姜、蒜、糖、盐、酱油等调味品调制而成。

图1-3　鱼香肉丝

（四）烹饪方法

不同的烹饪方法会对菜肴的色香味产生不同的影响。了解各种烹饪技法（如炒、炖、蒸、烤等）的特点，并能够根据不同食材和菜肴的要求选择合适的烹饪方法，是烹饪美学基础技能的重要组成部分。如国宴中的开水白菜（图1-4）是一道经典的四川名菜，以其独特的制作工艺和精美的呈现方式著称。此菜之所以被称为“开水白菜”，是因为它使用了一种特殊的“开水”，实际上这是一种清澈透明的高汤而非普通的开水。上菜时，服务人员会在客人面前将清澈的高汤缓缓倒入装有白菜的器皿中，随着高汤的注入，白菜心逐渐展开，呈现出盛开的花朵形态。

图1-4　开水白菜

（五）摆盘与装饰

摆盘与装饰是烹饪美学中的最后一道工序，也是呈现菜肴视觉效果的关键环节。合理的摆盘与装饰不仅能够突出食材的特色，还能通过色彩和形状的搭配增强菜肴的整体美感。如刺身（图1-5）的摆盘是日料中最为亮眼的一环，技巧也有很多种。刺身摆盘不仅是一种美食呈现方式，更是一种艺术表达，注重色、香、味、美、器的和谐统一。刺身摆盘原本遵守“一器一种”的习惯，但现在常见的做法是将几种鱼盛在一个食器里，做成拼盘。有些烹饪艺术家将刺身摆盘提升到了艺术品的高度，创作出令人叹为观止的作品。

图1-5 刺身

三、烹饪美学训练

烹饪美学是大中专院校烹饪相关专业的专业基础课，掌握好烹饪美学对烹饪专业发展至关重要，不仅可以提升个人的审美素养，还能够运用美学的知识为烹饪作品增加美感，从而为个人专业发展提供更多的途径和更大的空间。

（一）提升审美能力

提升审美能力是一个循序渐进的过程，不能一蹴而就，需要花费时间和付出持续的努力。

1. 收集和整理优秀作品

这包括各种艺术形式，如文学、电影、舞蹈、绘画、摄影、设计等，广泛阅读书籍，尤其是文学和艺术领域。通过收集和整理这些作品，逐渐积累审美的体验，并从中学习和感悟，提升审美认知。

2. 高效的视觉认知模式的培养

实施“五步精进法”：观察（1∶1比例临摹）→解析（黄金分割率测算）→解构（元素符号提取）→重组（蒙太奇式创作）→评价（SWOT美学分析）。重点培养格式塔完形感知能力，眼动仪追踪显示，专业厨师对摆盘构图的视觉驻留时间较常人缩短40%，证明其已形成高效的视觉认知模式。

3. 掌握一些基本的美学规则

掌握基本的美学规则如色彩、层次、线条、光影、构图等，对于提升审美能力至关重要。这些基础知识可以更好地理解和欣赏艺术作品，从而建立自己的审美体系。

4. 分析和对比大师的作品

通过分析和对比大师的作品，学习他们的创作技巧和理念。将作品拆解开来，分析其各个组成部分，用近距离视角深入理解美的表现形式。

（二）提升烹饪工艺技能

进行烹饪工艺训练是一个系统性的训练，旨在提高烹饪技能和专业知识。

1. 基本功训练是烹饪工艺训练的基础

基本功训练主要包括手指力量、手腕力量、前臂力量的训练。这些训练有助于提高厨师在厨房工作中的操作效率和质量。例如，手指力量训练可以增强握锅的指力和臂力，而手腕力量训练则有助于提升拿锅和握刀的稳定性。这是实现烹饪美学综合效果的基础。

2. 烹饪技法训练是提高烹饪水平的关键

这包括各种烹饪方法的训练，如炒、烧、蒸、炖、炸等。通过这些技术的训练，厨师可以制作出各种美味的菜肴。例如，焯水工艺的训练可以更好地控制菜肴的口感和营养，加强对烹饪美学中细节的把控。

3. 烹调工艺训练是烹饪技能提升的重要途径

它涉及食材的选择、切割、烹饪方法、调味等方面的知识。通过学习各种烹调工艺，可以更好地理解食物的性质和特点，从而使烹饪美学的应用更加灵活多样。

第三节 烹饪审美与烹饪美学实现

一、烹饪审美的构成

（一）烹饪审美的主体

烹饪审美主体是由“生产者—传播者—消费者”构成的动态交互系统。主要包括：创作维度，主厨群体（占比68%）主导菜品美学表达；阐释维度，美食评论家（22%）构建审美话语体系；体验维度，美食家（10%）完成审美价值闭环。审美主体在烹饪活动中不仅关注食物的味道，还关注食物的色泽、形状、香气等多方面的美学特质，他们通过自己的感官和专业知识，对食材进行艺术性的加工和创新，创造出既美味又美观的菜肴。

在烹饪产品的设计与创造过程中，设计者与创造者既是烹饪审美的主体，也是饮食审美的主体。他们依赖于烹饪原材料与器具的审美价值属性，同时也受到这些元素的制约。在这个过程中，审美主体通过自己的审美能力和情感诉求，对烹饪产品进行单一性和综合性反复交替、螺旋上升的审美过程。

审美主体在烹饪活动中的特点主要表现在以下几个方面。

（1）创造性　审美主体需要具备高度的创造力和想象力，能够在传统的基础上创新，开发出新的烹饪方法和技巧。

（2）感知能力　他们对食材的质地、颜色、气味等有着敏锐的感知能力，能够准确地捕捉到食材的美。

（3）文化修养　良好的文化修养有助于提升审美主体的审美水平，他们需要了解不同文化背景下的饮食习惯和美学理念。

（4）实践能力　审美主体需要具备扎实的烹饪技能，能够将美学理念付诸实践，制作出令人赞叹的美食作品。

烹饪美学不仅关注烹饪活动中的审美现象，还致力于探索和发现烹饪美的规律和方法，形成一套对烹饪审美活动具有实践指导意义的系统理论和方法理论。这意味着烹饪审美的主体在实践中不仅要具备审美鉴赏能力，还要能够按照烹饪创美的规律进行创作，避免过分或刻意地追求某些表面的美感，同时也不能忽视或漠视应有的美感表达；烹饪美学也是对中国几千年形成的饮食烹饪文化成就和经验的一种理论总结和概括，是对我国优秀的饮食烹饪文化的继承、弘扬和发展。因此，烹饪审美的主体在进行审美活动时，还需要考虑到文化背景和传统，以及如何在现代社会中赋予传统烹饪文化新的思想内容和生命力。

（二）烹饪审美的客体

烹饪审美的客体主要是指在烹饪过程中所涉及的各种元素，包括食材、烹饪器具、菜肴的色、香、味、形以及所传达的意境和情感。这些元素共同构成了烹饪艺术的外在表现和内在含义，是审美主体（如厨师、食客）感知和评价的对象，主要包括食材、烹饪工具、菜肴的外观和味道等。审美客体的特点主要表现在以下几个方面。

（1）多样性　烹饪审美的客体非常多样，包括各种食材、烹饪工具、菜肴的造型、味道等。

（2）直观性　审美客体往往具有直观的美学特征，如食材的颜色、形状、纹理等可以直接被感官所感知。

（3）社会文化性　烹饪审美的客体受到社会文化的影响，不同的文化背景对美的定义和评价标准有所不同。

（4）变化性　随着科技的进步和社会的发展，烹饪材料和烹饪技术不断更新换代，审美客体也在不断地变化和发展。

烹饪审美的客体是一个多元化的概念，涵盖了从原材料到最终成品的所有环节，以及在此过程中所体现的艺术性和文化性。通过对这些客体的精心选择和处理，厨师能够创造出既美观又美味的菜肴，带给食客全方位的审美享受。

二、烹饪美学的实现

烹饪审美的主体与客体之间存在着密切的互动关系。审美主体通过对食材的加工和烹饪，使原本普通的食材转化为具有美学价值的菜肴。在这个过程中，审美主体的创造力、感知能力和文化修养都起到了关键的作用。同时，审美主体也对审美客体提出了要求，审美客体需要具有一定的美学特征，能够引起审美主体的兴趣和关注。

烹饪审美的主体与客体是相互依存、相互影响的。审美主体通过自己的知识和技能，将食材转化为具有美学价值的菜肴，而审美客体则提供丰富的美学元素，激发审美主体的创造力和想象力。两者之间的互动关系既构成了烹饪审美活动的核心内容，也完美呈现了烹饪美学中烹饪思想和烹饪艺术的融合。因此，烹饪美学的实现是一个综合性的过程，它力求达到色、香、味、形、质、器、意、养各要素的和谐统一，为人们带来的不仅是生理上的满足，更是精神上的享受。

烹饪思想的实现主要涉及烹饪活动的哲学、道德、文化和精神内涵，这些内涵是烹饪艺术的灵魂和核心，是烹饪文化的高度表现。烹饪美学不仅关注食物的色、香、味、形、质的和谐统一，还强调食材的选择、烹饪技巧、营养搭配等方面的合理性与艺术性。

（一）中式烹饪美学思想

中式烹饪美学思想是人类在长期的烹饪实践中，把聪明才智、高超的烹饪技艺和创造能力物化在烹饪上，是烹饪从业者的本质力量的感性表现，是中国传统饮食文化的重要组成部分，它融合了中国哲学、美学、文化等多方面的元素，体现了中国人对食物的审美追求和精神寄托，展现了中国文化的深厚底蕴和艺术魅力。中式传统烹饪美学思想实例如表1-3所示。

1．天人合一

天人合一是中国传统哲学的基本观点之一，认为天地万物与人类是一个整体，相互联系、相互影响、相互依存。烹饪活动也遵循了这一原则，注重顺应自然规律，尊重食物本性，体现人与食物的和谐统一。

2．阴阳五行

阴阳五行是中国传统哲学的重要理论，认为阴阳是宇宙万物运动变化的两大基本原理，五行是五种基本物质，它们相互制约、相互促进，构成了世界的多样性和动态性。烹饪活动中可以根据食物的温凉寒热来调节人体的阴阳平衡，以及根据食物颜色的白、绿、黑、红、黄来对应五行的金、木、水、火、土。

3．中庸之道

中庸之道是中国传统哲学的核心思想之一，认为中庸是处于两个极端之间的适度状态，是达到事物最佳效果的最佳方法。烹饪活动也遵循了这一思想，注重把握食物的适度程度，调节食物的适口味道，体现人与食物的适宜匹配和最优选择。

表1-3 中式传统烹饪美学思想实例

要素	实例	人物/朝代	中式烹饪美学思想
色	东坡肉	苏东坡/北宋	“慢着火、少着水、火候足时他自美。”一小方色泽红艳、晶亮丰腴的肉块，唇齿间有酒香慢慢地流淌，又丝毫没有抢了五花肉的风头，相得益彰，通过精妙的烹制，体现了食物间阴阳五行的平衡
香	《随园食单》	王小余/清	王小余是袁枚家的厨师，他烧的菜肴香味散发“闻其臭香，十步以外无不颐逐逐然”，袁枚为其立传《厨者王小余传》，全面展现了厨师技艺、食用者和菜品天人合一的境界
味	鱼腹藏羊肉	易牙/春秋	易牙好调味，创“鲁菜”的前身“齐国菜”，曾杀子献肉。两鲜并用，互相搭配，成菜色泽光润、外酥里嫩，鲜美异常，即“鲜”字的由来，充分利用了食物之间的阴阳五行
形	萧美人糕点	萧美人/清	“善制点心，凡馒头、糕饺之类，小巧可爱，洁白如雪”，清朝宫廷、袁枚都曾大量订购，也体现了人与食物天人合一的精妙
质	文思豆腐	文思和尚/清	细如粉丝的豆腐丝，漂浮游弋在清汤之中，轻盈、洁白、精致。吃起来，既爽滑柔润，又清鲜利口，通常食客们还未回过神来，它已舒坦地抵达你的胃里，回味之际，让人不住叫好，人与食物天人合一的境界莫过于此
器	佛跳墙	郑春发/清	又名满坛香、福寿全，佛跳墙之煨器，多年来一直选用绍兴酒坛，坛中有绍兴名酒与料调和。煨佛跳墙讲究储香保味，三十多种原料与辅料分别加工调制后，分层装坛后先用荷叶密封坛口，然后加盖。煨佛跳墙之火种乃严格至纯无烟的炭火，旺火烧沸后用微火煨五六个小时而成，可谓中庸之道的巧妙运用
意	辋川小样拼盘	梵正尼姑/五代	精心用腌鱼、肉脯、瓜果蔬菜拼成二十只独自成景的小冷盘，且彼此都要有机地构成王维诗句中辋川别墅的迷人风光，“使菜上有山水，盘中溢诗歌”，将中庸之道的精髓展现得淋漓尽致
养	十二则花馔	林洪/南宋	《山家清供》描述十五种花馔，食花馔不但情趣高雅，还有一定的药用和保健功能，可美容养颜、增强体质、延年益寿，也完美实现了人与食物的天人合一

（二）西式及其他烹饪美学思想

西式及其他烹饪美学思想是一种全面考虑食物的色、香、味形以及用餐环境和礼仪的整体美学，它强调的是通过烹饪技艺和对原材料的严格把控来呈现美味的菜肴，同时，也注重食物的视觉效果和用餐体验，体现了对食物和用餐文化的尊重和追求。西式烹饪美学实例如表1-4所示。

1. 原料精挑细选，注重品质

西餐工艺极其重视原料的品质，秉承“从农场到餐桌”的原则。厨师精心挑选新鲜、高品质的食材，例如有机蔬菜、顶级肉类和鲜活海鲜。每种食材都经过严格的筛选和处理，确保其新鲜度、风味和营养价值。

2. 烹调技艺精湛，追求口感

西餐的烹调技巧娴熟，追求极致的口感和视觉效果。煎、烤、蒸、炒等多种技法相互融合，精准控制火候和时间，最大限度地激发食材的天然风味。此外，西餐还注重酱汁调制，通过调和各种香料、草本和液体，创造出层次丰富的酱汁，进一步提升菜肴的美味。

3. 摆盘艺术讲究，视觉享受

西餐的摆盘艺术堪称一绝，将菜肴升华为视觉杰作。餐盘被视为画布，食材仿佛画笔，勾勒出精美的图案和造型，既勾起了食客的食欲又带来了视觉上的享受。

4. 用餐礼仪严谨，尊重传统

西餐文化中，用餐礼仪有着悠久的历史和严格的要求。从入座、点餐到进餐，都有着规范化的流程和礼仪。

表1-4 西式烹饪美学实例

要素	实例	地区	描述
色	意面酱	意大利	意面酱分为红酱（Tomato Sauce）、青酱（Pesto Sauce）、白酱（Cream Sauce）和黑酱（Squid-Ink Sauce）。红酱是主要以番茄为主制成的酱汁，目前是最常见的；青酱是以罗勒、松子、橄榄油等制成的酱汁，其口味较为特殊与浓郁；白酱是以无盐奶油为主制成的酱汁，主要用于焗面、千层面及海鲜类的意大利面；黑酱是以墨鱼汁所制成的酱汁，其主要佐于墨鱼等海鲜意大利面，体现了西式烹饪原料精挑细选、注重品质的特点
香	迷迭香 烤肉	欧洲	迷迭香是常用的西餐香料，自身有种特别清甜带松木香的气味和风味。香味浓郁，甜中带有苦味。迷迭香粉末通常是在菜肴烹调好以后，添加少量提味使用。主要用于羊肉、海鲜、鸡鸭类等。在烤制食物腌肉的时候放上一些，烤出来的肉就会特别的香。在调制沙拉酱的时候放入少许迷迭香，还可以做成香草沙拉油汁，体现了西式烹饪原料精挑细选、注重品质的特点
味	咖喱鸡	印度 东南亚	咖喱鸡是以鸡肉、土豆、咖喱粉等为主要食材制作而成的一道菜肴，具有浓郁的异域风味，常见于东南亚菜品中，口味以咸鲜为主，略带甜辣，咖喱味浓厚。咖喱是由多种香料调配而成的酱料，常见于印度菜、泰国菜和日本菜等东南亚地区菜系，一般伴随肉类和米饭一起吃。最有名的是印度和泰国的咖喱烹饪方法，咖喱已经在亚太地区成为主流的菜肴之一，咖喱的制作也展现了东南亚菜系尊重传统的特点
形	鱼饼	韩国	韩国菜对烹饪追求极高的视觉享受，韩国鱼饼又叫鱼形烧，因形似小鱼而得名，是用面粉和各种馅料制作而成，而不是用鱼做成的。其做法是在鱼形状的模具里放入配制好的面粉，加入各种各样的馅，在炉具上烘烤即可做成鱼形状的饼，其口味多样，有豆沙、巧克力、果冻、草莓、肉蛋等系列馅料
质	牛排	欧洲	牛排的熟度一般是奇数，根据不同人的喜欢获得不同的质感，即一分熟是接近全生，是带血的牛肉；三分熟牛排的表面颜色比一分熟更深一些，但是内部肉质还带有明显的血水；五分熟牛排表面为全熟，为深褐色，中间肉质为淡粉色，呈半熟状态，会有少量的血水；七分熟的牛排大部分是熟透了，只有中间淡淡的红色，几乎没有血水；九分熟则基本全熟，表面为焦褐色，其肉质呈浅褐色没有血水，从中可以看出，西式烹饪对烹调技艺精湛，追求口感的精准要求
器	牡蛎杯	法国	牡蛎杯是将处理好的牡蛎放入特制的牡蛎杯或小烤盘中，法国牡蛎杯是一道经典法式前菜，以生蚝为核心，搭配清爽的调味汁和精致的摆盘，体现了法餐对食材本味与艺术美感的追求

续表

要素	实例	地区	描述
意	铜锣烧	日本	又称黄金饼。因为是由两块像铜锣一样的饼合起来的，故而得名铜锣烧。这是一种烤制面皮、内置红豆沙等夹心的甜点，也是日本的传统糕点。日本电影《澄沙之味》中的铜锣烧不仅是电影中的一个美食元素，更是人物情感和命运交织的关键。通过美食制作过程等细节，引发人们对人生的深入思考，在烹饪中充分糅合了对自身传统文化的尊重和继承
养	希腊沙拉	地中海地区	以其种类丰富的新鲜蔬菜和浓郁的橄榄油为特色，不仅在地中海地区深受欢迎，也成为全球健康饮食的代表之一。其独特的调味料如薄荷、羊乳酪和沙拉酱等，使其在国际上享有盛誉，被认为是美味且健康的选择，体现了地中海饮食原料精挑细选、注重品质的特点

02 第二章 CHAPTER

烹饪美感的构成

教学目的与要求

（一）教学目的

知识：理解烹饪美感中色、形、香、味、质、意各要素的具体内容，掌握它们在烹饪实践中应用的具体方向。

能力：通过对烹饪美感色、形、香、味、质、意各要素的具体内容的学习，能运用烹饪美感六要素到实际的烹饪过程中，加强从原材料制备到菜肴烹制到最后成形的美感细节，提升烹饪总体美感。

情感：感受食材在烹饪中由色、形、香、味、质、意体现的各类美感，形成对美食美感的全方位客观认知，并激发传承或创作美食的兴趣和灵感。

（二）教学要求

1. 内容

掌握饮食烹饪美感的横向构成。熟练掌握形的美感的四种体现。基本了解色彩基础及其情感效应，熟练掌握色彩的基本特征和色调，了解菜点的色彩呈现和各方面的运用。掌握香的美感来源，熟悉香的类型、香料的类型，了解香的反应途径和形成机制。掌握味的美感分类和形成，了解中式烹饪和西式烹饪调味的特点，理解味感的高级效应。了解质的美感分类，理解影响质感的因素，熟悉质的美感体现。基本掌握意匠、意趣、意境的美感实现。

2. 行为

小组合作完成主题为“柔”的烹饪菜肴美感设计。

3. 达标

要求菜肴在烹饪美感中色、形、香、味、质、意各要素的各个方面都有明确的呈现和应用。

教学重点

烹饪美感中色、形、香、味、质、意各要素的体现。

教学难点

1. 烹饪美感技巧水平、综合性和创造性思维训练。
2. 烹饪美感要素的具体尝试、运用和实践。

思考与实践

1. 总结形的美感在面点制作方面的具体应用。
2. 讨论烹饪色彩美感在一些特色菜品中的巧妙应用。

3. 准备各种香料来辨别其种类，并结合烹饪知识对其具体做法进行举例。
4. 练习调制一种复合味，并能制作出一两道相关菜肴。
5. 结合质的美感，谈谈某一具体烹饪菜肴中质感风格的主要体现及其变化。
6. 联系实际讨论烹饪意境与环境、文学、艺术的关系，并举例说明。
7. 思考何谓“人间烟火气”？写一篇关于自己亲身感受的经历的作文。

饮食烹饪美感的横向构成包括色、形、香、味、质、意六大核心要素，这不仅构成了美食审美的完整评价标准，更揭示了人类饮食文明的审美层级结构。其中色、形、香、味、质五维属于烹饪本体产生的本源性审美特质，直接诉诸感官体验：色泽激发原始食欲，形态构建视觉秩序，香气唤醒嗅觉记忆，滋味承载文化密码，质地牵动触觉神经。而“意”这一维度则突破了单纯的物质层面，通过文学意象的隐喻、语言符号的编码、音乐韵律的渗透、舞蹈节奏的暗示以及环境美学的烘托，形成具有文化复合性的审美体验，如图2-1所示，这种跨维度的审美融合使饮食升华为连接物质与精神、技术与艺术的特殊文化载体。

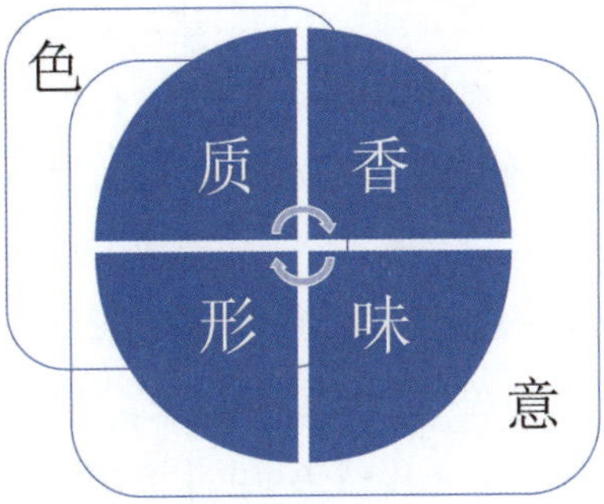

图2-1　饮食烹饪美感的构成关系

第一节　色的美感

烹饪色彩是指在烹饪过程中呈现的各种色彩。这里主要介绍显色的原理和相关知识在烹饪技术中的运用，烹饪色彩是烹饪与色彩美的结合。菜肴的色彩服务于人的思想感情，它首先映入食者的眼帘，再深入心中产生美感。在烹饪中进行恰当的色彩处理，能更好地引起视觉、味觉的条件反射，创造美感，刺激食欲。烹饪色彩是烹饪美术的有机组成部分，也是提高烹饪技艺的基础知识。通过对烹饪色彩的学习，了解色彩的起源和变化规律，认识色彩在烹饪中配合的重要性，为创造菜点的最佳色彩打下良好的基础。

一、色彩及其表情美感

（一）色彩的产生

人们生活的世界是色彩世界，色彩的感觉是美感的最普及的形式。俗话说“远看颜色近看花”，色彩最先进入人们的视觉范围。色彩来源于光。自然界中的光源很多，主要有阳光、月光等。太阳是标准的发光体，太阳光一般为白色。一束太阳光通过三棱镜后，被折射成各种颜色组成的彩色光带，即光谱，形成红、橙、黄、绿、青、蓝、紫七种色光。这七种色光被认为是标准色。可见，色彩是从光源中来的，如果没有光，人们就看不到颜色。物体的颜色变化，取决于光线照射到物体时被吸收与反射的程度。

物体由于本身组成结构不同，受光线照射后，产生光的分解现象，一部分光线被吸收，其余的光线被反射出来，成为我们所见到的各种物体的色彩。各种物体也因吸收和反射光量的程度不同，产生了各种不相同的丰富的色彩，色彩示意图如图2-2所示。当物体把射来的光全部反射，即为白光；当它吸收所有光线时，即为黑色；叶子呈绿色是因为叶子吸收了所有光而反射绿光，红花则吸收所有光而反射红光；在黑夜里或暗室里没有光线照射时，人们就看不到物体的形状，也就看不到物体的色彩。可见，物体依靠色彩得以表现，色彩附着于物体得以显示。学习色彩应了解色彩的来源、色彩的表现方法与调配、色彩的变化因素与色彩的知觉，并运用这些知识于烹饪之中，从而使经过加工的各色菜点更富有感染力。

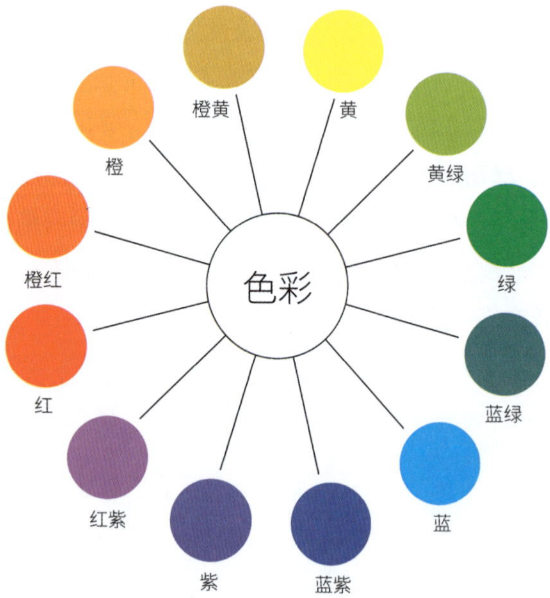

图2-2　色彩示意图

（二）色彩的表情美感

色彩是视觉感知的重要组成部分，它不仅影响着我们的视觉体验，还对情绪、心理状态和文化意义产生了深远的影响。在光谱中，人们对色彩的视觉感知从兴奋到沉静（图2-3）。

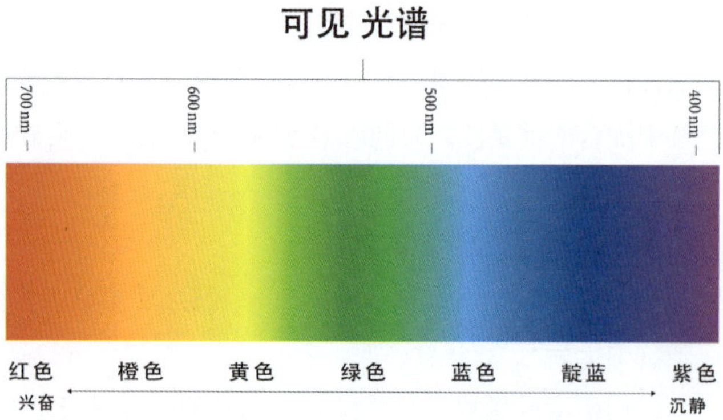

图2-3　色彩的视觉感知

色彩有一种直接影响心灵的力量。烹饪色彩美感产生的是一种从生理到心理的效应。归纳起来，几种主要色彩的表情美感如下。

（1）白色　给人以纯洁、软嫩、清淡之感。如芙蓉鸡片、糟熘三白、奶汁白菜、赛银鱼等。

而白色带油光时，则常给人肥腻的感觉。如明油亮黄（白黄）。

（2）红色　是与味道极为密切的颜色，给人以热烈、激情奔放、美好之感，同时味觉鲜明，使人感觉到浓厚的香味和酸甜。如樱桃肉、茄汁鱼、茄汁肉饼、香肠等。

（3）黄色　给人以温暖、高贵的情感，同时又多有香脆、酥松、鲜美的感觉。其中，金黄、深黄最明显，淡黄、橘黄次之。金黄色的，如干炸虾段、菊花圆子、干炸肉饼等。深黄色的，如黄焖鱼、香酥鸡一类。淡黄色的，如蒲棒里脊等。

（4）绿色　明媚、清新、鲜活、自然，是生命色。有淡绿、葱绿、嫩绿、浓绿、墨绿之分，再配以淡黄则更加突出。如炝芹菜，晶莹翠绿，清淡醒目，若再配以蚶子米，则淡黄嫩绿，倍觉清新而味美。又如江苏名菜“鸡油菜心”色泽以鲜绿、白亮为主，格外清爽。黄绿色易使人联想到枯叶，一般不用。

（5）茶色（咖啡色、褐色）　给人以浓郁、芬芳、庄重之感，同时显得味感强烈。如南煎丸子、烤鸭、烤乳猪、红烧鸡块、干烧鲫鱼、熏鱼等。

（6）黑色　在菜肴中虽有煳、苦之感，但应用得好，能给人味浓、干香、耐人寻味、余味隽永的印象。广东一些名菜，较爱用黑色来增强美感。如“麒麟鳜鱼”，黑得惹人喜爱。

（7）紫色　属于忧郁色，常能损害味感，但运用得好，能给人以淡雅、内敛、脱俗之感。如川菜“白汁鱼唇”就略带一些紫色，显得雅而静。

（8）蓝色　也会给人不香或不是菜肴的感觉，但运用恰当，同样可以使人感到清净、凉爽、大方。如用白底蓝花的鱼盘，盛青灰、白的醋椒鱼，在吃了冷荤、热炒，喝了酒之后，看到它，则令人感到清爽、冷静，倍增兴趣。

二、菜点的色彩

中国烹饪以讲究刀工、火候，注重色、形、香、味、质、意而闻名于世；在体现菜点统一美的整体表现中，“色”居首位，因视觉中最先传入大脑的是色彩印象，而后是形象。西餐里也有一句话，“You first eat with your eyes”，美好的菜点色彩让人对菜点有卫生、味美的感觉。因此，在菜点中恰当地进行色彩处理，可以制作出给人美感的菜点，极易诱人食欲。有关色彩的基础知识，可以应用到烹饪中，并且可以具体到菜肴和面点的制作上。

（一）自然色

自然色是指烹饪原料的天然色泽，它是动植物在生长过程中自然产生的，在保存和初加工过程中也会发生褪色及变色现象。

1. 鲜料色

鲜料色即新鲜原料的颜色，鲜活原料经初加工到烹饪前这段时间内，由于盛放时间短，原料内部物质转化不明显，仍然保持着天然色泽。各种常用鲜活原料的自然色按红、黄、橙、青、绿、紫、棕、黑、白等色相分类，以鲜活的动植物原料在烹饪前的呈色为标准，见表2-1。

表2-1 鲜活原料自然色分类表

类别	色相								
	红色	黄色	白色	橙色	青色	紫色	棕色	黑色	绿色
植物	红椒、红番茄、红萝卜、山楂、红果、心里美、红樱桃、红瓤西瓜、草莓、杨梅、红心包菜、红李果、红辣椒、枸杞子	韭黄、蒜黄、芹黄、柠檬、黄花菜、金针菇、杏子、玉米笋、菠萝、黄豆、生姜	山药、茭白、白瓜、白木耳、荸荠、白菇、白萝卜、大白菜	胡萝卜、橘果、红山芋、南瓜	荠菜、石耳、海带、雪里蕻	紫茄、紫卷心菜、紫菜、蓝莓	赤豆酱汁、香菇、松耳、魔芋、咖啡豆	黑芝麻、黑木耳	韭菜、菠菜、芹菜、芦笋、青椒、黄瓜、丝瓜、西蓝花、青豆、空心菜、莴苣、蒜苗、香菜
动物	鸡肫、鸭肫、鹅肫、猪腰、牛肉		鱼肉、鸡脯肉、蟹肉、鲜贝、鱿鱼、墨鱼、虾仁、银鱼	鸭蛋黄、蟹黄、鱼子	乌鸡、甲鱼		鲍鱼	乌参、皮蛋	

2. 原料加工成品色

原料加工成品色，指原料经加工后的成品色，见表2-2。动植物原料经过脱水干制、腌渍、保鲜、泡制等初加工，颜色大多数都有所改变。如黄瓜经脱水，原鲜料的青绿变成灰绿；薹菜在鲜料时色泽翠绿，经脱水后变成果绿；蕨菜在鲜料时为青绿色，经脱水后成为深褐色。火腿、香肠、香肚等半成品原料，经腌渍加工后，肉质颜色变为嫣红，而红椒经泡腌却能保持其鲜料的红亮色泽。

原料加工后的成品颜色主要有四个方面：原料的脱水干制品色，禽畜、水产品的腌渍色，泡、腌制法的原料保鲜色，原料的罐头品色。研究并掌握这类原料的色彩变化，是烹饪色彩运用的关键。

表2-2 原料加工成品色

红色	黄色	白色	橙色	青紫色	棕褐色	黑色	绿色
火腿、香肠、香肚、午餐肉、肴肉、叉烧肉、干辣椒、盐水虾、烤乳猪、烤方	蛋皮、粉皮、豆汁饼、蛋糕、鸡鸭油、蛋松	蛋白、虾糕、鸡肉鱼糕、白肚、白肉、盐水鸭、鱼香肠、豆腐、凉粉、琼脂、粉丝、净肉笋	油虾米、咸蛋黄、干蟹黄、橙皮丝、烤家禽	紫薯泥、裙边、乌叶饭、油焖茄子	卤猪肝、酱牛肉、绝味鸭肫、炖兔肉、猪蹄、豆腐干、菜干、猪肉松	黑芝麻蓉、黑枣糕	嫩豌豆粒、嫩毛豆粒、嫩蚕豆瓣、贡菜干、干黄瓜条、绿菜蓉、橄榄果

（二）人工色

在烹饪实践中，人工色的产生范围很广。不管是有色的还是无色的原料，在烹饪过程中，常常被人工合成的色素、烹饪原料的天然色汁、各色蓉泥、有色调味品及其他添加剂着色，经过烹调、拌和改变成另一种颜色。掌握这一变化的规律，可使菜点的成品，在无色中有色，在有色中变色，制作出更多、更新、更美的菜点，为丰富烹饪色彩开创一条捷径。

菜点色彩中的人工色可用三种方法形成。

1. 食用色

食用色是指可食用的色素，分为两种，一种是食用合成色素，另一种是食用天然色素。我国许可使用的食用合成色素有苋菜红、柠檬黄、靛蓝、日落黄等，其在用量上有严格的限制，具体使用范围须参考国家标准。食用天然色素来自天然物，且大多是可食资源，利用一定的加工方法所获得的有机着色剂。它们的色素含量和稳定性等一般不如人工合成品，不过，人们对使用食用天然色素感到的安全感比合成色素高。

2. 不同颜色的合成色

在烹饪中，将不同颜色的原料，通过精细加工成各种汁、浆、泥、蓉、粉状，然后根据原料的可塑性，把两种以上的不同颜色的原料，通过合调和拌、搅匀、卷捆、擀压、浇冻合成设定的新色原料。这种合成色，可弥补天然色素单调的缺陷。

新的合成原料色的相貌，主要由原料加工的粗细来决定。在加工原料时，颗粒越细密，合成后的颜色越均匀，达到看不见花色点的程度。如黄色鸡脯，是用鸡蓉、蛋黄、胡萝卜泥搅匀后，加热凝固而成的。由于原料细密，所以见不到鸡肉的白色花点。如果是大块原料，加液态原料合成后，可成为花色原料。如将去壳皮蛋切成大块，浇蛋清加热凝固后即成为黑白相间的花色原料。把绿菜泥和虾蓉调和加热凝固后，即成灰绿虾糕。将虾蓉用蛋皮卷起加热凝固切成片，即成黄白相间的花纹原料。在制作面点时，在糕团坯料中加些绿茶汁，即成淡绿色面点原料，加苋菜红即成红色原料，加黑芝麻泥即成灰黑色原料。若将各色原料摊开，层叠卷压后切块，即成精美的花色面点心。

3. 烹饪中的辅助色

烹饪中恰当地使用辅助色，常会给菜点带来出乎意料的色彩效果。它的色彩形成有两个方面。

第一个方面是有色调味品，它可以在烹饪过程中对菜点颜色进行改变。如番茄汁、红椒酱、红油、香糟、虾脑液、红曲汁都可以使无色、浅淡的原料变得鲜艳，将有色原料也能改变成暖色调。酱油、豆瓣酱、可可粉、咖啡粉可以使无色原料变成酱黄或棕亮色，用量增大能变成褐色，使有色原料的颜色可以变得深厚。咖喱粉、蚝油、鸡油可以使无色原料变得黄润，使有色原料变得明亮。

第二个方面来自添加物的颜色，可使菜点色彩提鲜增亮。常用的有饴糖、蜂蜜、奶油、蛋液、麻油等，这些物质的添加均可增加卤制品、烧烤制品的鲜明色调。在卤制品投料时加入一定量的饴糖，会使成品色调光泽明润。烤面包坯中加一定量的奶油，表面刷上饴糖，烤熟出炉时立即刷上麻油，面包的表面色彩显得鲜亮油润。加工烤鸭也是如此，鸭子烤熟时在鸭体表面抹上一层饴糖或糖蜜，能使鸭皮表面有鲜亮光泽。反之，有些产品如果不加添加物，表面成色干燥、不润泽，即使新鲜的成品也会让人觉得是过期的成品。

烹饪色彩美感，重本色美。所谓本色美，就是利用、发挥（增色、变色等方法）原料的自然色泽。如绿色系的菠菜、芹菜、白菜叶、韭菜、豌豆苗等；红色系的番茄、胡萝卜、辣椒等；白色系的山药、白菜心、白萝卜、豆腐、粉丝、银耳等。白切鸡，本色黄灿灿的就能产生美感；韭黄肉丝，自然和谐给人以美感。本色美感的获得，与色相、色性、色度等属性均有联系。另外，色彩美感重配色的和谐，忌混杂。袁枚说过："混浊者，并非浓厚之谓。同一汤也，望去非黑非白，如缸中搅浑之水。"故有经验的厨师讲究色彩美感的"一清二白"，悦目赏心。

三、色彩特征的烹饪表现

色彩究竟有多少种？据仪器测试，可分辨的有200万~800万种。色彩分有彩色（如红、黄、蓝等）和无彩色（如黑、白、灰），有色相、明度、纯度三个基本特征，以及这些色彩的概括评价——色调，决定了色彩在烹饪中的综合表现。

（一）关于色相

色相是颜色的外观，是颜色的主要特征，代表各种颜色的属性，如红、黄、蓝、红味灰、绿味灰等。色相之间的关系可以通过色相环来表示，孟塞尔色相环（图2-4）是最常用的色相环，将色相环中的颜色做等距离分隔，分别做出6色相环、12色相环、24色相环、48

色相环等，显示出颜色过渡的秩序。色相环上有多种色相关系，包括同类色（在色相环中位置相距60°以内）、邻近色（在色相环中位置相距60°~90°）、对比色（在色相环中位置相距120°左右）和互补色（在色相环中位置相距180°）等。色相对比的强弱，是以色相在色相环上各色的间距为依据的。

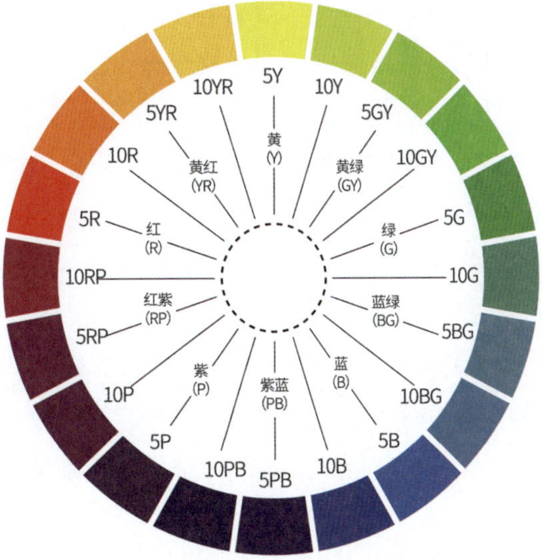

图2-4 孟塞尔色相环

色相即各类色彩的相貌称谓，在烹饪中有着举足轻重的地位，直接影响着菜肴的质量。当人们评价一道菜肴时，首先映入眼帘的就是菜肴的颜色，一道色泽亮丽、吸人眼球的菜肴会引起人的食欲。食物色彩与人体饮食的关系建立在条件反射的理论基础上，所以在烹饪中色彩搭配是否恰当，会影响到菜肴食用品质的高低。

烹饪中色相的搭配方法如下。

1. 利用本色原料

如起源于南宋吴中的名菜玲珑牡丹鲊，用青鱼片拼成牡丹花形，上笼蒸后鱼片呈微红色，像朵盛开的牡丹花，这就是充分运用本色原料做出的著名菜肴。

2. 增色

在烹调中对一些本身色泽不太鲜艳的原料，通过适当的作料或人工合成色素，使其菜肴的色彩鲜明。如粤菜中的咕咾肉，把里脊肉炸成金黄色后，浇上一层鲜红的山楂糖汁，不仅味美，而且具有透红的艳丽色泽，诱人食欲。但在实际烹调时，应严格按照国家标准规定使用人工合成色素（苋菜红和胭脂红最大使用量为0.05克每千克，柠檬黄和靛蓝最大使用量为0.1克每千克），以保证食用安全和身体健康。

3. 配色

在烹调过程中，将几种不同色泽的原料配在同一菜肴中，让其相互衬托增色，一般采用顺色配和逆色配两种方法。

（1）顺色配　只限于暖色和中性色，如暖色调的红色（大红、金红、玫瑰红）、黄色（金黄、乳黄、橙黄、鹅黄）、中性色中的绿色（深绿、翠绿、草绿、墨绿）等。但近色不能互配，在红黄绿三色中任意选两种互配才会体现鲜明、生动、清爽、雅致的色调。例如翡翠口蘑（翠绿色豆瓣与乳黄口蘑）、香椿炒鸡蛋（墨绿色香椿与鹅黄色鸡蛋）、菠萝鸭片（橙黄的菠萝与酱红色的烤鸭片重叠相间）。

（2）逆色配　即暖色调或中性色调与冷色调互配，这样的配色常常给人以节奏感，跳跃起伏，色彩的反差大，更富有视觉冲击力，也更有韵味。如黑与白的香菇鸡丝，红与黑的红油海参，红与绿配色的怡红快绿等。

4. 增色辅助手段

利用灯光来使菜肴增色，将辅助光源（如射灯）照射在菜肴上，可以起到保温和增色的作用。保温可对热菜或点心起到防冷及增脆的效果；增色是指不同光谱的灯光，可以给不同色彩的菜肴增添色彩，增加美感。如果再配以一定的烟雾效果，更能够增进菜肴的色、香、味功能。

5. 点缀

菜肴点缀是一种艺术美、形态美，吸取了西餐菜肴的装饰手法。中餐菜肴点缀与围边的原料多是可食性的，并具有调剂口味的作用，同时注重合理营养搭配。点缀与围边既可以美化菜肴，又省时省料，是比较适用的装饰方法。

（二）关于明度（光度）

明度指色彩的明暗程度。在无彩色系中，白色明度最高，黑色明度最低，如果在黑白之间加上6～9个等差渐变的灰色，便成了明度阶。在有彩色系中，黄色明度最高，紫色明度最低，红色明度中等。任何一种色彩掺入白色，明度会提高；掺入黑色，明度会降低；掺入灰色，依灰色的明暗程度而得出相应的明度色。同一色系的色彩有不同的明度，不同色系的色彩又可以有相同的明度。

1. 明度在烹饪色彩搭配中的体现

（1）菜品整体视觉效果　在烹饪中，色彩的明度搭配能够直接影响菜品的整体视觉效果。高明度色彩往往给人明亮、清新、活泼的感觉，低明度色彩则传达出深沉、稳重、浓郁的印象。如一份水果沙拉，包含了草莓、香蕉、猕猴桃等食材，草莓的鲜艳红色、香蕉的明亮黄色属于高明度色彩，而猕猴桃相对较深的绿色明度稍低，它们相互搭配，形成了鲜明的明度对比，使菜品看起来色彩丰富、充满活力，更能吸引食客的目光。

（2）营造氛围　不同明度的色彩组合还可以为菜品营造出特定的氛围。高明度色彩的菜品适合用于欢快、轻松的场合，给人愉悦的用餐体验；低明度色彩的菜品则更适合营造庄重、静谧的氛围。如在制作巧克力慕斯蛋糕时，巧克力的深棕色是低明度色彩，它能营造出一种优雅、醇厚的氛围，适合在较为正式的晚宴上食用。

2. 利用明度提升烹饪效果的方法

（1）食材选择与搭配　厨师可以通过选择不同明度的食材来搭配菜品。一方面，可以选择高明度的食材为主，搭配少量低明度的食材进行点缀，以突出菜品的明亮感和层次感。例如，在炒虾仁这道菜中，白色的虾仁是高明度食材，占据主要部分，搭配少量的绿色豌豆或红色枸杞作为点缀，使菜品更加美观。另一方面，也可以将不同明度的食材进行均匀搭配，创造出和谐的色彩效果。例如，在制作凉拌三丝时，将白色的粉丝、黄色的胡萝卜丝和绿色的黄瓜丝混合在一起，三种不同明度的食材相互交织，形成了丰富而和谐的色彩组合。

（2）烹饪技巧与色彩明度　烹饪过程中的一些技巧也会影响食材的明度。例如，煎、炸等烹饪方式可能会使食材表面颜色变深，降低其明度；而煮、蒸等方式则能较好地保持食材原本的明度。在制作红烧肉时，经过煎制和长时间炖煮，肉的颜色变得红亮深沉，明度降低，呈现出浓郁醇厚的色泽；而清蒸鱼则能保持鱼肉的洁白鲜嫩，高明度的鱼肉搭配绿色的葱丝和红色的辣椒丝，色彩清新悦目。

3．结合明度考虑的烹饪注意事项

（1）考虑菜品风格　在烹饪时，要根据菜品的风格和定位来合理运用明度。对于一些传统的中式菜品，可能更注重色彩的和谐与平衡，明度的搭配要符合传统审美观念；而对于一些创新菜品或西式菜品，则可以更加大胆地运用明度对比，创造出独特的视觉效果。

（2）满足食客需求　不同食客对色彩明度的偏好也有所不同。一般来说，年轻人可能更喜欢色彩鲜艳、明度对比强烈的菜品，而老年人则可能更倾向于色彩柔和、明度适中的菜品。因此，厨师在烹饪过程中需要考虑目标食客的群体特征，以满足他们的审美和用餐需求。

（三）关于纯度（彩度、艳度、饱和度）

纯度是指色彩的鲜艳程度、含彩量的饱和程度、含色味的多少。一种颜色的鲜艳度取决于这一色相反射光的单一程度。同一色系的颜色可以有不同的纯度，不同的色相不仅明度不同，纯度也不相同。一种高纯度的色彩混入白色或黑色时，其明度会提高或降低，其纯度则都会降低。

1．色彩纯度对烹饪的影响

（1）影响食欲　不同纯度的色彩会给人带来不同的视觉感受，从而影响食欲。高纯度的色彩往往更加鲜艳、醒目，能增强人们的食欲。例如红色，高纯度的红色菜肴给人一种甜美、厚重和味道浓郁的感觉，像“剁椒鱼头”“红烧肉”等菜品，鲜艳的红色容易引起人们的食欲；而低纯度的色彩可能会让人感觉菜品不够新鲜或缺乏吸引力。相反，一些低纯度的色彩如紫黑色，可能会影响人们的胃口。

（2）体现菜品品质　色彩纯度可以在一定程度上体现菜品的品质。高纯度的色彩通常意味着原料新鲜、品质优良，烹饪过程也恰到好处。例如，绿色蔬菜在烹饪时，如果能保持较高的纯度，呈现出翠绿的色泽，会让人觉得这道菜新鲜、健康；若绿色变得暗淡、发灰，纯度降低，就可能让人怀疑蔬菜不够新鲜或者烹饪方法不当。

2．烹饪中对色彩纯度的运用

（1）利用原料本身的高纯度色彩　在烹调中充分利用原材料天然的色与形，是烹饪中应用最广泛的配色方法。许多食材本身就具有高纯度的色彩，如用火腿、红辣椒、精瘦肉、番茄等原料的红色，用大蒜苗、韭菜、菠菜等原料的绿色，用韭黄、熟蛋黄等原料的黄色。厨师可以巧妙搭配这些具有高纯度色彩的食材，使菜品色彩鲜明、美观。例如，在制作“青椒炒肉丝”时，绿色的青椒和红色的肉丝搭配，色彩纯度高，视觉效果好。

（2）调整色彩纯度以达到理想效果　对于一些本身色泽不太鲜艳、纯度不高的食材，厨

师可以通过适当的作料或人工色素来调整，使菜肴色彩鲜明，提高色彩纯度。不过，在使用人工合成色素时，应严格按照国家规定标准执行，以保证食用安全和身体健康。例如，在制作某些糕点时，可能会使用人工合成色素来增加色彩的鲜艳度。

（3）考虑色彩纯度与其他因素的搭配　在烹饪中，色彩纯度的搭配要与色相、明度等因素综合考虑，同时还要考虑器皿的形状、大小、色彩以及外界环境等。例如，在进行色彩搭配时，可以采用同类色配合（色系相同、明度不同的色彩配合）或补色配合（两个相对的颜色配合）等方法，使菜品的色彩更加协调、美观。此外，选择合适的器皿也很重要，白色是中间色，适合各种不同色调、不同纯度菜肴的盛装，而用紫色的器皿去盛装红色的菜肴，整体红紫色可能会影响人们的食欲。

（四）色彩的综合体现

色调不是颜色的性质，而是对整体颜色的概括评价，是色彩外观的基本倾向。色调是明度和纯度概念的概括，指色彩的浓淡、强弱程度通过色彩的明度和纯度的结合来表现色彩的状态。同样是绿色调可以有高调和低调之分，同样是冷色调或暖色调也可以有高调和低调的区别。

以色相划分，有红色调、蓝色调；以纯度划分，有鲜色调、浊色调、清色调；把明度与纯度结合后，有淡色调、浅色调、中间调、深色调、暗色调等；色调也分为暖色调与冷色调。还可根据总体特征命名为日系色调、怀旧色调、胶片色调、美拉德色调、马卡龙色调、莫兰迪色调、莫奈色调等。

在烹饪美学中，菜肴颜色以暖色为主的称为暖色调。这类色调的菜肴通常能给人温暖、热烈的感觉，容易刺激食欲。以冷色为主的菜肴称为冷色调菜肴。冷色调菜肴相对给人沉静、清爽的感觉。不过在实际的菜肴中，单纯的冷色调菜肴相对较少，因为人们通常更倾向于选择有较强食欲刺激的暖色调菜肴。但一些凉拌菜可能会有偏冷色调的呈现，例如加入了蓝色或青色食材（虽然这类食材相对较少）搭配的凉拌菜，可能会营造出冷色调的氛围。整体菜肴呈现的冷暖色调以及单个菜肴或整体环境的色调呈现，是一个涉及原料选择、调味品使用、色彩搭配、盛器选择、餐饮环境布置等多个方面的综合艺术。通过合理的色调搭配，可以大大提升餐饮活动的美观度和吸引力。

四、色彩的运用

色彩在烹饪中的运用，比起其他艺术门类有着很大的差别。绘画、设计等视觉艺术通常在二维平面上模拟自然光源的色彩层次，运用多种颜料达到三维空间真实明暗色彩的立体效果。而烹饪中的色彩运用与美术用色迥然不同。因为烹饪中的色彩，大多由天然颜色的三维空间立体的原料组成，通过加工将原料分割为不同大小的形状，再组合成新的、立体的、色彩丰富的成品菜点。因此，在烹饪中色彩的运用，就要利用自身的美术色彩知识，根据现实条件的不同，加上丰富的想象力，在烹饪实践中创造出人们喜爱的、色彩丰富的“美味佳肴”。

（一）热菜色彩

热菜是佳肴的重要组成部分，是人们日常饮食中常见的菜点类之一。其色彩是人们熟悉的烹调成品色，它的颜色能让人们直接感知菜肴的质地和口味。从配菜到烹调、装盘等每一道程序都会影响菜肴的呈色。因为原料的自然色到成熟色之间存在着很大的差距，这主要是因为加热过程中原料水分流失、色素凸显、调味品颜色渗透，这些均改变了原料的色相。另外，勾芡、装盘的不同，也能影响呈色的层次和整体效果。

那么，怎样才能使热菜的色彩达到最佳状态呢？这就需要在配菜时对不同颜色原料进行合理搭配；在成熟过程中，对不同质地原料的火候要正确地把握；在调味时要做到了解有色调料的成色度，准确投量；勾芡时要做到厚薄适度；装盘时要求纯度色突出、对比色鲜明、主次色统一。

1．单色中求纯度

菜肴的色彩来自三维空间的主辅原料成品的色彩。由于各种原料的质地不同、色素的含量不同（包括原料中的水分含量），在相同的光源下能产生各种颜色的光源体，并能影响自身周围的一定空间。由于不同颜色的原料反光程度不一样，发出的光波也就长短不一。

黑色吸光不反光，所以对不同原料的反射光都有一定吸收作用。不同色的原料在一起时，反射的光源不一致从而导致色彩的明度和纯度相应降低。单一原料的颜色与反射光源相等，互相不压抑，因此色彩的纯度最高。

纯色菜肴能给人以朴实素雅、洁净无瑕的感觉。在单一原料中，要达到最佳纯色，必须在配菜中做到严格选料。使原料在烹调前达到颜色一致、质地一致、形体一致。烹调时应准确掌握加热火候，使原料受热一致。用油、水的清洁度要高，勾芡以及调味品投放要均匀。以白色菜肴清炒虾仁（图2-5）为例，同样一盘菜，在配菜时应注意严格选料。选用的白虾仁大小形体要相似，去壳干净无杂质，用油要清纯，烹调时加热火候要准确，调味品投放要均匀，勾芡要适度，装盘时将虾仁轻轻地推入盘中，使虾仁达到色彩纯白无瑕、晶莹润泽的最佳状态。反之，选料不严，虾品混杂，去壳不净，则烹调中未去干净的虾壳开始变成红褐色斑点；用油纯度不够，加热时虾肉变黄色，呈现变质原料的感官特征。所以在单一色原料加工时，色彩一定要以最高纯度为标准。

图2-5 清炒虾仁

2．双色中求对比

热菜中两种原料的配合呈色，是烹调中广泛应用的对比色方法，这种方法具有以下几方面的配合形式。

（1）同类色之间的配合　同类色之间要求色彩的明暗层次对比。如冬笋炒鸡丝（图2-6），冬笋色黄白，鸡丝色奶白，两种颜色都是浅色，为同类色。正常配合下，两种原料都是同样火候，同时成味，成品色是淡白色调，比较单调。若在配菜时将冬笋丝改刀，比鸡丝略粗壮些，使鸡丝与笋丝之间在形体上产生差距。烹调时冬笋质地紧密，可用略高温使之成熟，使冬笋的色泽加深，明度下降。鸡丝质地细嫩，可用常温使之成熟，使奶白更纯，保持明度。二者配合在一起，就会达到色的对比，使菜品的色彩具有一定深度的层次感、神秘感，摆脱平板单调的感觉，让色彩显现出活泼性，增强美感效果。

（2）不同颜色之间的配合　不同色之间要求色彩的明度有对比。不同色原料之间配合的成品菜肴的颜色，要求达到黑白分明、中性色鲜明，使菜肴的成品色调对比明亮。

图2-6　冬笋炒鸡丝

黑白对比呈色：如冬菇里脊片（图2-7），冬菇色深，呈褐黑色，里脊片经水漂洗，去净血色素后呈白色。二者配合正常烹调后同时出锅混合装盘。由于冬菇颜色深沉，吸收了部分白色肉片的白光，对白色里脊肉产生了一定的侵蚀作用，使整体色相转为灰色。如果在装盘时加以改变，将深色的冬菇放在底层，白色肉片放在冬菇上面，这样冬菇的褐黑色从肉片的白色下透出来，就会使黑色更黑、白色更白，达到黑白对比的最强色调。

图2-7　冬菇里脊片

中性色之间配合：各个中性色要突出比例大小。如青椒炒番茄（图2-8）这种普通菜，在两色配合上，青椒的绿色比率要大于番茄的红色比率。因为青椒绿色属温色，色性平和；番茄的红色属暖色，色性热烈，但对其他色都具有压抑作用。如果同量配合，会使色彩明度下降，绿色不绿，红色不艳。所以红色量减少，绿色量加大，就会显出绿色中的红更艳、绿更翠。再如黄瓜炒鱼片一菜，鱼片呈现的白色属于中性色，黄瓜呈现的绿色属于温色，同时又是暖色中的冷色，颜色较深，对白色具有一定的影响作用。二者配合，鱼片的白色量要大于黄瓜的绿色，才能达到白色更白、绿色更绿的效果。

图2-8　青椒炒番茄

3．多色配合求统一

烹饪中多种颜色的原料配合，最容易造成色彩的凌乱。所以多色的应用特别要保持主色调的统一，使色彩丰富而不显凌乱。如五彩鳜鱼丝（图2-9），使用红色火腿丝、褐色冬菇丝、白色冬笋丝、绿色葱丝、黄色姜丝等多种原料。选用整条的鳜鱼（整个去皮呈大块的自然白色，保持完整），在白色鳜鱼肉上剞上花刀变成丝毛状。把五彩丝配合镶放在鱼肉丝上。由于白色的鳜鱼肉表面完整，形成了大面积的主色调，使有些散乱的五彩丝被整体吸纳后，感觉自然统一，没有散乱之感。又如三丝里脊卷，虽然红、黄、绿三丝易散，但由于里脊肉大片把松散的彩丝包卷住，归附于主色的范围内，同样能获得和谐的整体色调。这里应注意掌握原料色的变化和统一规律，才能使色彩在菜肴的呈色中得到科学地合理应用，创作出多色多彩的菜肴。

图2-9 五彩鳜鱼丝

（二）冷菜色彩

冷菜中的色彩表现较为丰富且相对稳定，这是因为冷菜都用制作好的固定色成品原料，通常都是在成品的原料基础上再进行色彩的搭配。下面从单料色、双料色、三料色、什锦色等方面简单地归纳冷菜中的色彩配合问题。

1. 单料色

单料色是指单一原料在加工制作过程中形成的色泽。如腌腊品熟料的色彩、卤制品的色彩（捆、扎、卷、冻、压等方法形成的花纹色原料），此外像一些特殊的冷制冷吃、热制冷吃等不同方法加工的冷菜单色原料，都属此类。为避免单一原料的色彩单调，在装盘中通常要运用刀工技术将其变化成形状不同的块面，如菱形、长方形、正方形、多角形色块，或花卉形、金鱼形、蝴蝶形、走兽形、飞禽形等图案色块，两广地区的蜜汁叉烧（图2-10）就是典型代表。

图2-10 蜜汁叉烧

2. 双料色

双料色是指两种不同色相的原料配合，通常以对称各半组合形式和拌和统一形式较多。色彩对比既有同类色的明暗深浅配合，也有鲜灰即间色的对比色配合。两种原料的配合，色泽上要求有对比度，质地方面要求同步，才能达到对称中的均衡一致。

（1）鲜灰对比 如白蘸鸡配盐水虾（图2-11），

图2-11 白蘸鸡配盐水虾

一个是鹅黄色，一个是红橙色，质地上都是肉实，虽嫩而不滑，配合后形状不变，色泽清晰明快。

（2）明暗对比　如粉皮拌鸡丝（图2-12），鸡丝纤维较强，而粉皮细嫩柔滑。如果拼摆配合，粉皮的色块由于质地的滑湿而流动不齐，就会使得包块面积改动而不能对称，若将鸡丝和粉皮拌匀配合，让鸡丝的白色从粉皮的淡豆绿色中透出明暗对比色，显得色泽淡雅、均衡统一。

图2-12　粉皮拌鸡丝

3．三料色

三料色是指三种不同色相原料配合，通常采用拌和的方法，还可以根据其适合的形象，用不同色相原料（要求质地软硬相同）分不同色层排列出来，如三色蝴蝶（图2-13），三种原料的不同色配合时，常用色块的方法即把色深的排列在两旁，色淡的排在中间；或者底色重，加上一层淡色，再加上一层深色，上面用淡色加盖一层，使原料形成宝塔形色阶。

图2-13　三色蝴蝶

4．什锦色

在冷菜色彩中，什锦色是花色拼盘中色彩配合非常严格的一种流行色排列形式。什是多的意思，锦指好看的颜色、精致的原料，也就是将多种颜色的精致原料配合在一起，被称作什锦。什锦范围很广，冷盘制作中的什锦拼盘（图2-14）、什锦围碟等用色丰富，将各种不同颜色的原料，运用精细的刀工处理，有秩序地排列起来，组成对称均匀、对比鲜明的花样什锦拼盘，如荷花什锦、菊花什锦、熊猫什锦、天坛什锦、风光什锦等，都是冷菜什锦拼盘变化的结果。

图2-14　什锦拼盘

（三）面点色彩

面点中的色彩运用比菜肴中的色彩运用更简单和方便。不同品种的面粉、米粉、豆制品原料、果制品原料、可可、芝麻、乌叶、鸡蛋、奶油等，配以适量的食用色素，加上成熟的技法，就能获得美好的面点色彩。色彩在面点中的运用方法，可分为“明用色”和“暗用色”两类。

1. 明用色（表明色）

明用色主要是通过点、喷、涂、蘸、嵌、撒等方法，把调好的有色彩物直接用于面点表层，使之直接成色，达到形成预期色彩的目的。如发酵面制品中的寿桃馒头，即可用喷色方法，根据自然界中桃子的成色特征，将桃尖顶部的红色度加大，往下逐渐淡薄，用以模拟桃子成熟时的自然色调。又如安徽庐江地方名点小红头，即在点心的收口处点上红色小点，增加色彩的光亮红润感，给人以芳香气息。江苏的双麻酥饼，即在饼坯上涂一层蛋清，而后在饼两面沾上黑、白两色芝麻，成品即成两面不同颜色的芝麻饼子；开花馒头，即在馒头的表面撒点果料色青红丝，白色的开花馒头即显得淡雅别致。扬州名点千层油糕（图2-15），表面撒上“玫瑰糖”或“青红丝”，能给人甜润的味觉联想。喜庆席用的裱花蛋糕，用红绿樱桃、橘瓣等自然色彩镶嵌于面点的适当部位，即有翠玉、华贵之感。小品件中，用色丰满的要数四喜饺子，利用包捏成的四角空间，装入火腿末、白鸡肉末、青菜末等色料，形成醒目的色彩对比。

2. 暗用色（内填色）

面点中的暗用色应用形式多样，是一个多层次的用色方法。通常是把食用色素、原料掺和起来，可根据面点内容的不同要求调配色彩、运用色彩。有色面团制好后，可任意地模仿自然界中有色物象，经过提炼、概括，在色形上呈现出自然物象的妙趣。面点中暗色应用以船点最为出色，特别是在色彩搭配上精细、准确。成品中的花鸟、蔬果色形兼备、惟妙惟肖，有乱真之感。

图2-15 千层油糕

暗色用法有卷、夹、透、拼接、裱塑等手法，可使面点外在的色彩达到变化美，内在的色彩达到和谐美。

（1）卷色 分单色卷、夹色卷（即双色卷、三色卷）。如银丝卷（图2-16）即外色和内色都同样是面团的自然色。如意卷，用双色或三色以上原料组成，以两头向中段卷起成熟后成色卷。蝴蝶形色卷的卷法与如意卷大体相同，卷好后经挤压成蝴蝶形状，成熟后切成蝴蝶彩卷。北京点心中的芸豆卷，外层是白色的芸豆泥，内层是褐色的豆沙。广东点心芝麻鲜奶卷，外有黑色的芝麻泥，内透奶白色，色彩黛黑奶白、层叠高雅。

图2-16 银丝卷

（2）夹色 将具有一定厚度的不同原料，分层重叠起来，成熟后如多彩的长条细带交织，层次分明，显出自然的主体色阶感。夹色在面点中的应用较为普遍，也较为简易，同时在色彩感觉上能有较好的效果。如桂林马蹄糕（图2-17），用荸荠粉和鲜奶调制后，取其中部分加入豆沙或枣泥，制成棕褐色料。成品三层二色，层次清晰、色彩和谐。又如夹沙蛋糕，三层两色，上下层为蛋糕本色，中间层为褐色豆沙。安徽名点夹点虾糕，上下层是白色的虾蓉泥，中间一层为绿色蔬菜（如嫩蚕豆等）。又如三色糕团，用红色素或苋菜汁加入米粉中和成浅色面团，一部分加入糖色和成棕色面团，制成四层三色的糕团。

图2-17 桂林马蹄糕

（3）透色　面点制作中利用皮、馅原料不同的颜色，通过切、剪等手法，使成品内部的色彩透露出来，进而形成对比色的一种形式。如京八件菊花酥（图2-18），就是将饼坯周围等距切开，将切开的馅依次翻转后，使中间的豆沙馅或可可馅的颜色透出，形成白、褐色对比的菊花形图案。又如安徽面点中的可可马蹄酥，就是用花边滚筒在面坯的边缘线上依次滚轧成等距离的花边，使内部的可可色透出，形成对比色花边；另外一种透色是从点心的内部透出颜色，与外皮形成对比，达到明暗色彩剔透清晰的效果。如扬州的富春翡翠烧卖，皮薄如纸，透出内部馅的翡翠色。

图2-18 京八件菊花酥

（4）拼接色　面塑中常用的一种模仿物象造型的用色形式。如面点中以蔬果为题材内容的荸荠（图2-19）制作，即用此法。根据荸荠外皮的褐红色特征，配制此色面团做荸荠毛坯，坯的中段上下边粘上两道天然黑衣线，芽嘴处有黑笋衣和一两个白色嫩尖，这些都要依照本色配制后拼接成形。像面点枇杷中的果、叶等，都是先模仿自然色后拼接上的，给人栩栩如生的真实感。

图2-19 模仿荸荠的面点制作

（5）裱塑色　裱塑成色是近代面点制作中吸收了西点技术的一种独特的用色形式，但各地区不同程度地融入了自己的用色方式。裱塑通常用于蛋糕的外表装饰（图2-20），用色以少胜多，现做现用，且多以果料颜色点缀，兼顾自然美学表现与食用安全需求。裱塑用的主要原料为质感略粗的蛋白糖膏和色白细腻的奶油膏。食用色素在蛋白糖和奶油中的配色要求是：有色彩的明度要高，纯度要偏低，以形成非常明快的色彩对比，所以在纯白原料上用其他色，都要尽量少用纯度高的色彩，用色淡、自然简练，才能达到色彩高雅、质地柔和的效果。裱塑时用色应注意以深浅色的先后顺序，组成透色感，调控线条形象，形成画面。一般深色料（如可可色）先裱塑，再进行具有覆盖作用的浅淡色料的裱塑。这样可使表面的深色减弱，并从内层进出，所形成的明暗对比色就能整体吻合。图案色彩要保持对称、均衡，反之则使色彩重心倒向一边。裱塑用色时要注意明暗穿插与深浅色的配合，深色与浅色的配合，红绿的明度与白的纯度的配合。

图2-20　蛋糕裱塑

第二节　形的美感

烹饪中形的美感是指食品造型引起的审美反应，从审美的生理效应到心理效应的角度来讨论各种形态美的特点。从烹饪工艺的视角，影响菜肴形状的因素包括选料、刀工、焯水、滑油和盘饰等多个环节的技术和艺术处理。孔子曾说："割不正不食"，说明食品菜肴的形不仅是造型艺术，也是人们生活水平提高的形象标志。食品菜肴的形状之美，不仅能使人赏心悦目、增加食欲，而且能使人产生美的联想、美的享受。

烹饪的形的美感，除了外形美感，还涉及内在的形式关系，如对称、对比、均衡、重复、节奏、虚实、奇正、参差。此外，形式组合还有三个基本规律：整一律、主从律、多样变化中的统一律。这些内在的形式关系都是建立在一定的生理—心理基础上的，因而本身就能激起一种审美感情。关系不同，对应的审美感情也不同，形的美感的深刻根源在于人的自身。这些形式的美感在食品造型中也是常见的。如冷菜"飞燕迎春"（闽菜）用的是对称造型，"植物扒四宝"（粤菜）用的是均衡造型，"镜箱豆腐"（苏菜）在造型上显示了整一律的效果，"南排杂烩"（川菜）造型富于变化但又显示了统一的效果等。

一、自然形的美感

所谓菜肴的自然形式，是指由整鸡、整鸭、整鱼等原料本身固有的形状来构成菜肴形式，要求形状完整、色调均匀。一盘"盐水大虾"或是"烤乳猪""清蒸鲈鱼""樟茶鸭子"之类，都是以自然形态，保持原形来取悦于人。这一类美感的特点是形象完整、饱满，能使人想起它们的自然形，并从中产生一种欣喜感。车尔尼雪夫斯基曾说过："任何东西，凡是显示出生活或使我们想起生活的，那就是美的。"自然形的菜肴正是符合这一特点。

（一）整料保持与自然形

在烹饪中，对于一些自然形状较美的原料，有时会尽量保持其整体的状态进行烹饪。如制作北京烤鸭（图2-21），会将整只鸭进行处理和烤制，在烤制过程中，鸭的整体形状得以保留，上桌时整鸭呈现，这是对食材自然形状的一种利用。这可以满足一些传统菜品对于食材完整形态的要求，从视觉上给人一种大气、完整的美感。同时，这种整料的烹饪方式也有助于在烹饪过程中保持食材内部的汁水，使口感更加鲜嫩多汁。

（二）加热方式与自然形

不同的加热方式对食材自然形的影响不同。如蒸制这种较为温和的加热方式，对于保持食材的自然形状有很好的效果。像蒸制馒头，馒头的圆形是通过发酵和蒸制后自然形成的，蒸制过程中，面团在温度和蒸汽的作用下膨胀，形成圆润饱满的形状。这种自然形成的形状不仅美观，而且内部组织松软，口感好；而煎、炸等烹饪方式可能会改变食材的自然形状，但如果操作得当，也可以创造出独特的形态。如煎饺，饺子在煎制过程中，底部会变得金黄酥脆，而整体形状依然保持饺子的模样，但又增加了煎制后的独特质感和形状特点。

图2-21 北京烤鸭

（三）刀工与自然形

刀工与食材的自然形密切配合，在烹饪中有着重要的应用。如在制作蓑衣黄瓜（图2-22）时，利用刀工在黄瓜上斜着切出平行的刀痕，然后将黄瓜翻面再切一遍，使黄瓜在保持整体形状的基础上，具有独特的纹理和形状。这种刀工处理后的黄瓜，在腌制或凉拌后，既美观又能更好地吸收调料的味道。刀工可以改变食材的局部形状，又在不破坏食材整体自然形的基础上，增加了菜品的精致感和艺术感。

图2-22 蓑衣黄瓜

二、模仿形的美感

（一）菜品的模仿形转化

在烹饪的过程中，我们可以通过对食材的巧妙搭配和烹饪技巧的应用，将普通的食材转化为一道道色香味俱全的美食。这种转化过程本身就蕴含着一种模仿形美感，即通过对自然食材的模仿和加工，创造出具有艺术价值的美食作品。如“萝卜雕菊”，借助精湛的刀工技术可以与真菊媲美，“蝴蝶冷盘”的图案，酷似真蝶，“金鱼拼盘”简直有盘中观鱼的效果。

（二）菜品的模仿形再现

模仿形菜品的再现型美感，虽然是通过酷似神肖这个基本手段来实现，但是它依然区别于自然，甚至可以说高于自然。从本质上讲，它是一种艺术美感，而不是自然物的美感，这中间，“似”——固然能引起一种惊奇和喜悦，然而更重要的是“不似”——只有它，才能给人以丰富的联想和意蕴，使惊奇和喜悦得到升华，产生真正的美感。如四川名菜“推纱望月”（图2-23），以其独特的制作工艺、富有诗意的名称和优雅的视觉效果及美味的口感而闻名。竹荪作为“纱”的部分，通常选用优质的水发竹荪，经过清洗和处理后使用；鸽蛋作为“月”的部分，通常选用新鲜的鸽蛋，经过煮制后使用；清汤作为底汤，通常使用上等的清汤，以增加菜肴的鲜美味道。图形逼真地再现了“闭门推出窗前月，投石冲开水底天”的一种静谧而又充满动感的画面，与推纱望月的意境相得益彰，这种“似”经过了艺术的再创造，更能体会出创造者的智慧、意蕴。

图2-23 推纱望月

三、几何形的美感

几何形或抽象形这类有规律的组合形态所蕴含的美感，普通的美学原理书对此论述颇丰。自然形、模仿形都是以具体、生动的形象见长，属于再现型美感，几何形或抽象形却以纯粹的形式感见长，属于表现性美感。再现与表现，当然不能截然分家，一般来说，再现中也含有表现成分，反之亦然。

（一）几何形的美感效应

每一种几何形都有特殊的美感效应，见表2-3。

表2-3 几何形的美感效应

名称	美感效应
直线	力量、稳定、生气、刚强、挺拔
曲线	柔和、运动、变化、优美，尤其是蛇形
折线	气势、断续
垂直线	严肃、庄重、稳定、均衡
斜线	兴奋、冲动、不稳定
正三角形	稳定、上升，倒三角形恰恰相反
圆形	完美，柔情、饱满。早在古希腊时代，就被认为是最美的平面形
四边形	公正、严峻、稳重、厚实
菱形、多边形	显得相当活泼，富于变化
放射形	热情奔放、充满活力
球形	显得优雅、适中、单纯、可爱。特别是菠萝形，被英国美学家荷加兹认为是最美的立体形状
圆锥形、金字塔	显得稳重而不单调，稳定而不沉重
对称图形	均衡、完善
比例	特别是“黄金比”（5：8）的运用，被公认为既有平衡感又有变化感，是最美的比例

几何形构成的食品同样含有上述效应。烹饪的几何形美感指的是食物在形状、线条和结构上的规律性和对称性。几何形的美感能够使菜肴看起来更加精致、有序，从而增加食客的食欲。如“象眼鸽蛋”呈八角形，图形本身就具有一种热情奔放的魅力；“云片鸽蛋”的图形由两个部分构成，一是圆形，二是曲线，二者都属优美形，组合在一起，效果更强烈；湖北菜“荷花鸡蓉”由十个小圆形构图，放在一起，玲珑可爱。

（二）几何形美感的实现

烹饪的几何形美感可以通过不同的烹饪方式实现，如刀工成形、模具成形、排列等。

1. 切割形状

相较于其他形状，将豆腐切成三角形，不仅入味更均匀，受热更充分，还能在菜肴中呈现出稳定、上升的外观，为菜品增添独特的视觉效果。与普通形状的豆腐相比，三角形豆腐方便夹取，并在咀嚼时能带来不同的层次感，增加食欲。

2. 模具成形

使用几何形状的模具来制作饼干、面包等，可以使成品的形状更加独特。如使用圆形、心形或星形的模具来制作曲奇饼干，使其外观更加吸引人。

3. 排列组合

在摆盘时，可以将不同形状的食物按照一定的几何图案排列，如圆形的水果片、方形的面包块等，形成和谐的视觉效果。这种排列不仅美观，还能突出食物的层次感。

现代烹饪中，几何形的美感被广泛应用，尤其是在高端餐厅和创意料理中。厨师们通过创新的刀工技术和摆盘技巧，使菜肴呈现出更加复杂和精美的几何形态。随着科技的发展，许多新型的烹饪工具和设备被应用于几何形的制作中，如3D打印技术，可以精确地制作出复杂的几何形状，进一步提升了菜肴的美感。

四、雕塑形的美感

烹饪雕塑是艺术与技艺的融合，其美感源于艺术性、实用性、技术性与创新性的结合。以面点、凉菜及饮食器具为载体，食品雕塑通过造型传递文化意蕴与情感。唐人的《酉阳杂俎》上载有“赍字五色饼”，文曰：“五色饼法，刻木莲花，藉禽兽形按成之，合中累积五色，坚作道，名为斗钉。”可见，食品雕塑历史相当悠久。我国著名雕塑家钱绍武认为：雕塑家就是要善于组织体积，使它形成某种力量、某种感觉、某种韵律；要使体积组合得有对比，而且很强烈。他还认为：雕塑语言有两个特点，第一个是讲究影像（所谓影像就是立体塑像在看得见的空间里留给人的大体轮廓）；第二个是组织突出点（即把最有表现力的部位加以突出）。钱绍武的这些雕塑美学观同样适用于食品雕塑（包括食品雕刻）。

食品雕塑的美感产生于食品雕塑的语言，有什么样的雕塑语言，就能产生什么样的美感。各种各样的形象产生的美感都有两个基本内涵，一个是形象自身的生动、逼真产生的意趣和巧智；另一个是形象特有的象征性暗示的情感、伦理、思想内涵。前者如冷菜“鲜虾玉兔”中的玉兔，个个姿态各异，颇能给人以夺真之感，“朝霞映玉鹅”更是形象、意趣俱佳，令人遐想不已……后者如牡丹象征富贵，白鹤寓意超逸、长寿；各种形象又互相组合，构成表现主题，如“龙飞凤舞”“二龙戏珠”给人以升腾、热闹的感觉，有浓厚的民族色彩，催人奋发，预祝事业兴盛。还有“看台”的摆饰，更是气象不凡，成了参宴者审美注意的中心，给人的美感往往是多方面的。

第三节 香的美感

所谓“香气扑鼻，垂涎欲滴”，指的是菜肴的芳香美感。从饮食生理学上分析，人接触食物时，味分子随空气进入鼻腔，接触嗅部黏膜后溶解于嗅腺分泌液，刺激嗅毛，产生神经冲动，再经嗅神经传至大脑嗅觉中枢，方才产生嗅觉。而食品中的香气，则是它们所含的醇、酚、醛、酮、酯、萜、烯等类化合物挥发后，被人们吸进鼻腔引起的刺激所致。

一、香的来源

（一）本色香

每一种原料，经过烹饪挥发出的香味。如肉香（牛肉香、鸡肉香、猪肉香）、蔬香、鱼香、蛋香、谷香、果香、花香及各种原料之香。特别是有些特殊气味的食物（如臭豆腐、螺蛳粉、榴莲等）闻着“臭”，吃着却“香”，其实与人的“嗅觉”方式的不同有关。人的嗅觉有鼻前嗅觉和鼻后嗅觉的区分。所谓鼻前嗅觉，是食物气味从鼻腔进入，然后我们“闻到”气味的过程；而鼻后嗅觉，是食物气味从口腔进入，我们“吃到或喝到”气味的过程。螺蛳粉的汤和酸笋的臭味飘散出来，我们的鼻腔闻到了“臭”，这是鼻前嗅觉的体验。而当我们张开嘴不停咀嚼时，酸笋中蛋白质分解后产生的氨基酸以及其他配菜的浓郁香味，会释放出来，舌头会感知到“鲜味”，鼻后嗅觉会觉得“不臭”。相对来说，鼻后嗅觉过程远比鼻前嗅觉来得更强烈，所以，浓郁的香味一旦占了上风，则更容易上瘾。

（二）调料香

在烹调中加入作料，如花椒、小茴香、八角、丁香、桂皮、葱、蒜、酒、醋等产生了芳香、酒香、醋香、糟香等。另外，烹饪中经常使用的各类调味品、腐乳以及各种酱料的香气，都是通过微生物发酵降解而呈现出各种诱人的香味。香味物质通过微生物作用于糖类、蛋白质、脂肪和原料中某些风味物质而产生。如黄酒、面酱、腐乳、发酵类面点等发出的特有香味；食醋香气源于发酵过程中产生的酯类。

（三）烹调香

由于烹调过程中，对火候、时间等因素的控制，而使菜肴产生特殊香味，烹调的方法有炒、熘、烩、扒、炸、煎、贴、煸、烧、蒸、熏、卤、焖、烤、炖、酱、拌、腊制等，每一种方法都可使菜肴带上不同的香味，如卤的香浓、清炖的香淡、炒的香芬等等。又如川菜的代表香型——鱼香，就是调料与烹饪结合而成的，它类似真鱼的香味，故名鱼香。这种香味细加分析是姜、葱、蒜三种香型的综合效果，具有异香扑鼻、刺激食欲的效果。

二、香的类型

（一）菜肴香的类型

从香味的质和生理——心理美感来分，菜肴香的类型如下。

1. 浓香

此香浓烈，给人的美感鲜明强烈。如红烧肉、烤鸭、红煨肉、烤乳猪等。

2. 清香

此香清新、幽远，淡雅。如湘菜“清蒸整鸡”、潮州菜“八宝素菜”“纯炖芥菜”等。

3. 芳香

此香芬芳扑鼻，诱人异常。如湖北菜“油浇全鸡”“五香葱油鸭”，江苏名菜“松子肉”等，在《影梅庵忆语》中，冒辟疆盛赞董小宛烹饪的芳香：“酿饴为露，和以盐梅，凡有色香。花蕊皆于初放时采渍之，经年香味颜色不变，红鲜如摘，而花汁融液露中，入口喷鼻，奇香异艳，非复恒有。”

4. 醇香

此香醇厚醉人，经久不减。如醉虾、糟鸭、川菜“酒焖甲鱼”、粤菜“芙蓉炒鸡柳”等。

5. 异香

此香怪异，说不出所以然，但格外诱人。如川菜怪味鸡片、辣子鸡丁、麻辣胡豆等。特别是闽菜“佛跳墙”。据说：一开坛顿时就异香扑鼻，高僧闻到，垂涎难耐，跳墙去吃，故有诗赞道：“坛启荤香飘四邻，佛闻弃禅跳墙来”；还有一些地方菜似臭实香，如臭豆腐、徽州名菜“臭鳜鱼”等。

6. 鲜香

此香似带鲜味，格外刺激食欲。如炒鱼片、清炖甲鱼、红烧大虾、炒虾片、炒三丁等。

7. 甘香

此香似带甜味，浓烈醇厚。如粤菜“煀酿禾花雀”“铁扒禾花雀”、川菜“甜烧白”，还有一些甜菜、甜食等。

8. 幽香

此香幽远清爽，给人以高雅之感。如用异花做的糕点和名酒等。

当前对香气的认知仍属定性描述阶段，尚需建立定量分析体系。

（二）香料中的菜肴味型

香辛料是提升食物风味的重要调料，它们可以分为多种类型，每种香料都有其独特的风味和用途。以下是几种常见的烹饪香料类型及其特点。

1. 辛温型香料

这类香料通常包括八角、肉桂、小茴香、花椒、丁香等，它们适合家庭小吃或制酱等用途，适用范围广泛，适合大众口味。在市场上流通的五香粉中，虽然主要成分是小茴香、碎桂皮，但实际上制作时应以八角、丁香为主，其他为辅，这样才能更好地发挥香料的作用。

2. 麻辣型香料

在辛温型的基础上，加入青花椒、荜茇、胡椒、豆蔻、干姜、草果、良姜等，可以在烧制过程中投入适当的辣椒，从而达到有辣、麻的口感。这些香料的用法各异，有的可以通过热油炒制来达到香的感觉，有的则可以磨成粉状使用，还有的可以直接投入锅中煮水使用。

3. 浓香型香料

这类香料包括香砂、肉蔻、豆蔻、辛夷、进口香叶等，这类香料可形成独特香气特征，适用于香肠、烧鸡、卤鸡和高档次的烧烤等食物。

4. 怪味型香料

草果、草蔻、肉蔻、木香、山柰、青川椒、千年健、五加皮、杜仲等香料，加上五香一起煮水，可以创造出一种清新的口感。

5. 滋补型香料

这类香料如天麻、罗汉果、党参、当归、肉桂等，常作为辅料与甲鱼、母鸡等食材搭配，具有壮阳补肾、益气补中、增强人体免疫力的效果。

（三）风味的形成

风味小吃是口味上具有特定风格特色的食品的总称，是具有浓厚的地方特色的小吃，既可以作为宴席间的点缀，也可以作为早点、夜宵的主要食品。世界各地都有各种各样的风味小吃，其特色鲜明，风味独特，往往是一个地区重要的特色表现。

在食品和饮料行业中，香气设定是产品开发的关键环节。通过对香气的精确控制，可以创造出令人愉悦的风味体验，增加消费者的购买意愿。研究发现，某些香气如叶醇气味，可以显著影响人们对苦味的接受度，从而影响产品的感官特性。香气和味觉是密切相关的，它们共同决定了产品的风味。在烹饪产品的开发过程中，香气设定不仅需要考虑其本身的特性，还需要考虑其与味觉如何相互作用，以创造出和谐的风味体验，打造出既满足感官享受又符合市场需求的产品。

三、香的反应途径

香的反应，可分三个途径来分析。

（一）生理反应

这是一种简单的条件反射，由香味引起唾液分泌，产生食欲。在这个反射过程中，生理上会产生一种快感。这种快感也会反映到大脑中枢，从而引起全身心的快感。这种快感的本源在于人的生命机制，饥饿会引起生命机制的紧张、收缩，产生需要、期待等心理，当代表食物的香味出现时，生命机制的紧张、收缩状态初步缓解，需要、期待心理也有了一定的满足，这样，快感就随之而来。人类特有的身心协同机制，使得快感往往兼具生理与心理双重属性。

（二）情绪反应

在生理反应的基础上，由于皮层下中枢的神经兴奋和植物性神经系统的兴奋，产生了香的情绪体验，体验的性质是高兴、喜爱、感化，并伴随着一定的生理反应，“喜形于色”。情绪升华为情感后，即形成审美体验。名菜一上桌，香味扑鼻，有些文人就会诗兴大发。还有一种说法是“饭后余香”，或曰“回味无穷”，“余香”“回味”实际上是一种反复的情感体验，曾有人写过这样的诗句：“京华嚼得菜根香，冬日秋菘韵味长”。味的美感都要通过“余香”“回味”来实现升华。

（三）联想反应

由香气而生联想，各种各样的意象纷至沓来，这种联想又进一步加深审美体验，这是香的最高美感状态。真所谓“鲈肥菰脆调羹美，荞熟油新作饼香。自古达人轻富贵，例缘乡味忆还乡。”（陆游《初冬绝句》）古人还有“闻香下马”的说法，这也是联想在起作用，由香气联想到美味佳肴和温饱，于是赶紧下马了。

四、烹饪香气的形成机制

烹饪食材和加工方式的多元化，使得烹饪产品的香味复杂多变。很显然，烹饪产品的香味很难用描述单一食品的方式来进行类比。任何一道烹饪菜品的香气也并非由某种单一的呈香物质单独产生，而是食物原料自身以及多种配料的呈香物质相互作用、综合反应的结果。

（一）产生香气的途径

食物产生香气的途径包括原料自身特有香气的释放、烹饪加工以及运用香料进行调香产生的香气。

1. 原料自身

原料自身特有的香气是食物原料自身形成的香气，如洋葱、大葱、大蒜、萝卜、韭菜、芹菜、黄瓜等原料自身就带有特有的呈香气味。这些香气物质是天然存在的，一般不需要烹饪加工即可溢出特有的香气。

2. 烹饪加工

烹饪加工过程中，食物原料自身的一些化合物受外界条件的作用转化分解而产生，如炖煮的鱼汤的浓郁香味以及烤制面包的诱人香气等。

在中式烹饪工艺中，有“锅气”一说，锅气是指在烹饪过程中，通过高温快速烹饪食材，使其在短时间内发生美拉德反应和焦化反应，从而产生一种复合的焦香味。这种烹饪方法主要见于中式烹饪，尤其是粤菜中，其中“镬”为炒锅之意，因此“镬气”又称“锅气”。锅气的产生涉及一系列化学反应，包括油脂、酱汁以及食物里的水分经过高温烹制时蒸发出带有浓郁香味的气体，这些气体在锅的弧形空间环境中形成气流，再被锅内食材二次吸收，使得菜肴的香味更加浓郁。锅气不仅是一种烹饪技巧，也是中式烹饪文化的一部分，体现了对食材原味的尊重和对烹饪技艺的追求。在现代餐饮中，锅气成为评价一道菜肴是否地道、是否具有传统风味的重要标准之一。

3．外在调香

运用调香料使食物具有各种香气，如烹饪当中常用的各种五香粉、香草、迷迭香、肉桂、罗勒等调香料。在烹饪过程中，尤其对于没有香味或香味较低的原料往往需要有意识地添加各种佐香物质。

（二）催化反应生香

催化反应生香的过程包括酶的作用、氧化作用和高温分解作用等。

1．酶的作用

在烹饪加工过程中，酶对具有香味前提物质的食物原料产生作用进而形成香味成分。如蒜酶对亚砜作用可形成洋葱的香味。另外葱、蒜和卷心菜等香气的形成也属于这种作用。

2．氧化作用

烹饪加工过程中，在酶的作用下，酶促成中间产物氧化剂对食物原料中香味前体物质氧化生成香味成分。红茶浓郁香味的形成就是酶间接作用的典型例子。儿茶酚酶氧化儿茶酚形成邻醌或对醌，更进一步氧化红茶中氨基酸、胡萝卜素及不饱和脂肪酸等，从而产生特有的香味。

3．高温分解作用

烹饪原料在加热过程中，尤其在高温的条件下，如炉烤，其温度高、时间较长，这就为大量香气物质的产生创造了有利条件。如烤鸭、烤乳猪、烤鱼等菜肴刚出炉时香气特别浓郁。在蒸煮烹调过程中，肉类、禽类、鱼类等动物性原料通过各种热反应后能产生大量浓郁的香气。此外，也有与此相反的情况。在加热过程中原料本身原有的香气也有部分损失，呈香的嗅感物质生成得比较少。如各种蔬菜、水果、乳品及其日常食用较多的谷类原料等。尤其对于一些香气清淡易挥发的果蔬，长时间的蒸煮都会造成原有风味和嗅感的严重损失。

（三）香气的形成反应

1．美拉德反应

美拉德反应是指食物中氨基化合物和羰基化合物在食物加工和储藏过程中在一定温度条件下发生的交替反应，它是食物色泽和香气产生的主要来源之一。美拉德化学反应是一个非常复杂的过程，它可以在醛、酮、还原糖及脂肪氧化生成的羰基化合物与胺、氨基酸、肽、蛋白质甚至氨之间发生反应，它的本质就是羰基间的缩合反应。

在烹饪过程中，加热温度，尤其油炸、爆炒等烹饪方法需要高温条件，对于美拉德反应中香味等风味物质的形成是一个重要的影响因素。试验证明，美拉德反应速度会随着温度的上升而加快。在一定的时间内，反应体系温度升高10℃，美拉德反应速度会加快。但是过高的温度又会使氨基酸和糖类遭到破坏，甚至会产生致癌物质。因此烹饪时，加热温度应控制在180℃以下，以100～150℃为佳。

2．脂肪降解反应

在烹饪加工过程中，除美拉德反应外，脂肪降解也是产生风味物质的一个重要因素。由于油脂受到物理或化学因素的影响，使油脂氧化或分解而产生一些不良的风味，如常见的哈喇味，而事实上在这个过程中脂肪的降解也会产生令人愉快的风味物质。在烹饪加热过程中，首先，脂肪类物质在受热过程中分解为游离脂肪酸，其中不饱和脂肪酸（如油酸、亚油酸、花生四烯酸等）因含有双键容易发生氧化作用，生成过氧化物，这些过氧化物进一步分解生成酮、醛、酸等挥发性羰基化合物，产生特有的香气；而含羟基的脂肪酸经脱水环化生成内酯类化合物，这类化合物具有令人愉快的气味。

无论是日常烹饪调味料，还是添加食品增香剂，烹饪中调香的目的都是遵循营养卫生的原则，赋予菜肴美好的滋味享受。除烹饪菜肴原料味淡或有异味的动物性原料外，需使用重味型调味调香料达到调之盖之的目的，烹饪菜肴应突出其本身原有的特色风味。为了满足人们对食品风味不断提升的需要，食品企业往往还会通过添加食用香精香料的方式来保持或提升食品的风味，但在应用过程中必须注重香精香料的安全性，符合国家相应的香精香料使用标准。

第四节　味的美感

老子曰：“五味令人口爽”。孟子曰：“口之于味，亦有同嗜也。”《说文解字》段注：“味，滋味也，滋言多也。”我国古人早就讲究五味调和：“调和之事，必以甘、酸、苦、辛、咸，先后多少，其齐甚微，皆有自起。鼎中之变，精妙微纤，口弗能言，志弗能喻。若射御之微，阴阳之化，四时之数。故久而不弊，熟而不烂，甘而不浓，酸而不酷，咸而不减，辛而不烈，淡而不薄，肥而不腻。”（《吕氏春秋·本味篇》）味又何以为美呢，常言道，“食无定味，适口者珍”，这几乎已成规律了。尽管如此，烹饪史上仍然十分重视味的美感。

一、味的美感分类

（一）基本味的美感

从生理上讲，咸、甜、苦、辣、酸是由味觉神经感受到的基本味，但就调味来说，范围还可以宽一些。我国习惯上有五味五行之说（关于苦味的地位尚有争论），又有七味说，酸、甜、苦、辣、咸、鲜、麻七种。欧美国家大部分为甜、酸、苦、咸、辣、金属味六种，日本则把味感分为咸、酸、苦、辣、甜五种，而印度则把味感分为甜、酸、咸、苦、辣、淡、涩、不正常味八种。

单纯从生理快感上讲，各种基本味的特性如下。

1. 咸味

食盐（氯化钠）的咸味最理想。咸味在烹饪中起着重要的作用，它不但有解腻和压异味的作用，而且可以突出原料本身的鲜美味道。我国习惯上把它作为调味中的主味，绝大部分菜肴都离不开食盐，糖醋类的菜肴，虽以甜酸为主，也要加适量的食盐，才能使味道浓郁鲜美。

2. 甜味

烹饪中常用的甜味料有绵白糖、白砂糖、红糖和冰糖，另外还有蜂蜜。在调味中，甜味有特殊的作用，如缓和辣味感，增加咸味的鲜醇等，所以一些菜肴吃起来并无甜味，但烹调时加上适量的糖，菜肴的滋味反而更加柔和醇美。

3. 酸味

食品的酸味主要来自醋酸、乳酸、柠檬酸、酒石酸、苹果酸等。在烹调中用上适当的酸味，可刺激胃口，增加食欲，并有去腥解腻，提味爽口的作用。如柠檬鸭的主要配料取材是南宁特色的酸嘢、酸藠头、酸姜、酸辣椒和提香去腥的山黄皮，特别是自家腌制的酸柠檬。酸柠檬越陈越香，放上几年甚至是十几年，都不会变质，香气和味道反而更浓郁。这些独特的配料，是柠檬鸭制作时必不可少也是不能代替的配料。

4. 辣味

辛（即辣）在历史上被认为是“和之美者”。辣味是辛辣物质刺激口腔痛觉神经及鼻腔黏膜产生的灼痛感。故有人说，辣觉是热觉、痛觉和基本味觉的混合。辣味又分为热辣味和辛辣味。热辣味主要作用于口腔，能引起口腔的烧灼感，而对鼻腔没有明显刺激。产生热辣味的物质主要是小辣椒和胡椒。辛辣味除作用于口腔外，还有一定的挥发性，能刺激鼻腔黏膜，引起冲鼻感。产生辛辣味的物质主要是葱、姜、蒜、芥末等。辣味在烹调中有增香、解腻，压异味、增进食欲的作用，但需要注意“辣而不烈”的原则。

5. 苦味

苦味来源于一些生物碱和萜类、苷类物质，如陈皮、苦杏仁、枸杞、黄芪、苦瓜一类。单纯的苦味是不可口的，但如果调配得当，也能起到丰富和改进食品风味的作用，另外还有刺激胃口的作用。如“岭南泡鳝糊”必须加上苦瓜丝才怡然可口。对于苦味的地位国内尚有争议。

6. 鲜味

中国古代有“鱼羊为鲜”的说法。近年来，又说鲜味是1908年日本人发现的。食物中的鲜味主要来自畜类、水产类、蕈类。鸡汁被人称为鲜味主帅，火腿、虾被称为“鲜味大将”，蘑菇、笋、黄豆芽被称为鲜味“三霸”。其他调味品如味精、酱油、豆豉、鱼露等，也有一定程度的鲜味。鲜味是综合性的美味，它在烹调中的重要作用是各国公认的，适当的鲜味不但可以诱人食欲，而且有缓和咸、酸、苦等味的作用，还被人们称之为“营养的信息”。

（二）复合味的美感

以上谈的是各种单一的味感，其实在烹饪中不存在单一的味感，基本上是复合味感，即两种或两种以上的味感的组合。复合味也不是不分轻重主次，往往有一个主味，俗话说：“有味者使其出，无味者使其入。”如川菜的麻辣菜，就是以麻辣为主，辅以咸甜鲜。江苏的本味菜，以鲜为主，辅以甜咸等味。中式烹饪复合味在世界上独一无二，具体表现在：一是复合味花样多；二是复合味味道好。复合味如酸甜味、咸甜味、咸鲜味、陈皮味、麻辣味、煳辣味、酸辣味、椒麻味、糟香味、椒盐味、酱香味、鱼香味、怪味、其他味等，都是世所公认的美味。

所谓调味，主要就是指如何配制复合味。所谓地方菜系，其复合味都有一定的规律，具体参考见图2-24。有了规律之后，风味菜系也就应运而生了。所谓风味美感，就是在各菜系的风味特点之上产生的。

图2-24　味的变化

1. 川菜味型

（1）酸味型　分为酸辣、姜醋、茄汁、酸甜等。

（2）甜味型　包括荔枝、甜咸、甜香等。

（3）咸味型　有咸香、咸辣、咸酸、酱香、腐乳、怪味等。

（4）辣味型　有香辣、芥末、鱼香、煳辣、蒜泥、家常等。

（5）香味型　包含酒香、蒜香、葱香、糟香、椒香、五香、十香、花香、果香、麻酱、奶香、烟香、孜然、糊香、腊香、陈皮、咖喱、姜汁、芝麻、臭香、冷香等。

（6）鲜味型　有咸鲜、蚝油、蟹黄、鲜香等。

（7）麻味型　包括咸麻、麻辣等。

（8）苦味型　有苦香、咸苦等。

（9）淡味型　有本味、淡香等。

2. 鲁菜味型

鲁菜菜肴以清、鲜、脆、嫩著称，其味型多围绕着突出食材本身的鲜美，在咸鲜的基础上通过不同调料组合来呈现特色。如在葱烧海参这道菜中，以咸鲜为主，葱香浓郁，体现出鲁菜对鲜味和香味的独特运用。

3. 粤菜味型

口味讲究鲜、嫩、滑爽、生脆。调味爱用蚝油、虾酱、梅膏、沙茶、红醋和鱼露等，颇具特色。如白切鸡，主要体现鸡肉本身的鲜味，通过简单的蘸料（如姜蒜汁等）在咸鲜的基础上增加香味和去腥。

4. 淮扬菜（苏菜）味型

特点是浓中带淡，鲜香酥烂，原汁原汤浓而不腻，口味平和，咸中带甜。如松鼠鳜鱼，在酸甜口味的基础上，鱼肉本身具有鲜香，整体味型融合了多种味道的平衡。

5. 浙菜味型

特点是清、香、脆、嫩、爽、鲜。通过炒、炸、烩、熘、蒸、烧等烹调技法，利用各种调料组合出丰富味型。如西湖醋鱼，以酸甜为主，同时鱼肉本身的鲜味和淡淡的醋香相融合。

6. 闽菜味型

烹调方法擅长于炒、熘、煎、煨等，其中糟最具特色。由于福建地处东南沿海，海鲜类菜肴较多，味型多以突出海鲜的鲜味为主，再加上糟香等独特味道，如佛跳墙这道菜，融合了多种食材的鲜味，同时又有浓郁的香味。

7. 湘菜味型

湘菜刀工精细，形味兼美；烹调多样，重煨；长于调味，口味偏重酸辣。正如很多大食家所说：色正味浓，如陈年老酿；馥郁芬芳，似极品香茗。湘菜既有别于东部的甜，南方的鲜淡，又有别于西部的麻，北方的咸鲜，而是“和而不同”，讲究“热得烫，辣得足，香味特，五味和”。如剁椒鱼头，即剁椒的鲜辣与鱼头的鲜美完美融合。

8．徽菜味型

以鲜辣、咸香、醇厚的味型著称。徽菜中有很多经腌制而得的食材，加入其他食材经过烹饪过程而制成独具风味的菜品，这也是咸香这一味型的典型代表菜肴。徽菜中绝大部分都娴于烧炖，火工独到的技法烹制出的成品汤汁醇厚且浓郁，尤其是以烹调河鲜、家禽等见长的沿江菜，鲜醇浓香是它的一大特色。如肥西老母鸡汤，原料土鸡越老越香，经老火炖烂，鸡汤清亮透黄，愈久弥香。

味美之极称为“珍”。历来有八珍之说，八珍中又有上八珍、中八珍、下八珍、海八珍、禽八珍、山八珍、草八珍等说法，各种“珍”味，为人间极美。这些美味往往令人不尝则已，一尝终生难忘。

味有荤素两大类，荤味美感大家都熟悉，它是烹制活鲜而产生的味感，或醇厚、或浓烈，离不开一个“荤”字。何谓素食？颜师古在《匡谬正俗》中说：“按素食，谓但食菜果糗饵之属，无酒肉也。”黄炎培曾作诗赞素味：“廿年菜甲香无比，忘却烹鲜更逐膻。”在成都“姑姑筵”进餐后，即席赋诗道：“天府珍奇数两川，即论蔬食亦新鲜，野香无过弟弟菜，别制争夸姑姑筵。”可见素味之味美。素味美感特点是清淡、平和、素雅、鲜美，与荤味美感恰成对比，但两者也可以统一。荤菜可以素做，素菜可以荤做，荤素合味，成为各种复合味。

二、味的美感形成

（一）调味的原则

味的美感讲究因料调味、因菜调味、因人调味、因时调味以及把控调料质量等基本原则。

1．因料调味

不同的食材有不同的调味方式。新鲜的鸡、鱼、虾和蔬菜等，其本身具有特殊鲜味，调味不应过量，以免掩盖其天然的鲜美滋味。腥膻气味较重的原料，如牛羊肉及内脏类，调味时应酌量多加些去腥解腻的调味品，诸如料酒、醋、糖、葱、姜、蒜等，以便减膻味增鲜味。本身无特定味道的原料，如海参、蹄筋等，除必须加入鲜汤外，还应当按照菜肴的具体要求施以相应的调味品，并按照既定的配方使用调料，以确保菜品口味的稳定性和一致性。

2．因菜调味

调味的配比要根据菜肴而定。每种菜都有自己特定的口味，这种口味是通过不同的烹调方法最后确定的。因此，投放调味品的种类和数量皆不可乱来。特别是对于多味菜肴，必须分清味的主次，才能恰到好处地使用主、辅调料。

3. 因人调味

所谓适口，即合于口味，一人一味，一地一味，食无定味，适口者珍。嵇康曾说："嘉肴珍馐，虽所未尝，尝必美之，适于口也。"适口，主要是适合一个地区的风味。同时，还要根据个人健康状况，以及对咸、甜、辣等口味的偏好进行调味。客人口味，至关重要。

4. 因时调味

调味也有"不时不食"的规律。人们的口味往往随季节变化而有所差异，这也与机体代谢状况有关。合时，即合乎时序，注意时令。《礼记·内则》所用佐料是四季分明的。这个原理，董仲舒是这样揭示的："四时不同气，气各有所宜。宜之所在，其物代美。视代美而代之，同时美者杂食之，是皆其所宜也。"（《春秋繁露》）这些道理至今仍是适用的，在今天的烹饪界依然流传着这么四句话："春多酸味出头，夏天清淡微苦，秋季适中偏辣，严冬味浓多咸"。

（二）调味的时段

1. 烹饪前的调味预处理

烹饪前的调味预处理也称基础调味，是在烹饪前就对食材进行调味处理，如腌制，使原料在烹制之前就具有一个基本的味道，如将原料用调味品调拌均匀，浸渍一下，或再加上鸡蛋、淀粉浆一浆，使原料初步入味，然后再进行加热烹调。在制作烤肉时，提前用酱油、料酒、葱姜蒜等调料腌制肉类，使调料的味道渗入食材内部，去腥的同时增加风味。

2. 烹饪过程中的调味

烹饪过程中的调味也称为正式调味或定型调味。菜肴的口味正是由这一步来定型，根据菜肴制作的进程适时加入调料，所以是决定性调味阶段。当原料下锅以后，在适宜的时机按照菜肴的烹调要求和食者的口味，加入或咸或甜、或酸或辣、或香或鲜的调味品。炒菜时，先放葱姜蒜爆香，再加入食材翻炒，过程中加入盐、酱油等调料；炖菜时，在不同的炖煮阶段加入不同调料以调出合适的味道，如开始时加入料酒去腥，炖煮中间加入酱油调色、调味等。

3. 烹饪后的调味

烹饪后的调味也称作辅助调味、可增加菜肴的特定滋味。有些菜肴，虽然在第一阶段、第二阶段中都进行了调味，但在色、香、味方面仍未达到应有的要求，因此需要在加热后最后定味。如淋上香油增加香味，撒上葱花、香菜增添风味等；又如做汤类菜肴，出锅前加入适量盐、胡椒粉调味，滴入香油提香。

三、调味的特点

（一）中式烹饪的调味特点

1. 调味用料宽广

香辛料众多，中式烹饪常用八角、桂皮、香叶、花椒等香辛料，这些香辛料能为菜肴增添独特的香气。例如在红烧菜肴中，八角是常见的调料，能赋予菜品浓郁的香味。

多种酱料和调味料：像豆瓣酱、酱油、醋等被广泛使用。豆瓣酱是川菜等多种菜系的常用调料，如麻婆豆腐中，豆瓣酱是关键调料，提供独特的风味和色泽；酱油可使菜肴入味，增加食物色泽，适合红烧及制作卤味；醋能增加酸味，在凉拌菜或者糖醋类菜肴中起到提味的作用，如糖醋排骨中的醋可增添风味，调节酸甜口感。

2. 善于调制复合味

多种基本口味融合，追求酸甜苦辣咸等基本口味的调和，通过不同调料的搭配，使菜肴呈现丰富的味道层次。如鱼香味型的菜肴，融合了甜、酸、辣、咸等多种味道，形成独特的复合味型，也体现了中式烹饪五味调和的精髓。

3. 调味方法细腻

中式烹饪调味方法的细腻之处在于其系统性和灵活性，既有一套完整的调味流程，又有根据不同食材、菜品、季节和顾客口味进行灵活调整的能力。这些调味技巧和方法共同构成了中式烹饪丰富多彩的味觉体验。

4. 调味技术高超

中式烹饪调味技术的高超之处在于对其味道的精准调配、对食材特性的深刻理解、对火候的精确掌握以及在烹饪过程中展现出的艺术性。所谓口味拿得准、比例投得准、时间定得准、次序放得准。这些因素共同作用，使中式菜肴不仅能满足人们的味觉享受，还能带来烹饪工艺上的视觉和情感上的愉悦。

（二）西式烹饪的调味特点

1. 使用调料种类相对集中

（1）基本调料常见　盐是西餐中最基本的调味料之一，能够增强食材的原始味道，并平衡其他调味品的作用，在很多菜肴制作中都会用到，如在烹制牛排时，适量添加盐可增加牛排的味道；胡椒粉（包括黑胡椒和白胡椒）也是常见且重要的调料，黑胡椒具有浓郁而温暖的口感，白胡椒则更为细腻和清淡，在煮、炸、腌制等烹饪方式中都能起到提味作用，无论是牛排、海鲜还是蔬菜，加入适量胡椒粉都能提升整体口感；大蒜被广泛应用于许多西式菜肴中，其浓郁而特殊的香气能够为菜肴增添独特的风味，无论是炒菜、烤肉还是做汤，加入适量的大蒜都能让菜肴更加美味可口；洋葱具有辛辣味和甜味，是常用的调味品和配料，在烹饪过程中，将洋葱切碎或切丝后加入锅中可以提升菜肴的香气和口感。

（2）香草香料的运用　迷迭香具有浓郁的香气和微苦的味道，在地中海地区被广泛使用，可以为肉类、家禽和蔬菜带来独特而清新的味道，如将迷迭香与橄榄油混合，涂抹在烤肉上，可以使肉质更加鲜嫩多汁；百里香具有浓郁芳香，常用于调味汤和炖菜，将百里香与洋葱、大蒜和番茄一起炖煮，可以制作出美味的意式番茄汤；牛至具有强烈草本气息，常被用于调味意大利面食、比萨和沙拉等菜肴中，将牛至与橄榄油混合后拌入面条中，可以为意大利面增添丰富的口感。

2．调味方式

（1）多在后期调味　西式菜肴通常会在最后阶段加入少量调料或者直接撒在菜肴上作为装点，如在煎好的牛排表面撒上盐和胡椒粉来调味。

（2）用量相对克制　西式烹饪更倾向于突出食材原味，调味通常较为简洁，因此他们通常使用较少数量但更纯粹的调料来提升食材本身的口感，不会让调料的味道过于浓重而掩盖食材本身的风味。

3．追求食材的原味与调料的搭配

（1）以突出原味为主　在调味过程中注重保留食材原本的味道，调料更多是起到辅助和提升的作用，如新鲜的海鲜在西餐烹饪中通常只是简单地用柠檬汁、盐、胡椒粉等进行调味，以突出海鲜自身的鲜美。

（2）搭配注重和谐　不同调料之间的搭配比较和谐，例如在制作意式番茄汤时，将百里香与洋葱、大蒜和番茄搭配，每种调料的味道既相互融合又各自发挥作用，共同营造出独特的风味。

四、味感的高级效应

味感不仅是一种极重要的生理快感，而且是一种高级的心理活动和精神享受。味感的高级效应主要体现如下。

（一）以味媚人

名厨王小余曾协力袁枚做《随园食单》，以味媚人者，物之性也。尽物之性以表其美于人，是为厨之道。菜品美味可口，食者“甘而不能已于咽以饱”“屈膝而舞”。味的美感能使人受到鼓舞，增加对生活的热爱，增进友谊，传播友谊，成为人类之间的共同“语言”之一。

（二）味的节奏美感

“浓者先之，清者后之；正者主之，奇者杂之；视其舌倦，辛以震之；待其胃盈，酸以厄之。”可见味同样可以产生一种节奏感，这种节奏感先是由生理引起，而后才反映到心理、精神方面。举行宴会，尤应以味的节奏时序，以适应与宴者的生理到心理的过程。

1. 主次分明地搭配节奏

在烹饪中，常常会有主料和辅料之分，这就形成了一种味的节奏。如在一道“番茄炒蛋”中，番茄的酸甜味和鸡蛋的蛋香味相互配合。番茄的味道较为浓郁且有酸度的刺激感，是主要的风味来源之一；鸡蛋相对温和，起到丰富口感和补充蛋白质香味的作用。它们之间主次分明，这种搭配就像音乐中的主音和辅音，有了节奏上的起承转合。

2. 渐进式的味道展开的节奏

有些菜肴是通过食材的搭配来实现味的渐进式节奏美感。如“三丝汤”通常包含鸡肉丝、笋丝和木耳丝。当品尝这道汤时，先是感受到鸡汤的鲜美，这是最初的味觉冲击；随着咀嚼和汤的流动，笋丝的清新味道逐渐释放出来，带来一种清爽的口感和淡淡的山林鲜味；最后木耳丝的滑嫩口感和独特风味融入其中，使味觉体验从浓郁到清爽再到独特，形成了一种渐进的节奏，如同音乐中的前奏、主歌和副歌部分，逐渐将味觉体验推向高潮。

3. 新鲜食材的活力节奏

新鲜的食材在烹饪中能够带来一种充满活力的味的节奏。以新鲜的鱼为例，新鲜的鱼肉质紧实，其本身的鲜味非常纯粹。在清蒸这种烹饪方式下，鱼的鲜味是主导节奏，从开始到结束都保持着一种清新、鲜甜的节奏，没有异味的干扰。新鲜的蔬菜也是如此，如刚采摘的菠菜，简单清炒后，那种新鲜的清香味会迅速在口中散开，没有软烂蔬菜的那种浑浊味道，它的味道节奏是明快而直接的，像跳跃的音符一样清新活泼。

4. 调味顺序形成的节奏

在烹饪中，调味顺序是有讲究的，这就形成了一种味的节奏美感。通常先进行基础调味，如在腌制肉类时先加入盐、料酒等，盐能够让肉吸收水分，料酒去腥，这是为后续的烹饪和调味打下基础。之后在烹饪过程中再加入其他调料，如炒肉时再加入生抽提味、老抽上色、糖提鲜等。这种先基础后升华的调味顺序，就像搭建建筑物一样，先有稳固的根基，再逐步构建出丰富的味觉层次，形成一种有序的节奏。

分层调味也能带来独特的味的节奏。如在做一道复杂的炖菜时，先将香料（如八角、桂皮等）与食材一起炖煮，让香料的味道慢慢渗透到食材中，形成一种深沉的底味；在炖煮一段时间后，再加入盐、酱油等调味，进一步调整口味；快要出锅时，可能还会加入一些提鲜的调料（如鸡精或者少量的糖）。这样分层调味，使得味觉体验随着烹饪时间的推移不断发生变化，每个阶段都有不同的味道重点，像乐章中的不同乐段，共同构成了丰富而有节奏的味觉体验。

5. 调味量的变化产生的节奏

调味量的变化在烹饪中对味的节奏有重要影响。在开始调味时，调料的量往往是从少量逐渐增加到适量。不同调料的调味量组合也能创造出味的节奏。如在制作糖醋排骨时，糖和醋的比例需要恰当。如果糖的量过多，会使菜肴过于甜腻，失去了酸甜平衡的节奏；如果醋的量过多，又会过于酸涩。只有当糖和醋的量达到一个合适的比例，例如糖和醋按照3：2或者2：1的比例（根据个人口味略有调整）时，才能形成一种和谐的酸甜节奏，使得甜味和酸味相互交织，先感受到甜味的浓郁，然后是酸味的清爽，两者交替出现，如同音乐中的和谐旋律组合。

6. 烹饪时间长短与味的节奏

对于一些食材，采用短时间烹饪方式能够呈现出一种快速的味的节奏。如涮火锅时涮牛肉片，在火锅汤中短暂涮煮后，牛肉迅速吸收了汤底的鲜味，同时保持了自身的嫩滑口感。这种短时间烹饪使牛肉的原始风味和汤底的味道快速融合，在口中形成一种短暂而强烈的味觉冲击，就像音乐中的快板节奏，明快而直接。再如清炒时蔬，短时间的炒制能保留蔬菜的脆嫩口感和清新味道，蔬菜的原汁原味在短时间内被激发出来，形成一种简单而纯粹的味觉节奏。

长时间烹饪的菜肴则有着慢节奏的味的美感。如炖煮老母鸡，需要长时间小火慢炖。在这个过程中，鸡肉中的营养成分和风味物质慢慢释放到汤中，汤的味道逐渐浓郁醇厚。随着时间的推移，汤的鲜味、香味不断加深，从开始的清淡逐渐变得浓郁，这种变化是缓慢而持续的，就像音乐中的慢板乐章，充满了韵味。长时间炖煮的红烧肉也是如此，肉在慢炖过程中变得软烂入味，调料的味道深入肉的每一丝纤维，形成一种醇厚、深沉的味觉节奏，需要慢慢品味才能体会到其中的丰富层次。

7. 火候大小与味的节奏

大火烹饪时，食材会迅速发生变化，产生一种强烈的味的节奏冲击。例如大火爆炒青菜，青菜在高温下迅速熟透，表面会有一些焦香的味道，这种焦香与青菜内部的清新味道形成鲜明对比。大火使得调味能够迅速渗透到食材中，形成一种浓郁而直接的味觉体验，像音乐中的强音部分，给味觉带来强烈的冲击。又如煎牛排时用大火，可以迅速锁住牛排表面的肉汁，形成一层香脆的外皮，内部保持鲜嫩多汁，这种外焦里嫩的口感和强烈的肉香是大火带来的独特的节奏效果。

小火烹饪则营造出柔和的味的节奏。小火慢炖或者小火煎制的过程中，食材的味道是慢慢沉淀和融合的。例如小火煎制鱼块，能够让鱼块慢慢熟透，同时鱼皮变得金黄酥脆，而内部的鱼肉保持鲜嫩。在这个过程中，油的香味、鱼本身的鲜味以及调料的味道是缓缓融合的，没有大火烹饪时的那种强烈冲突，而是一种柔和、细腻的味觉节奏，如同音乐中的轻柔旋律，需要用心去感受其中的微妙变化。

（三）和神

曹植《七启》赞美味“可以和神，可以娱肠”。所谓“和神”就是调整精神，使人的精神舒畅愉快，除忧解愁，培养美好的情操。味感和人的心情密切相关，在一些文化中，人们甚至用味道来形容心情。有人可能会形容自己的心情为“放松味”或“度假味”，这种表达方式反映了味道与情绪之间的关联。

（四）联想的美感

味感同样会引起联想。家乡味激起乡思情，一个人独在异乡，这种感受尤为强烈，历史上季鹰的典故就是一例。广东泮溪酒家，闻名中外，它的美味同样引起了不少文人墨客的想象，老舍在一首题咏中写道："南北东西任去留，春寒酒暖泮溪楼。短诗莫遣情谊荡，糯米支红来再游，"茅盾的题咏想象更丰富，"一群吃客泮溪游，无限风光眼底收。南北东西人几个，天涯海角任俺留。"

味的美感由想象而扩散、升华、提炼，最后凝聚成了一种审美情感。文学、艺术史上畅饮之后留下的佳作何止千万！知味如知音，甚至有"知己难，知味尤难"之说，可见味的美感能否生成一种高级的审美情感、想象，与审美者的文化素养密切相关。

（五）以味知文

一个菜系与一个地方的文化有关，也可以说味本身就是一种文化。因此，知味者，可以由知味而深深感受一种文化的美。文化与风味之间可说是"心有灵犀一点通"，如扬州风味与扬州学派、扬州画派、扬州清曲、扬州弹词、扬州盆景、扬州园林、扬州工艺都有密切联系，品尝扬州风味，就能更好地感受扬州文化形态的美，中国烹饪举世无双，它是悠久历史文化的结晶，真正理解中国烹饪者，正是这样来理解中国菜风味的。

第五节 质的美感

食物质感是指食物在被食用过程中，由口腔触觉器官所感受到的特性。它与食物的味道（由味觉、嗅觉器官感受）有所不同，虽然食物质感和食物刺激（如热、辣、温、凉、冷）都是由触觉器官感受，但食物质感是机械性的，需要通过咀嚼才能知觉，是被动反应；而食物刺激是对触觉器官进行扩充性刺激，是主动反应，这种扩充性刺激不仅使口腔内的触觉器官能知觉，皮肤等其他存有触觉器官的部位也能知觉。

烹饪的质的美感有两层含义：一是指烹饪的营养价值；二是指菜肴、点心、饮料被送入口腔以后，所引起的质感美。关于营养价值，虽是质美的重要内涵，然而难以被审美感官所感知，一般都是由科学分析来鉴定的。质感以口感为主，同时包含观感，如蛋白的光润，蹄筋的滑腻，茯苓饼白洁如纸，千层油糕松软如绸等。美是可以被感知的，这里主要谈谈质感中的口感美。

一、质的美感分类

（一）质感的分类

口感是口腔（牙齿、舌面、腭等部位）接触食物之后引起的触觉感。口感通常被归纳为嫩、脆、松、软、糯、烂、酥、爽、滑、绵、老、润、清、枯等。

1. 嫩

不管荤、素，几乎都是以嫩为美，尤其是爆炒的菜肴，非嫩不可。嫩，是人的牙齿所追求的第一快感。明代诗人何景明的《鲥鱼》诗云："银鳞细骨堪怜汝，玉箸金盘敢望传。"嫩得让人不敢伸筷子，其实是最美不过的。

2. 脆

脆的快感是吃口干净、爽利。脆与嫩、松等口感复合成脆嫩、松脆等，更能给人以快感。如山东名菜"油爆双脆"，外脆里嫩，口感极美。又如"芙蓉鸡片"，几乎成了脆嫩的代名词。

3. 松

松的快感是松软、易下口，对于牙口欠佳的人来说，松是重要的快感。很多糕点是以松软见长的。菜肴中也有这种情况，如油炸的粉丝，犹如雪团，入口松软易化。

4. 软

软的快感是柔和、软绵。糕点、菜肴中都有以软见长的例子。软与硬对立，一般都忌硬求软。

5. 糯

糯是因食物的黏性而产生的一种口感，能给人以缠绵、柔美的快感。如湖北名菜"冰糖湘莲"就具有香糯之美，一向为人所称道。

6. 烂

菜肴一般来说是忌老、烂（因老、烂恰好与脆、嫩对立），但一些烧、煮、炖的菜却偏要求烂的质感。两千年前就有"烂烹熊掌"之说。今天流行的腐乳肉、酒香肉、烤乳猪等佳肴，都有烂而味浓的特点。软烂易嚼的口感，尤为老年人和儿童所喜爱。

7. 酥

酥是松、脆、软的综合口感。黄州地方有一种油煎饼叫"为甚酥"，苏东坡品尝后写诗赞美它："已倾潘子错著水，更觅君家为甚酥。"苏东坡创制的"东坡肉"，也是以酥烂见长的。

8. 爽

爽即爽口、利齿。酒泉名菜"雪山驼掌"就是以爽见长的。爽并不是多数菜肴所具有的口感，因为爽不仅与烹饪方法有关，与原材料的质地更有关系。香而脆的东西常常产生爽口的效果。

9．滑

入口滑溜，柔润称为滑。据说“应山滑肉”曾因质地嫩滑润口而受到唐玄宗的赏识，一直流传至今。滑与涩相对立，涩通常会引起口感上的不适，但也不能一概而论。

10．绵

软、糯、黏、烂的综合效果为绵。绵能给人以缠绵、轻柔之感，通常会受老年人的喜爱。

11．老

老为一般菜肴所忌，只是在特殊情形下，才追求这种口感，老而韧的川味牛肉干颇受大众喜爱，这种牛肉干入口以后耐嚼，越嚼味越深长。

12．润

润有滋润、滑润、油润之分，水分较多的菜肴，特别是汤类，容易收到润口的效果。润是一种容易深入到心理的快感。

13．清

一般来说，汤的质感要求清亮见底，忌油腻浑浊，鲁菜善制汤，可谓无汤不清。清不仅作用于口感，而且作用于心理，能给人以愉悦的情感。

14．枯

焦枯为一般菜肴所忌，但在特殊情况下，焦枯也是一种快感。如“油炸脆鳝”。粤菜中这种例子也较多。

（二）质感的风格

质感是指菜品所显示的质地，是指菜点的成熟度、爽滑度、脆嫩度、酥软度等。质的美感，也存在着地区风格问题。袁枚在《随园食单》上曾以猪肚为例，对南北的不同质感要求做过比较：“滚油炮炒，加作料起锅，以极脆为佳，此北人法也。南人白水加酒煨两支香，以极烂为度……”传统的“清炒鳝糊”，南派的做法是：先用小油量“料头”炝锅，将鳝丝煸炒至柔，后加料用文火焖烧至酥，最后挂芡装盆，炝油即成。北派的做法是：爆炒兑汁，旺火速成。南派以鲜嫩酥软见长，北派则以所谓“骨子”见称。从菜系来看，西北的秦菜，素以“酥烂软嫩脆爽”为特点，有句口诀道秦菜：酥烂不失其形，鲜嫩不失其色，质脆不失其味，清爽不失其汁。江苏菜的质感特点是细嫩平和，清而有质，醇而酥烂，是南派的代表。粤菜的质感素以清、嫩、脆、酥、烂、爽见长。对于川菜的质感，通常的评价是：嫩而不生，厚而不酽，久嚼不衰。

二、影响质感的因素

食物的新鲜程度是决定其质感的关键因素。烹饪技巧对于展现食物的质感之美也至关重要。另外摆盘艺术也是展现食物质感之美的重要一环。

（一）原料自身因素

1．植物性原料的特性

植物性原料的质量变化如呼吸作用、后熟作用、发芽和抽薹等会影响质感。例如，当蔬菜发生后熟作用时，其内部结构可能会发生变化，进而影响烹饪后的质感。呼吸作用强的蔬菜可能在储存过程中水分流失较快，烹饪时就容易变得干柴。如果蔬菜发芽或抽薹，营养成分会发生转移，质感也会改变，像发芽的土豆，质地会变软且含有毒素，不再适合正常烹饪食用。

2．动物性原料的状态

动物性原料的尸僵、成熟、自溶、腐败等过程对质感影响明显。在尸僵阶段，肌肉僵硬，此时烹饪肉质会比较紧实、难咀嚼；随着进入成熟阶段，肉质会变得更加鲜嫩多汁；而自溶和腐败阶段则会使肉质变软、发臭，完全不适合烹饪食用。

（二）烹饪方法因素

1．水煮

水煮的时间和温度是影响质感的关键。如果水煮时间过长，蔬菜可能会变得软烂，肉类可能会过于松散。例如，水煮西蓝花，煮的时间短则口感脆嫩，时间过长就会变得绵软，失去原本的口感。而且水温不同也会有影响，高温快速煮可能会保留一定的脆感，低温慢煮则可能使食物更软烂。

2．烘焙

这是一种高温长时间的“干燥”烹饪法。温度过高或时间过长容易使食物表面烤焦变硬，内部却可能还未熟透；而温度过低或时间过短则可能导致食物未达到理想的干燥程度，质感不够酥脆，像烘焙饼干时，温度和时间不合适就无法得到松脆可口的成品。

3．微波加热

微波加热时间和食物盛放容器会影响质感。加热时间如果过长，食物可能会因局部过热而导致干燥、变硬，影响口感。如果食物盛放在塑料容器内加热，可能会因为塑料释放某些物质而影响食物质感，所以建议选用玻璃或陶瓷容器进行微波加热，以保证食物正常的质感和安全性。

4．烧烤

烧烤的火候和烟雾对质感有影响。高温烧烤会使食物表面迅速脱水，形成一层较硬的外皮，如烤鸡翅时，如果火候太大，外皮容易烤焦变煳，而内部还未熟透。同时，烧烤产生的烟雾中含有的一些物质，可能会附着在食物上，影响食物的原本风味和质感。

5．烹炒

油的温度和用量对质感起着重要作用。油温热度过高，食材放入后可能表面迅速焦煳，内部却未炒熟；油的用量过少，食材可能会粘锅，导致表面不光滑，影响质感。而且不同食材对烹炒的要求不同，例如绿叶菜需要大火快炒才能保持脆嫩口感，而根茎类食材可能需要适当延长炒制时间以达到合适的软硬度。

6. 油炸

油炸时油的温度和油炸时间会影响质感。高温长时间油炸会使食物吸收过多油脂，变得油腻且质地过于酥脆甚至发硬，如油炸薯条，油温过高、时间过长会使薯条变得干硬。而油温过低、时间过短则可能导致食物炸不透彻，内部有生的部分，口感不佳。

7. 清蒸

蒸的时间长短决定食物的质感。清蒸时间过短，食物可能未熟透，影响口感和食用安全性；蒸的时间过长，可能会使食物变得软烂，像清蒸鱼，如果蒸的时间太久，鱼肉会散开，失去鲜嫩的质感。

（三）外界因素

1. 物理因素

（1）温度　在一定范围内，温度升高会使原料自身的分解作用加快，营养物质消耗增多，同时影响微生物生长，从而间接影响食物质感。例如，高温下储存的肉类，其肌肉纤维容易被破坏，烹饪后肉质松散；而低温保存不当可能导致食物冻伤，像冻肉如果反复解冻和冷冻，会使肉质变干柴，失去弹性。此外，烹饪过程中的温度控制也至关重要，不同的烹饪温度会赋予食物不同的质感。

（2）湿度　湿度是指原料储藏环境中空气的含水量以及原料的含水量。环境湿度过高，像面粉、大米等粉状或颗粒状原料易吸潮结块，干货原料可能霉变，烹饪时质感就会受到影响；湿度过低时，新鲜原料的蒸腾作用会加剧，导致大量失水，进而表面皱缩、萎蔫。烹饪时就难以恢复原本的鲜嫩质感。

（3）空气　空气中的氧气会使新鲜蔬菜中的维生素C被氧化，还会引起不饱和脂肪酸的酸败，影响食材的新鲜度和质感。例如，去皮的果蔬在空气中暴露时间过长，发生酶促褐变反应后，不仅颜色会改变，口感和质感也会变差。通过降低环境中的氧气浓度、增加CO_2的含量（如真空保藏法、充气保藏法等）可在一定程度上保持食材的质感。

（4）渗透压　通过增加原料的浓度形成高渗透压环境，可以降低酶的活性，抑制微生物生长繁殖。例如腌制保存法就是利用渗透压原理，腌制后的食材在烹饪时质感会发生改变，像腌制过的萝卜，会变得更加爽脆，与新鲜萝卜的质感有明显区别。

2. 化学因素

（1）金属盐、酸碱度、氧化剂等　这些物质会进入原料内部或与原料所含的化学成分发生反应。例如，重金属盐、有毒塑料、农药等可造成食品的化学性污染，影响食材质感。又如花青素可与金属（如钙、镁、铁、铝等）发生络合作用，生成深色物质，这会影响含有花青素的烹饪原料的色泽和质感，所以在烹制加工时应避免使用铁、铝器具。

（2）酸碱度（pH） 对于大多数微生物而言，要求生长环境的pH接近中性，过酸或过碱的条件均会使微生物的生长受到影响甚至停滞，同时原料中的酶也会发生变性而失活，从而改变食材的质感。例如酸渍保藏法改变了食材的pH，食材在这种状态下储存后再烹饪，质感会与原本不同。

（四）生物因素

微生物是影响食品安全和食物质感的重要因素，包括细菌性污染、病毒和真菌污染。微生物污染会导致食物腐败变质，使食物的质感发生极大变化，如肉类受到细菌污染后，可能会出现发黏、变色、产生异味等情况，严重影响烹饪后的质感和食用性。

三、质的美感体现

（一）质感的本色美

一物有一物的质感美。“箭茁脆甘欺雪菌，蕨芽珍嫩压春蔬”，陆游这句诗赞的是春笋。“一腹金相玉质，两螯明月秋光”，黄山谷这句诗赞的是蟹肉。对于蟹肉，历来题咏颇多，《红楼梦》上有两句诗真是写到家，诗云：“螯封嫩玉双双满，壳凸红脂块块香”。常见的豆芽菜，也曾因质美而受好评，明人陈嶷在《豆芽菜赋》中写道：“有彼物兮，冰肌玉质……金芽寸长，珠蕤双粒，匪绿匪青，不丹不赤。宛讶白龙之须，仿佛春蚕之蛰”。江南佳蔬之一为莼菜，辛弃疾有句诗赞道：“谁怜故山归梦，千里莼羹滑?”袁宏道在《潇碧堂集》中也写到了莼菜的质美：“其根如荇，其叶微类初出水荷钱，其枝丫如珊瑚，而细，又如鹿角菜。其冻如冰，如白胶，附枝叶间，清液冷冷欲滴。其味香粹滑柔，略如鱼髓蟹脂，而清轻远胜。半日而味变，一日而味尽，比之荔枝尤觉娇脆矣。”质地如此之美，怪不得张季鹰会秋风起而思莼羹、鲈脍了。

（二）食物质感与配料

要实现食物的质感与配料的完美结合，可以从以下几个方面考虑。

1．口感搭配

不同的食材具有不同的口感，如脆嫩、软糯、酥脆等。在烹饪时，可以将不同口感的食材进行搭配，以产生丰富的口感层次。例如，脆嫩的蔬菜可以搭配软糯的豆腐，或者酥脆的炸物搭配嫩滑的鱼肉，这样的搭配能够让菜肴在口感上更加美味。

2．味道搭配

食材的味道也是多种多样的，如酸、甜、苦、辣、咸等。通过将不同味道的食材进行搭配，可以使菜肴的味道更加丰富和协调。例如，酸甜的糖醋排骨可以搭配咸鲜的青菜，麻辣的火锅可以搭配清爽的凉菜，这样的搭配能够让菜肴在味道上产生对比和协调，更加美味。

3. 形状搭配

食材的形状也会影响菜肴的整体美感。在烹饪时，可以将不同形状的食材进行搭配，使菜肴在视觉上更加和谐、美观。例如，将切好的肉丝与豆腐丝进行搭配，或者将蔬菜切成块状与肉类食材进行搭配等。

（三）质感的高级效应

质感是视觉或触觉对不同物态如固态、液态、气态的特质的感觉。在造型艺术中则把对不同物象用不同技巧所表现出的真实感称为质感。根据造型审美对象质料的特性，质感可分为天然质感和人工质感。就菜点造型来说，食物原料表面的自然特质称天然质感，而人工处理的表现感觉则称人工质感。在烹饪创美活动中，通常通过严格的选料、搭配、组合加工（包括刀工切配、雕刻、制泥塑形等）、上浆、挂糊、滑油、油炸、熏烤、点加明油等方法来形成菜点成品的质感。

肌理又称质感，由于物体的材料不同，表面的组织、排列、构造各不相同，因而产生粗糙感、光滑感、软硬感。一件作品通过点、线、面、色彩、肌理等基本构成元素组合而成的某种形式及形式关系，激起人们的审美情感。不同的质感会给人以软硬、虚实、滑涩、韧脆、透明与浑浊等多种感觉。

光泽是指物体表面反射光线的能力，它使得物体表面呈现出一种特殊的亮度和色彩。光泽度可以用来描述物体表面反射光线的程度，通常用数值来表示，如光泽度为50表示表面反射光线的能力是标准值的50%。在设计和艺术创作中，质感和光泽往往是相辅相成的。通过调整材质和光线的角度，可以创造出丰富多样的表面效果。

口感的主要作用是“利齿牙，濑清肌”，但这些生理快感，同时也会引起整个身心的愉悦，激起审美情感。良好的口感因联想、情感等心理功能的作用，从而成为精神上的享受。所谓“助情吟，益清识”，就是质感的高级效应。

助情吟：文学艺术史上，有不少诗句、画作、雕刻工艺品都赞美了饮食对象的质感之美。如鲈鱼，是以质美而名满天下的。《太平广记》引《大业拾遗记·吴馔》说：“霜后鲈鱼，肉白如雪，不腥。所谓金齑玉鲙，东南之佳味也。”杜甫诗：“鲂鱼肥美知第一，既饱欢娱亦萧瑟。”这些佳作的诞生，与艺术家对质感美的感受是分不开的。倘若没有感受，就是有枚乘之才，也写不出“如汤沃雪”之类的佳句。

益清识：在质的美感中，同时蕴含某种哲理或认识。如甘蓝，质地脆美，古希腊大哲人毕达哥拉斯曾赞扬它：“甘蓝……它能使人经常精神饱满，心境宁静。”又如德芙广告词：“巧克力在变成巧克力之前都是苦的”也是如此。

第六节 意的美感

艺术之美，首在有意。烹饪之美，亦同此理。意的美感又可分为意匠的美感、意趣的美感和意境的美感。

一、意匠的美感

意匠即把匠心寓于技巧、手法之中，主要体现在设计过程中的创意和想象力，所谓“独具匠心”就是指意匠。

（一）意匠的展现

烹饪活动中烹制、造型、题名、摆台等都能体现意匠。如题名中有所谓比附联想（如“水晶脍”“雪霞羹”“松果肉”）、夸张比喻（如“狮子头”“神仙炖鸡”“凤凰脑子”）、谐音转借（如“霸王别姬”）、依形取意（如“龙凤呈祥”“桃花香扇”“掌上明珠”），这些题名都是别具匠心的。如红案烹制技术中的“飞火”爆炒，白案技术中的抻面，也是寓意匠于其中的，“飞火”热烈、昂扬，“抻面”抒情、奔放；又如凉菜拼盘，或随意式或整齐式或图案式或点缀装饰式。刀工中的各种花刀，均各具匠心。热菜摆盘造型同样如此，宴席摆台，时空布局等无一处不具有匠心。

（二）意匠的内涵

意匠之美感源于其内在的意蕴。一般说有什么样的意匠内涵，就会激发起什么样的意匠美感。这里的关系是对应的，或者说是共鸣的。北京过去有一种“绿盆”，是一种上了绿玻璃瓦釉的瓦盆。有的人家，用这种盆，盛上红艳艳的腊八粥，上面用雪花绵白糖撒成“寿”字、“喜”字、“福”字等，再撒上一点青丝、红丝。如此一盆亮晶晶的绿釉器皿、红艳艳的粥、雪白的糖、鲜艳的青丝、红丝，与求“寿”“喜”“福”的心理相得益彰，风情浓厚，极易产生相应的意匠美感。杭州名厨丁棢轩创制了一道菜叫“雪里腾龙”。这个菜原本是民间的“雪中得宝”，做法是：用蛋泡糊覆盖里面的原料，如同满盘白雪，造型别致，吃法新奇，逸趣横生。在这个基础上，丁师傅根据“鱼龙变化”的神话故事，构思出用鳜鱼头、尾摆在盘的两边，鱼肉切片配五色辅料放在中间，上面盖层蛋泡糊的设计方案。此菜烹制成功后，犹如跃雪腾飞的蛟龙，象征中华古国欣欣向荣的蓬勃景象，可谓寓意深刻，使人感到鼓舞和振奋。

（三）意匠客体与主体差异

客体（烹饪）意匠与主体美感效应也有差异和变化。这种差异性反应，有时恰好补充了意匠的不足，或者发现了原有意匠的新意。东普陀原有一菜名“当归面筋汤”，郭沫若品尝过后，提笔写了一首诗：“我自舟山来，普陀又普陀。天然林壑好，深憾题名多。半月沉江底，千峰入眼窝。三杯通大道，五老意如何？”郭老题诗后，“当归面筋汤”易名为“半月沉江”，寓意深刻多了。《扬州画舫录》上载有一则趣事：“宰夫杨氏，工宰肉，得炙肉之法，谓之熏烧，肆中额云‘丝竹何如’。人皆不得其解，或以虽无丝竹管弦之盛，语解之，谓其意在觞咏。或以丝不如竹，竹不如肉语解之，谓其意在于肉。然市井屠沽，每籍联扁新异，足以致远，是皆可以不解解之也。”意匠与美感的差异竟能“足以致金”，恐怕连这位宰夫本人，也是始料不及的。

二、意趣的美感

（一）过程意趣

意匠重“匠”，意趣重“趣”。先分析几个以趣见长的烹饪作品。太湖船宴上有一道菜叫“满台欢跃”，上此菜时，但见一只只鲜活大虾，上飞下跳，横冲直撞，客人喜不自禁，纷纷举箸“围而歼之，挟而食之”。吃此菜时气氛热烈，达到高潮，且意趣无穷，令人拍手称快。北京听鹂馆有道名菜叫“活吃鱼”，效果与此相仿。以上几个作品，意趣都表现在上菜、吃菜的过程中，以制作者的巧智取胜，美感反应的生理到心理过程是：期待—吃惊—称奇—快乐。北京康乐餐馆的名厨常静有个拿手菜叫“桃花泛”。这个菜先是一盘金黄色的油炸锅巴，观者便产生一种期待心理：这锅巴该怎么吃？下一步的做法是什么呢？正在此刻，只见服务员接着上来一碗滚烫的番茄酱汁（内有鲜虾片），把番茄酱汁往锅巴片上一浇，一声脆响，霎时间桃花泛红，芳香扑鼻，令观者叫绝。

实质上，吃惊是巧智引起的，称奇也是对巧智的肯定方式。在这个过程中，审美从生理到心理先是紧张，接着便是突然地释放（放松），欢乐情绪油然而生。这个效果类似于“喜剧性”（康德曾认为，喜剧性就是“一种从紧张的期待突然转化为虚无的感情”）。对于生成快乐的机制，最近有人作了这样的揭示：每当主体克服重重干扰，与审美对象本身的图式发生同构或契合时，内在幻变出与审美对象同形的动态图式，有了确定的方向性和动态奋求过程，愉快便随之产生。审美快乐的本质是什么呢？“从形式上看，它是一种生命的动态形式；从内容上看，它既包含着丰富的人生情感，也包含着种种深刻的哲理性的洞察和领悟。”所以，“这种审美快乐除改造机体的内在生理紧张状态之外，还唤起和改造了内在情感生活的状态，它的快乐是机体和精神上的双重快乐。”即过程意趣。

（二）形态意趣

除过程意趣外，还有许多是以形态本身的意趣见称的。如鱼肉经花刀处理，油炸后翻出，活脱脱像带绒花的松鼠；鸭肫经刀工处理，再爆炒至熟后酷似朵朵开放的菊花；洋葱竖切六七刀而不断，便成了娉婷的荷花；鱼炸成熏鱼，做成狮子大张口，俨然如真狮；芋艿丝置模具内放油中炸过后，竟是“凤还巢”的巢了，“莲蓬豆腐”这个菜，就是用菜叶作荷叶，用番茄切成荷花状围边放于莲蓬之间，碧绿鲜红，造型生动，逸趣横生。这类意趣仍是以构思的智巧取胜，与过程意趣所不同的是：一个是动态的，一个是静态的；一个是引发人的快乐机制，一个是引发人的巧智和情感，在唤起观者的类似巧智和情感中产生美的享受。

另外，这种形态意趣有时还会附带些许诙谐和幽默，以此令人愉悦。如“狮子头”“熊猫戏竹”“出水芙蓉”等菜，题名和形态之间，仿佛有一种神奇的联系，从而给人以诙谐感。诙谐和幽默，都是一种轻松的情绪，是理智和情感的一种游戏，它能使人们产生欢乐，平衡因紧张而失去平衡的身心机制。可以说，没有诙谐和幽默，就没有真正的生活。烹饪美感中也是少不了它的，少了它，烹饪美感就过于单调、乏味了。趣有雅俗之分，一般来说，应求雅忌俗。粗俗之趣，为烹饪大忌。然而雅俗是相对的，有时候，一些貌俗的东西却也不失雅趣，关键在于寓意。如冷盘“喜鹊登梅”“飞燕迎春”“孔雀开屏”一类，若做得精巧雅致，何俗之有？俗中有雅，雅中也可有俗，这样才能既生动，又有趣。

三、意境的美感

（一）烹饪工艺意境

意境，即作者主观的思想情感与艺术形象、景致与餐厅陈设的互相映照（质言之即理、情、象、景的交融）。而由这种统一体引起的无穷联想和审美理念，即为意境的美感。意境美感是建立在观赏者的想象机制上的。产生这种美感的心理形式是虚—实—虚，即：由烹饪意境引起想象、情感、哲理；接着是品赏菜肴、食物本身，引起食用的美感，再由实用的美感升华（经过体味、回味、联想等心理活动）为情理交融的美感。第一阶段的意境美感是初步的、精神的、非实用的、纯观照的；第二阶段以生理快感充实了第一阶段的美感；第三阶段又将前两个阶段获得的美感升华、扩大。并积淀下来，至此，意境美感才最终完成。扬州菜中有一道名叫“两个黄鹂鸣翠柳”，做法很简单：一根青绿的茼蒿横贯两只淡黄色的肉圆。吃这个菜的人，自始至终都仿佛在享受着春风杨柳、莺歌燕舞的意境美。湖北厨师晏新民根据“黄鹤一去不复返，白云千载空悠悠”的唐诗，做了一个“黄鹤翩翩归”的拼盘，意境优美。观赏者通过观照—品尝—回味，再凭栏远眺，或登高望远，更觉浮想联翩，余味无穷。

（二）烹饪环境意境

烹饪意境与餐饮环境相结合，获得了更加丰富多样的内涵。如广州南园酒家，园内由亭、苑、台、画廊等组成，二十多个餐厅分别取名“夏荷”“观鱼”“梅亭”“芭蕉”……间隔以花圃、竹篱、假山、鱼池，缀以盆景、壁挂、图画……显得典雅幽静。南园烹饪以潮州菜为主，同时也兼做粤菜、福州菜。若有幸到南园酒家品尝一下它的美味，则诗情画意、美味佳肴，定能使人陶醉。当年文坛泰斗郭沫若就是陶醉者之一，他到过南园后，引首唱道：“此是人工天外天，解衣磅礴坐高轩，层楼重阁怡宫殿，雄辩高谈满四筵，万盏岩茶千盏酒，三时便饭四时鲜，外来旅客咸瞠目，始信中华是乐园。”美食与大千世界相互交融。激起了郭老的诗情。这首诗便是意境美感的“物化”形式。闻名于世的太湖船宴，可以说意境美：美景、良辰、可人、乐事。美景者，千顷太湖、烟波浩渺、朝晖夕映、气象万千是也；良辰者，佳节中秋、皓月千里、静影投舟、渔歌唱答、火树银花是也；可人者，海内知己、亲朋好友是也；乐事者，家有喜、国有喜是也。再加上主体——佳肴、美食，此乐何及！

（三）烹饪艺术意境

美食与其他门类艺术交融，产生了新的意境美。这里的关系绝不是简单地相加，而是互相渗透、互相影响，然后汇合成高潮。烹饪意境是烹饪艺术一切表现手段、表现成分的综合效果。引起的美感在实质上也是情、理、想象的同构反应，从而达到身心俱乐。所谓烹饪美感的综合性，最集中地体现在对意境的追求之中。从美感的心理机制上说：只有在结构上类似人的身心结构和生活结构的艺术品，才能在保留每个人、每个时代和每个社会的独特性的同时，又暗示出人类普遍的情感、命运和斗争，也只有达到这一点，艺术才能真正产生审美的快乐。由此可见意境之所以能对人激起美感，其根源在于它的类身心结构和类生活结构，二者发生对应，即产生共鸣。

因为意境美感是烹饪美感的最高表现，所以其内涵也最丰富，给人的享受和哲理都远胜色、形、香、味、质诸方面（也可以说，意是色、形、香、味、质的升华和统一，因此，严格来说，意是不能和其他诸项并列的）。意匠、意趣、意境，三者都离不开意，意者，人也，既包括烹饪艺术的创造者，也包括烹饪艺术的欣赏者。正是人，作为主体，运用着匠（技巧），表现着趣，进入到境，匠、趣、境都是人的思想、情感、才智、创造能力、欣赏能力等的凝聚与反映。意高者，匠必精、趣必浓、境必雅；意低者，匠必粗、趣必淡、境必俗，创作如此，欣赏亦然。因此，意（即人的思想、情感、聪明、才智等）始终处于烹饪审美的主体位置，故曰：意犹帅也。

03 第三章 CHAPTER 烹饪审美的文化要素

教学目的与要求

（一）教学目的

知识：了解文化的定义和特性，掌握中西方烹饪文化的审美特点。

能力：通过对烹饪与文学、美术、民俗的关系的学习，能综合运用中国文化解读、传承乃至创新中式烹饪，并通过融合不同的文化元素创新出新的菜品，促进美食文化的发展。

情感：通过对烹饪文化的了解，接触到不同国家、地区或民族的特色菜式及其背后的文化背景，从而增强文化包容性。感受中式烹饪中的历史典故、菜品命名、传统民俗，激发对传统饮食文化更深层次的认知。

（二）教学要求

1. 内容

中西方烹饪文化的审美特点，烹饪与文学、美术、民俗的融合应用。

2. 行为

小组合作完成对一项中国传统菜肴的历史背调。

3. 达标

调研方案包括菜肴的历史、菜名的由来、传统做法和现代改良做法，以及现今的商业价值。

教学重点

中国传统民俗文化对中式烹饪菜点的作用。

教学难点

理解和运用文化要素并进行烹饪菜点艺术形象的创造。

思考与实践

1. 饮食文化中文化的基本要素有哪些?
2. 中国烹饪文化的审美特点、基本内容是什么?
3. 搜集龙、凤的形象在中国烹饪菜点造型中的使用案例，并自创一道类似菜肴。
4. 为什么中国菜点的命名蕴含着文学美的艺术表现手法?
5. 怎么做才能够更好地发挥美术要素在菜点造型艺术方面的作用?
6. 探讨中国菜肴造型文化的演变和发展趋势。

第一节 烹饪文化的审美

一、文化及其特性

（一）文化的定义

文化的定义通常是指人类社会在长期发展过程中所创造的物质和精神财富的总和。这包括人类的世界观、人生观、价值观等意识形态方面的内容，也涵盖了自然科学、技术、语言、文字等非意识形态的部分。文化是人类社会特有的现象，是由人创造并特有的。它可以分为物质文化和非物质文化，前者指的是可见的物质文明，如交通工具、服饰、日常用品等，后者则包括了不可见的精神文化，如思维方式、宗教信仰、审美情趣等。

文化的定义有狭义和广义两种。“狭义的文化，是指社会意识形态（如思想、道德、风尚、宗教、文学艺术、科学技术、学术等）以及与之相适应的制度和组织。广义的文化，是指人类在社会历史实践过程中所创造的物质财富和精神财富的总称。”从文化广义的定义来看，可以说文化是人类适应和创造环境满足自身需要的结果形式，是人类生活的方式。作为人类生活的方式，它本身就具有功利性和精神愉悦性相容的特性。也就是说文化具有功利性的一面和审美性的一面。

（二）文化的特性

1. 功利性

文化的功利性是指文化在现代社会中逐渐变得实用化、工具化和功利化，这种变化使得文化不再像以往那样单纯，而是更多地与物质文明的发展相联系。文化的功利性主要表现为人对自然或社会环境进行适应、选择和创造而产生的行为及其产物。就烹饪活动来说，就是有用于烹饪和饮食的各种知识理论、技术理论和名目繁多、数以万计的菜点及其组合形式。这些内容总是以教学的行为实现其对社会的创造，不仅其结果体现其功利性，就其本身存在的意义来说，也具有明显“授业解惑”的功利性表现。

2. 审美性

文化的审美性是指文化中蕴含的美学特质和价值，它涉及人们对美的感知、理解和创造。审美性不仅体现在艺术作品中，也渗透在日常生活的各个方面，如服饰、建筑、饮食等。审美性是文化的重要组成部分，它反映了人们对于美好事物的追求和对生活的热爱。

人类生活方式的最大特点就是在达到功利目的的同时，还要体会到精神的愉悦和情感的满足。因此在“产生的行为及其产物”中，总是包含超功利的形式因素，使文化呈现出某种审美的层面。正是这种“审美层面”的存在，才使审美主体的精神境界得以陶冶和塑造，心理机能得以培育和锻炼，技术功能得以实现。

文化的审美层面是一种依附而又超越功利价值的自由而有序的形式。它与一切文化都有密切的联系。在烹饪活动中，与文化的审美层面相联系的文化内容非常丰富，有文学、民俗、美术等。这些内容对烹饪审美设计与创造非常重要，应作为烹饪美学的一部分重要内容。

二、烹饪文化的审美特点

（一）中国烹饪文化的审美特点

1. 烹饪文化之色

中国菜讲究菜肴颜色的呈现，在使菜品勾起人食欲的同时，通过原料本色及其作料颜色的有机搭配体现文化内涵。如在很多中式菜品的制作中，常采用各种工艺手法使其色彩鲜艳、明亮，以传递对生活红红火火、亮亮堂堂的美好愿景；在一些菜品中，会用绿色的青菜、红色的番茄、紫色的洋葱等作为衬托，充分展现中国传统文化中崇尚喜庆、吉祥、顺意、团圆的综合效果，如除夕年夜饭（图3-1）。

图3-1　除夕年夜饭

2. 烹饪文化之香

中国烹饪文化层面的香气是一个综合性文化概念——“烟火气”。最初的“烟火气”是指烧煮食物的气味，即中式烹饪工艺中的“锅气”（图3-2）。这种气味通常与家庭烹饪和日常生活紧密相联，代表着家的味道和生活的温馨；后来的“烟火气”是一个多维度的概念，它不仅包含了物质层面的食物气味，还延伸到了文化、心理等多个层面，涵盖了人们日常生活中各种生动、真实的场景和情感。如热闹的集市、温馨的家庭聚会或街头艺人的表演等；“烟火气”也已经成为地域文化和民风民俗的一种体现。不同地区的美食、传统节日活动以及当地居民的生活方式，都是构成“烟火气”的重要元素。如西安的羊肉泡馍、东北的铁锅炖大鹅、内蒙古的手把肉等美食以及各种地方特色的节日庆典，都能够让人们感受到浓厚的“烟火气”。

图3-2　锅气

3. 烹饪文化之味

中国地大物博，是地道的美食之邦，不同的地域都有其独特的美食和风味，武汉热干面的筋道爽滑、北京烤鸭的香嫩酥脆、重庆火锅的麻辣鲜香（图3-3）等，一方水土孕育出的独特美食，承载着当地人对家乡的情感，生长在各个地区的人都会怀念和眷恋自己的家乡味。

图3-3　重庆火锅

4. 烹饪文化之形

中国烹饪工艺的成菜形状与装饰讲究形似乃至神似。中国烹饪艺术将绘画、雕塑等艺术形式融入其中，注重菜品的造型，如一些雕刻精美的瓜雕（图3-4）作为菜品装饰，或者将食材制作成各种美观的形状，例如把萝卜雕刻成花朵形状放在菜品旁边作为点缀等。

图3-4　瓜雕

5. 烹饪文化之意

中式菜肴通过联想赋予意义，是具有丰富联想空间和特殊意义的菜品。在中国饮食文化中，一些菜品有着特殊的寓意，如鱼象征着年年有余，饺子（图3-5）形似元宝，寓意招财进宝等，这些寓意体现了中国文化中的吉祥观念，是饮食审美中的重要组成部分。

图3-5　饺子

6. 烹饪文化之和谐

中国烹饪文化以饮食养生为目的，追求和谐与统一。在食材的选择上讲究荤素合理搭配，体现食物的营养均衡。如《黄帝内经·素问》中的中国传统饮食观念“养助益充”，强调素食为主，注重饮食对身体的滋养作用，这也是中国烹饪文化审美特点的体现；另外，中式菜品重视与用餐环境、文化氛围的和谐关系。如在传统的中式宴会中，菜品的风格、摆盘等要与宴会的主题、场所的布置等相匹配，共同营造出一种和谐的用餐体验。

（二）西式烹饪文化的审美特点

西式烹饪文化不仅注重食物的外观和味道，还强调用餐的整体体验，包括餐具的使用、用餐氛围以及餐桌礼仪等方面。以下是西式烹饪文化在审美方面的几个特点。

1．烹饪技艺展示

西式烹饪受自身文化理念的影响，特别重视烹饪过程的展示，洁白帅气的厨师服、亮眼高耸的厨师帽、精湛利落的刀工、潇洒的调味、火候的把控、升腾而起的香气，都作为美食艺术的一部分，赋予了食物更多的观赏性和品尝乐趣。

2．注重营养健康

西式饮食注重营养搭配，讲究食物的多样性以提供均衡的营养；在食材上力求新鲜、品控严谨，西餐餐厅的食材采购通常会选择自有或当地的农场，以及有良好信誉的供应商，提供新鲜采摘的蔬菜、水果和新鲜宰杀的肉类等食材，并要求供应商提供详细的交货时间表和质量报告，以确保食材的新鲜度和质量。西餐的现吃现做是一种营养健康的用餐方式，深受现代人喜爱。另外，各种无菜单餐厅或季节性菜单的餐厅也在西式餐厅中大行其道，这充分体现了就地现时取材的特点，也大大增加了顾客对菜品的神秘感和期待感。

3．精美的餐具

西式餐具的使用也是其烹饪文化特点之一，餐具精美，种类繁多，如刀、叉、匙、盘、碗等，这些餐具在用餐过程中发挥着不同的作用，使用餐过程更加优雅且富有仪式感。西式餐具不仅在功能上有所区分，还具有一定的文化象征意义。如18世纪法国因革命战争爆发，由于法国的贵族偏爱用四个叉齿的叉子进餐，这种“叉子的使用者”的隐含寓意，几乎可以和“与众不同”的意义画上等号。因此，叉子在当时成为地位、奢侈、讲究的象征。在西方用餐文化中，正确使用各种餐具是非常重要的。它们不仅是进食工具，更代表了人们对生活品质和社交礼仪的追求。

4．用餐氛围的营造

西式餐饮通常是在餐厅或家庭环境中进行，环境力求优雅、舒适。用餐过程中，选择恰当的音乐，以及鲜花、蜡烛、花瓶等精美的陈设品，再加上用餐者合适的服装、精致的首饰配饰等，来提升整体氛围感，使用餐体验更加愉悦和放松。

5．传承与创新精神

西餐以突破传统、追求创意为特点，在传承与创新之间展现独特魅力，注重将不同的食材和烹饪方式融合在一起。传统菜肴如法国的“博物馆”菜肴通过加入创新元素，不仅保留了历史和文化，还增加了新的味觉体验；西厨大师们通过不断尝试新的食谱和烹饪方法，展现了他们的创新精神；西餐经营理念强调品质、创新和服务的结合。通过推陈出新和结合地域文化或时尚元素设计独具匠心的菜肴，西餐在保持传统的基础上增加了更多惊喜与乐趣。特别的分子料理通过技术手段改变食材的物理状态或呈现形式，重新组合，创造出与众不同的可以食用的食物。如把固体的食材变成液体甚至气体食用，或使一种食材的味道和外表酷似另一种食材，从分子的角度制造出无限多的食物，不再受地理、气候、产量等因素的限制。

第二节 烹饪与文学

文学是以语言为手段，塑造形象来反映社会生活、表达作者思想感情的一种艺术。它属于社会意识形态之艺术的范畴，能表现和再现一定时期、一定地域的社会生活。它起源于人类的生产劳动。烹饪是人类饮食生活中的一种社会性的生产劳动，作为一种生产劳动，它就具有一定的文学性，如对菜点优美高雅地命名、对饮食烹饪美感的审美表达、美化烹饪与饮食环境的字号、匾额、楹联等；作为一种生活，它又是文学反映的对象，如反映饮食烹饪生活的诗词、小说、辞赋等。总之，文学与饮食烹饪有着密切的关系，饮食烹饪是文学创作的内容、基础，文学是表现和再现饮食烹饪活动和情感的一种艺术形式。

一、因诗、辞、语、说烹饪

在现实生活中，当我们诵读一首诗词、品味一个成语、聆听一个传说或欣赏一幅画卷时，都会有一种意境浮现脑海，一种感悟触动心灵，从而获得艺术审美带来的愉悦和美感。烹饪作为一门艺术，利用诗词、歌赋、典故、成语或者优美的传说，通过语言艺术和造型艺术的表现形式，将对象本身蕴含着的内在美学因素表现出来，同样也会使菜点富有诗情画意、尽显哲理、启迪人生感悟。这就是因诗、辞、语、说烹饪。

（一）因诗、辞烹饪

在现实生活的菜点品种中，因诗、辞烹饪的不在少数。

“俏不争春”就是根据毛主席诗词《卜算子·咏梅》：“风雨送春归，飞雪迎春到。已是悬崖百丈冰，犹有花枝俏。俏也不争春，只把春来报。待到山花烂漫时，她在丛中笑。”来创作的。作者利用“挂浆核桃仁”在盘中堆砌成山崖，在山崖陡峭处斜插上雕刻而成的“一棵盛开梅花的梅花树”，在“悬崖”上端的“岩石上”滴浇糖浆，任其自然下流，并用冷风使其形成大小不同的若干“冰溜”。在山崖体下部及其底部周围，铺设一层绿色的菜松，犹若初春的“地草”，最后在整个山崖底部周围，按背阴和朝阳的规律，撒上似雪的椰蓉粉。整个作品的造型与景物及其色彩，都紧紧围绕“风雨送春归，飞雪迎春到。已是悬崖百丈冰，犹有花枝俏。”进行臆造。最后冠以“俏不争春”之名，将食客带到“初春”“残雪”“溜冰”“寒梅”的诗词场景，进而使食客对“寒梅”的品格认识进一步升华，使作品真正具备了丰富的审美内涵。

诸如这样的菜点很多，如根据南齐诗人谢朓的《与江水曹至干滨戏诗》：“山中上芳月，故人清樽赏。远山翠百重，回流映千丈。花枝聚如雪，芜丝散犹网。别后能相思，何嗟异封壤。”创作的“雪花芜丝”、根据姚合《和李补阙曲江看莲花》：“醉艳酣千朵，愁红思一川。绿茎扶萼正，翠药满房圆。”创作的“翠药满园”等。

（二）因成语烹饪

在春天，厨师都会将初春刚刚出土的各种时蔬搭配成菜，这些菜是用非常喜人的成语冠以的名字。如“春意盎然”“满园春色”等。在工艺菜点的设计制作中，成语通常是最重要的素材来源。如“百鸟朝凤”“丹凤朝阳”“得胜回朝”“精卫填海”“囊萤映雪”等。

（三）因传说烹饪

“巧果”源自牛郎织女的传说。据民间传说，织女在天堂爱劳动，能织出美丽的绸缎。由于不甘玉帝的封建束缚，下凡到人间寻找自由和幸福，与辛勤、忠实的牛郎结为夫妻，过着男耕女织的美满幸福生活。但为玉帝所知，竟把他们拆散分离，以银河相隔，不得见面，幸得喜鹊报恩，每年农历七月初七在银河搭成鹊桥，使他们夫妻得到团聚的机会。根据这个传说，为了表达对牛郎织女的同情，抒发对封建统治阶级的不满，烹饪出了一种小食：巧果。

（四）因典故烹饪

如湖北名菜“草船借箭”，是用鳜鱼作船，蛋松充草人，笋丝比箭，制成形态逼真的“草船借箭”佳肴，就是出自《三国演义》中一段脍炙人口的故事。

总之，根据诗、辞、语、说烹饪，厨师必须具备一定的文学、美学修养，这是一名高素质烹饪工作者必备的条件。作为一名有着悠久文化积淀的中国烹饪工作者，只有熟练的烹饪技术是不够的。

二、菜点命名的文化内涵

（一）菜点命名的文化内涵

1．中式菜点命名的文化内涵

（1）寻求吉祥　在中国文化中，吉祥是一个重要的概念，它代表着人们对幸福生活的追求。因此，许多菜肴的命名都包含了吉祥的寓意。例如，使用龙凤字样的菜名如“龙凤双腿”“龙凤相会”等，反映了中国人对美好事物的向往。此外，还有象征长寿的龟、象征爱情的鸳鸯等动物也被用于菜名中，如“榜舍龟”“鸳鸯鳜鱼”等。

（2）崇尚雅致　中国菜肴的命名还注重雅致，常常使用富有诗意的语言来描述菜肴的特点。例如，将蛋清称为“芙蓉”、青菜称为“翡翠”、豆腐称为“白玉”等，这些名字不仅形象生动，还能引发人们的美好想象。此外，还有一些菜肴使用“雪”“月”“云”等具有美感的词汇来命名，如“雪里藏珠”“乌云托月”等，这些名字不仅增加了菜肴的艺术魅力，也体现了中国文化的深厚底蕴。

（3）富贵象征　在中国文化中，富贵也是一个重要的主题。许多菜肴的命名都反映了这一主题，如“一品锅”“三元白汁鸡”“八宝鸭”等。这些名字不仅突出了菜肴的高级和珍贵，也表达了人民对美好生活的向往。

（4）文化传承与创新　当下，菜点命名也在不断创新，许多商家会结合历史文化名人及其典故来命名菜肴，以此吸引顾客。如“东坡肘子”“霸王别姬”等，这些名字不仅增加了菜肴的文化价值，也为顾客提供了更多的话题和乐趣。

（5）商业道德与文化纯洁性　尽管菜点命名可以带来许多好处，但也需要注意商业道德和文化纯洁性。一些商家可能会为了吸引顾客而使用过于夸张或低俗的菜名，这不仅会误导消费者，也会损害餐饮文化的纯洁性。因此，菜点命名应该坚持名实相符、雅俗共赏的原则，既要体现文化内涵，也要尊重消费者的感受。

2．西式菜点命名的文化内涵

（1）强调独特性　独特食材或制作工艺。西式菜点的命名往往会突出其独特的食材或者制作工艺，以区别于其他菜点。如马卡龙，这种由两个杏仁蛋白片夹心而成的甜点，它独特的外观和制作工艺就在名字中得到体现，而且有各种各样的口味和颜色，成为其独特性的一部分。

（2）体现文化内涵　地域文化与传统。菜点的命名能体现出不同的地域文化和传统。像塔类点心是西式甜点的常见形式，如英国的果酱塔（注：小型圆形果酱馅塔）或杏仁果酱塔，是传统下午茶的重要组成部分，体现了鲜明的地方特色。

（3）富有诗意和想象力　创意命名。在西餐中，有些菜名富有诗意和想象力，不仅仅是简单地描述食材或烹饪方式。如一些餐厅可能会给一道普通的巧克力蛋糕取一个富有创意的名字，如“巧克力梦幻蛋糕”之类的，这样的命名可以吸引顾客的兴趣，激发他们对菜品的想象。

（二）中式菜点的命名

中国菜肴命名的方法很多，按照名称反映的内容来分，大致可分为直观表述法、趣味法和蕴意法三大类。

1．直观表述法

直观表述法就是指菜点名称如实反映菜点的用料、烹饪方法、颜色、味型、原料形状、菜点特点、烹饪器具、原创者的名称、属地名称等。这种命名方法，是中国菜点命名中最主要，也是运用最广泛的一种方法，具有通俗易懂、直观明了、自然朴实的特点。

具体又分为直接反映用料的命名，如“白肉血肠”“虾仁苦瓜”等；直接反映主料和烹调方法的命名，如“清蒸鳜鱼”“清炒虾仁”等；直接反映烹调方法和颜色的命名，如“扒三白”“五彩鸡丝”等；直接反映主料和菜点味型的命名，如“怪味鸡”“麻辣豆腐”等；直接反映原料形状和菜点味型的命名，如“香辣肉丝”“麻辣肚片”等；直接反映烹饪器具和用料的命名，如“气锅鸡”“酸菜火锅”等；直接反映菜肴特点的命名，如“麻辣烫”“酸辣汤”等；直接反映菜点原创者名称和用料的命名，如“东坡肘子”“李连贵熏肉大饼”等；直接反映菜点属地名称和用料的命名，如“山东酥肉”“庆岭活鱼”等。根据以上方法综合运用的命名，如“东江盐焗鸡”“麻辣海鲜火锅”“山东酥肉白菜粉”“蒜蓉蒸龙虾”等。这些都体现了中国传统饮食文化的传承、丰富和多样性。

2．趣味法

趣味法就是指菜点名称在如实反映菜点的用料性状的基础上，根据创作的目的，再冠以生活中常见的动物、植物、器具、场景或吉祥瑞物的名称。如“瓜舟鱼米”“兰花大虾”“莲蓬豆腐”“菊花鱼”“松鼠鳜鱼”“竹林鸡米”“粮仓小窝头”“核桃酥”“透字薄饼”“葡萄鱼”“麒麟豆腐”“太极蛋糕”“灯笼虾”“串珠鲜鱿”“荔枝腰花”等。这种命名方法具有自然、朴实、易懂、有趣的特点，既能反映菜点的主要内容，又能使菜点具有一定的趣味性，达到引人注意、激扬气氛的目的。这些都展现了我国广大劳动人民在日常生产生活中的无穷智慧，有着深刻的历史文化内涵。

3．蕴意法

蕴意法就是指菜点名称蕴含特定的意义，以表达某种意愿的一种菜点命名方法，通过巧妙地运用中国传统文化的内涵，充分表达人们对生活的美好愿景。这种命名方法，一般不反映菜肴的原料、烹饪方法、形状、颜色等基本性状，主要体现名称的蕴意，反映创作者的思想情感，多用于宴会菜点的命名。命名时要依据宴会的性质，根据客情信息和宴会的主题进行。如在婚宴中，将“鸡丝苦瓜”命名为“凤抱情丝”，蕴意新娘对恋情的珍视；同样是“鸡丝苦瓜”这道菜，在寿宴中，为了表现女儿希望老人永远年轻，健康长寿，还可以命名为“凤抱青丝”。再如，将鱿鱼改斜一字花刀，再切成细条，经加热即可形成“串珠”形状，配以绿色的“珠粒”青椒粒爆制成菜，在婚宴中就可以命名为“珠联璧合”，蕴意郎才女貌，门当户对。总之，可以用来体现菜点蕴意、趣味的实例很多，前人已给我们留下了丰富的遗产，例如一品、鸳鸯、三元、四喜、五福、六合、七星、八宝、九九长寿、十全十美、百子、千层、如意、绣球、龙凤、麒麟、松鹤、寒梅、百合、荷莲、芙蓉、翡翠、登科等，都可以加以利用，领略其寓意的妙处。

中式菜点名称的文学美，主要是通过各种不同的语言艺术表现手法表达出来的。它会使菜点的名称形象、生动、含蓄、精练，且寓意吉祥，充分体现菜点名称的文学艺术特性。用于菜点名称命名的语言艺术表现手法主要有比喻、借代、夸张、谐音和含蓄表意等几种。比喻法如明喻的“松鼠鳜鱼”“盘龙鳝鱼”“荔枝腰花”，暗喻的“珠联璧合”“门当户对”“苦尽甘来”，借喻的“霸王别姬”“白璧青丝”“云吞”“抄手”等；借代法习惯用数字来代替菜点本体，如“扒二白”“烧三合”“九转大肠”，也有用专指代替菜点本体来命名的，如“五侯鲭”“它似蜜”“油炸鬼”等；夸张法如“千张肉”“过门香”“佛跳墙”等；谐音含蓄表意法如“喜上眉梢”“吉庆有余”“早生贵子”；形性意含蓄表意法如灵芝形似如意，命名“吉祥如意”，松、竹、梅其性高洁，命名“岁寒三友”，牡丹意喻富贵，命名“花开富贵”。

（三）西式菜点的命名

在西方文化中，许多食材和菜肴具有特定的象征意义。不同国家的西餐各具特色，在不同地区，西餐还会与当地文化融合创新。如在亚洲，西餐融入东方烹饪技艺，创造出与西方不同的味觉体验；在美洲，西餐受当地文化影响，呈现出独特风格。西餐菜名一部分采用直接命名法，在主料名称前加上烹调方法、地名，能够反映出菜品的原料、产地、烹饪方法和口感等特点；另一部分采用间接描述法，通过既贴切又蕴含新意的奇思妙想来反映菜品特点，极富诗意和浪漫。

1. 以食材命名

（1）直接使用主要食材　许多西式菜点直接以其主要食材来命名，这样可以让顾客很直观地了解菜品的主要成分。如“牛肉汉堡”，明确地指出了汉堡中的主要食材是牛肉；还有“苹果派”，直接体现了派中使用苹果作为主要原料。当菜点包含多种主要食材时，会将这些食材都列在菜名中。像“鲜果海鲜沙拉”，顾客从菜名就能知道这个沙拉是由新鲜水果和海鲜共同组成的；“金枪鱼三明治”也清楚地表明了三明治里有金枪鱼这种食材。

（2）间接描述食材　如一道用新鲜鱼肉和蔬菜烹制的菜肴，可以命名为“海风轻拂的田园之恋”；一道用烤牛肉和蘑菇制作的菜肴，可以命名为“月光下的蘑菇牛肉”；“星辰大海”选用新鲜的虾仁和鳕鱼，配以特制的香草和柠檬汁，口感鲜美，如同在星辰大海中畅游。

2. 以产地命名

（1）强调食材或制作方法的产地　有些西式菜点会强调食材的产地，这可能是因为产地的食材具有独特的风味或者优良的品质。如“法国鹅肝”，法国表明了鹅肝的产地，人们往往会联想到法国鹅肝的高品质和独特口感；“意大利面”也体现了这种面食来源于意大利，而意大利面有多种独特的形状、颜色和味道。“法式炖牛肉”“德式烤鳟鱼”“波尔多红酒烩牛肉”“西班牙海鲜烩饭”则表明了制作方式的来源地。

（2）以地方特色命名菜点　某些地区有独特的烹饪方式或者风味组合，以地方特色来命名菜点可以突出其独特性。如“西西里国民点心”中的提拉米苏，提拉米苏起源于意大利威尼斯附近地区，西西里是意大利的一个地区，这样命名能体现出它在当地的代表性。

3. 以烹饪方式命名

以菜点制作过程中的主要烹饪方式命名是常见的做法。如“烤柠檬鸡腿配炸薯条”，其中“烤”和“炸”明确地指出了鸡腿和薯条的烹饪方式；“焗鱼排”中的“焗”也是在强调烹饪方法。

4．以人物或故事命名

（1）以人物传说命名　有些西式菜点是为了纪念某个人而命名的。如“凯撒沙拉”，传说这种沙拉是由一个叫凯撒的人发明的，所以就以他的名字来命名沙拉；又如“鞑靼牛肉”又称“野人牛肉”，“鞑靼”两字，指的是游牧民族中的鞑靼人。该菜20世纪初在法国流行开来，后来经欧洲传播到亚洲和中东等地。这种生肉料理可以同时满足爱吃牛肉、凉拌、生食、口感鲜香复杂的老饕们的综合性美食需求。

（2）与故事相关的命名　菜点背后可能有一个有趣的故事，以这个故事来命名菜点可以增加其文化内涵和趣味性。如“玛德琳蛋糕”，据说它与法国作家普鲁斯特的小说有关，这种关联让玛德琳蛋糕除了作为一种美食之外，还蕴含着文学的意义。

第三节
烹饪与美术

美术又称造型艺术、视觉艺术、空间艺术。它是指艺术家运用一定的物质材料，塑造可视的平面或立体的视觉形象，以反映自然和社会生活，表达艺术家的思想观念和感情的一种艺术活动。烹饪的创美活动，不仅要在菜点的味觉、嗅觉、触觉这三方面创造出悦人的美感，在视觉上更要创造出悦目的造型和色泽。无论是艺术的创造，还是艺术的接受，美术都是烹饪工作者及其菜点作品内在价值获得最终实现的根本途径，同时也是与食客的精神交流。因此，从视觉美感塑造的角度来看，烹饪的创美、审美活动，与美术有着极为密切的关系。可以说：美术是烹饪美感的基础，是菜点造型艺术的手法和手段。

一、绘画——菜点形式美的基础

（一）绘画与烹饪造型

绘画是一种制形构象活动。它能巧妙地表现静态空间、直观地展示外部形象、简洁地呈现心灵状态。绘画是造型艺术中最主要的一种艺术形式。它是运用线条、色彩和形体等艺术语言，通过造型、设色和构图等艺术手段，在二维空间（即平面）里塑造出静态的视觉形象，以表达作者审美感受的艺术形式。在工艺菜点图案造型中，绘画是表现菜点图案结构美、比例美、色彩美和整体美的重要技术手法。如生日蛋糕图案的构图、原料色彩的调配、文字的书写、素材的描画等，都离不开绘画这一基础。尤其是在艺术冷盘的造型创造方面，更能显示出绘画的重要性。可以说，离开绘画这一基础，就谈不上冷盘的艺术创作。

（二）烹饪中的绘画应用

用绘画的方式将食物摆盘，用酱汁、果酱或糖浆等绘制在餐盘或食物上，将特制的图案印制在食物表面，以及用模具脱模等方式，都是绘画艺术在烹饪中的应用。其新奇点在于其多样性，可以根据具体需求，通过不同的绘制方式和创意，制作出各种不同的效果。烹饪中的绘画应用通过视觉艺术提升食物的吸引力，让人们在品尝美食时能够感受到艺术的气息，很大程度上提升了食客的用餐体验。

二、雕塑——菜点造型的艺术手段

（一）雕塑与烹饪雕塑

雕塑是雕、刻、塑三种创制方法的总称，是以各种可塑材料或可雕、可刻的硬质材料为原料，通过运用一定的施刀技法和技巧，创造出具有一定空间的可视、可触的艺术形象，借以反映社会生活、表达艺术家的审美感受、审美情感、审美理想的艺术形式。

艺术家对造型表现手段的规律性的不断探索，精益求精，使艺术创作能够表现新的生活内容和满足人们不断发展的审美爱好的必要条件，通过长期的艺术实践，形成了这些造型艺术各自独具的特殊艺术语言，并决定了这些艺术各不相同的表现法则，正是这些手法、手段、法则在菜点制作中的应用，才使烹饪作品呈现出色彩缤纷艳丽、姿态千变万化的艺术形象，使中国烹饪文化不断被赋予新的内容，流光溢彩。

烹饪雕塑起源于中国，有着悠久的历史和深厚的文化底蕴。随着时间的推移，这一技艺逐渐传播到世界各地，并成为烹饪比赛中的一项重要技能，是一门将烹饪与艺术结合的独特艺术形式，通过雕刻食材来创造美观和富有创意的菜肴和餐桌装饰。

（二）烹饪雕塑的应用

雕塑在菜点造型中使用十分广泛，有面塑、糖艺、食品雕刻之分。烹饪雕塑的基本技法包括切刻、划刻、旋刻、插刻和镂空刻等。这些技法不仅要求厨师具备高超的技艺，还需要对食材有深入的了解和巧妙地运用。如“生日蛋糕”、用澄面塑制的“天鹅”、虾蓉塑制的“琵琶”、用莴笋雕刻的“龙珠”、红薯雕刻的“元宝”等，也可形成装饰菜点的“面人”“糖花”、用果蔬雕刻的各种各样的“山石”“花草”“水族”“飞禽”“走兽”等。

在现代餐饮业和家庭烹饪中，烹饪雕塑被广泛应用于菜肴美化和餐桌装饰。它不仅提升了菜品的艺术价值，也增加了用餐的乐趣。一些著名的烹饪雕塑作品包括用萝卜雕刻的龙、凤等动物形象，以及用南瓜雕刻的山水风景等。这些作品不仅展示了厨师的精湛技艺，也传递了中华文化的精髓。

第四节

烹饪与民俗

民俗对烹饪的影响是多方面的。不同的节日、宗教信仰和民族习俗会导致烹饪在食材选择、菜品制作和饮食方式上呈现出差异。民俗为烹饪赋予了深厚的文化内涵和象征意义。食物不仅是满足生理需求的物品，更成为传递情感、表达祝福、传承文化的载体。春节的饺子象征着团圆和吉祥，中秋节的月饼寓意着团圆美满，这些食物在民俗文化中具有特殊的意义，使烹饪超越了单纯的饮食行为，成为文化传承和交流的重要方式。

烹饪为民俗增添了丰富的内涵和色彩。独特的烹饪技艺和特色菜品成为民俗文化的重要组成部分，并通过饮食活动传承和弘扬民俗。烹饪所制作出的食物是民俗活动得以开展的物质保障。各种节日庆典、社交礼仪等民俗活动都离不开美食的支撑。在年节文化食俗中，春节、元宵节、清明节等节日都有各自特色的节食，这些食物不仅满足了人们的口腹之欲，更重要的是在民俗活动中扮演了重要角色，是民俗文化的物质载体；民俗活动为民俗烹饪提供了广阔的发展空间和传承的动力。民俗中对饮食的需求和偏好促使烹饪技艺不断创新和发展。为了满足不同节日和场合的需求，厨师们会不断探索新的烹饪方法和菜品组合，从而推动烹饪文化的进步。例如，为了在中秋节制作出更美味、更精美的月饼，糕点师们会不断改进制作工艺，丰富月饼的口味和花色。烹饪是民俗文化的直观体现，通过菜品的种类、制作工艺、食用方式等可以了解到不同地区、不同民族的民俗风情和文化传统。

中国民俗文化丰富多彩，其中极具美好寓意的吉祥文化要素是民俗文化的一个重要组成内容。吉祥文化内容对菜点的形、意的塑造和丰富烹饪菜点的审美内容等均具有极大的作用。在中国民俗文化漫长的发展、演变过程中，我们的祖先以祥瑞传说、民间谚语为题材，通过借喻、比拟、双关、谐音、象征等手法，创造出一系列蕴含吉祥寓意的吉祥物、图腾和图案。这些既具有历史渊源、富于民间特色，又蕴含吉祥期盼的民俗文化要素是中华民族传统文化的重要组成部分，是表现民族历史的一套完整的艺术形式。先人们通过这些直观可感的审美形式，表达了对幸福美满生活的向往和渴望。

一、烹饪与吉祥物

在中国民俗文化中，很多动物、植物、器物、符号等都被赋予了能令人积极进取、为人类造福的品性，成为具有象征意义的吉祥物，为中国吉祥文化的形成和发展奠定了坚实的基础。很多吉祥物的形象被运用在菜肴造型中，蕴含独特的传统美感。

1．动物类吉祥物（图3-6）

动物类吉祥物主要包括飞禽走兽游鱼等，被人们赋予吉祥意义的动物不胜枚举。如禽类中的仙鹤、喜鹊、鸳鸯、鸽子等；兽类中的瑞鹿、雄狮、猛虎、奔马、大象、灵猫等；鱼类中的鲤鱼、鲇鱼、比目鱼等。以动物表示吉祥，可单体也可复合。如龟称“万年”，鹤称“千代”，龟鹤合一就构成了一幅“龟鹤齐龄”，是象征延年益寿的图案。

图3-6 动物类吉祥物

以仙鹤为例，在美食文化中，有不少以仙鹤形象呈现的菜肴。如“仙鹤神针”，又名“鸽吞翅”，是一道被誉为充满神秘色彩的经典名菜，也是潮汕美食的代表之一，同时它还是粤菜经典。采用鸽子、鱼翅等原料慢慢炖出来的肉汤泛着淡淡金光，融合了多种食材的香味，润而清、鲜而黏。吃的时候把鸽子捞出来，从腹部中间切开，会露出里面一缕缕晶莹剔透的鱼翅，味道十分鲜美。后期考虑到动物保护等因素，将原本鸽肚中酿入的鱼翅改为使用同样珍贵、具有高营养价值的燕窝，制成了这道改良版的“燕液八宝鸽”。又如“仙鹤踏青”以独特的造型和鲜美的口味给人留下深刻印象，它用鹌鹑蛋作为仙鹤的身体部分，冬笋用作仙鹤的头颈和羽翼，黑芝麻作为仙鹤的眼睛，番茄酱用于制作鹤顶，巧妙地制作成仙鹤的形状，造型栩栩如生，仿佛仙鹤在草地上悠然漫步，极具观赏性和艺术感。再如“上素仙鹤”是一道浙江省的汉族传统名菜，制作材料包括鲜乳鸽、西蓝花以及上素料（草菇、蘑菇、银耳、玉米笋、冬笋、马蹄）等，具有营养丰富、口感细腻的特点。

图3-7 植物类吉祥物

2. 植物类吉祥物（图3-7）

植物类吉祥物有花草、树木、果实等，其寓意多以组合图案构成。如“岁寒三友”“天地长春”等，前者大都用梅、竹、松来表示，后者则多数用天竹、南瓜、长春花来寓意。“杞菊延年”的主题，用的就是菊花和枸杞。槐象征长寿，红豆象征思念，栗象征立子，石榴象征多子多福，橘象征大吉，佛手象征幸福，芙蓉象征荣华富贵等。

以梅花为例，梅花不仅具有极高的观赏价值，还能入食，以梅花为元素或呈现梅花形象的菜肴具有丰富的营养价值、审美情趣和人文内涵。如“梅花粥”，梅花与粳米为粥，加入白糖后，有疏肝理气、健脾开胃的功效，在春季食用，梅香四溢，入口回甘；又如“梅花糕”，用山药、梅花茶汤、炼乳制成的梅花糕，有着梅花独有的香气，软糯香甜，健脾益胃，其表面如同一朵盛开的梅花；再如“梅花汤饼”，源自宋代林洪的《山家清供》，具有开胃理气、清肺热的功效。鸡汤煲至清澈浓醇后，盛出清汤备用，将煮熟后的梅花面片浸入鸡汤，在檀香的郁香中透出梅花的幽香，再加上鸡汤的鲜美，令人难忘。

3．器物、符号类吉祥物

（1）带有吉祥寓意的器物（图3-8）

①瓶：宝瓶或花瓶，寓意平安。与鹌鹑和如意一起造型寓意平安如意。与钟铃组合寓意众生平安。

②风筝：寓意青云直上或春风得意。

③平安扣：寓意平平安安。

④磬：寓意喜庆。

（2）带有吉祥寓意的符号（图3-9）

吉祥符号通常要和主体形象在一起组合造型，才能构成更完整丰富的寓意。这些符号主要有：太极图、八卦图、神盘、日、月、万字、如意头、福、元、兔、鱼图、环套月、九连环、四喜娃、四神、四艺、五瑞、五岳、八吉祥、八宝、暗八仙、八音、八仙、九雏、龙生九子、十二章纹、十二生肖、华盖、火珠、钟、磬、绣球、锭、博古、结、古钱、香炉、花灯、长命锁、艾虎、五毒、蛇盘兔、鹰抓兔、扣碗、茶壶、葫芦等。

以太极图为例，中式烹饪中有不少菜肴以太极图的形象呈现，不仅美味可口，还蕴含着独特的文化韵味和美学价值。如“清炒山药木耳”，这道菜中小清新的素菜，营养与美味兼具。山药洁白，木耳乌黑，二者搭配在一起，恰似太极图中阴阳交融，视觉上是一场盛宴；又如“太极芋泥”，特别适合在吉辰喜庆时享用。将芋泥、熟猪油和水拌匀，装碗上笼用旺火蒸后取出，淋上熟油，并用红枣、瓜子仁、樱桃在泥面上装饰成太极图

青花瓷双耳瓶　龙凤题材硬翅风筝　平安扣　磬

图3-8 带有吉祥寓意的器物

图3-9　带有吉祥寓意的符号

案，最后把红枣碎米撒在芋泥上，造型美观；再如“太极八卦鱼肚”，主料是鱼泥，配料是香菇、青红椒、黄豆，摆成太极八卦符号后清蒸即成，在传统造型中蕴含着丰富的哲学思想和宇宙观念。

图3-10　龙、凤、龟、麟

二、祥瑞图腾、图案和瑞名

中国人民的吉祥观念源远流长，表达了人们追求幸福快乐、向往和谐美好的情感愿望。中国民俗赋予吉祥物以道德、审美的含义，通过艺术加工，使之深深烙上民俗文化的印记。具体来说，中国的图腾崇拜文化，影响最大的为四灵，即：龙、凤、龟、麟（图3-10）。《礼记·礼运》记载：“麟、凤、龟、龙，谓之四灵。”麟为百兽之长，凤为百禽之长，龟为百介之长，龙为百鳞之长。四灵是中国民俗文化中的祥瑞图腾，是中国先人们的崇拜之物。

以凤图腾为例，如“凤凰展翅”，用多种食材包括北京填鸭、鸡蛋、黄瓜、金糕、胡萝卜、鸽蛋、黄油、面包、樱桃等制作而成，以其独特的造型和美味的口感而闻名，象征着吉祥、幸福、快乐。在一些节令宴中会出现这道菜，为餐桌增添别样风采；又如“苗乡龟凤汤”，是苗族的特色美食之一。乌龟和乌鸡经过长时间的炖煮，口感鲜美，营养丰富，充分展现了苗族人民对食材的精心挑选和精湛的烹饪技艺；再如“百鸟朝凤”，这是一道传统经典湘菜，也是长沙的一道经典传统美食，主要食材是嫩鸡，做出来的成品特别像百鸟朝凤的场景，所以得名。它历史悠久，即便时过境迁，依然是长沙人餐桌上的常见佳肴，承载着家族兴旺、有凤来仪的美好寓意，还寄托着许多长沙人走南闯北后的乡愁。

三、中国民俗文化中的祥瑞传说

中国民俗文化中的祥瑞传说，是最富有中国传统文化特色的一部分，它看似肤浅，实则博大精深，丰富多彩；它看似世俗，却蕴含诗情盎然，雅意无限。中国的祥瑞传说，故事的主人公一般有名有姓，其中有的是历史上知名的人物，事件发生有具体的时间和地点，有的还涉及国家民族的重大事件；而人物活动或事件发展的结果也常与某些历史、地理现象及社会风气相附会，因而往往给人以它是真实历史的错觉。但民俗传说与严格意义的历史有本质的区别，传说既不是真实人物的传记，也不是历史事件的记录（其中可能包含着真实历史的某些因素），而是劳动人民表达美好愿望的艺术创作。

追求吉祥是人们普遍的心理，是向善求美的表现。中国民俗文化中的祥瑞传说正表达了民俗文化中的淳朴之善和纯真之美。这些传说往往本身就很美，充满了诗情画意，达到了历史的因素和历史的方式与文学创作的有机融合，充分体现了古人的想象力，其吉祥的寓意使其成为艺术化的历史。主要有三星高照、八仙过海、嫦娥奔月、天女散花、麻姑献寿、五子闹弥勒、刘海戏蟾、钟馗接福、南极仙翁、昭君和番等。

以麻姑献寿为例，麻姑在传说中是一位亲见东海三为桑田的长生不老仙人，象征着长寿。麻姑献寿菜肴承载了这一寓意，通常用于生日祝福、寿宴等场合，表达对受赠者健康长寿的美好祝愿，希望食用者能够如麻姑一般，拥有长久的寿命和健康的身体。如“麻姑献寿素宴”，原料用灵芝（可选用人工养殖的食用灵芝）、水蜜桃、香菇、胡萝卜、西蓝花、玉米、银杏果等，制作成造型优美、色彩丰富的素宴。此菜肴以各种具有美好寓意的素食为主，体现了健康、长寿的理念。麻姑在各类艺术形象中常被描绘为美丽、慈祥的模样，代表着幸福和吉祥。以“麻姑献寿”为主题的菜肴，往往在食材选择、造型设计等方面会突出吉祥的元素。如“麻姑献寿海鲜煲”，原料用鲜虾、鱼肉、海参、海带等海鲜食材，搭配少量的桃肉罐头（起到点缀和寓意作用）。这道菜既有海鲜的鲜美，又有桃子的甜蜜，寓意着食用者能够拥有美好的生活、顺遂的未来，为生活增添幸福的色彩。

04 第四章 CHAPTER

烹饪产品的审美设计

教学目的与要求

（一）教学目的

知识：了解烹饪产品审美的主要内容和具体要求；掌握烹饪产品审美设计的规律。

能力：通过对烹饪产品的形式美的实现法则的学习，能运用烹饪形式构图方法，结合新食材技术创造新菜品。提高对烹饪产品造型、摆盘艺术、饮食器具的审美能力，将菜品设计成具有现代视觉冲击力的形式。

情感：感受烹饪产品的审美设计规律在现实生活中的多种呈现，提高综合审美能力，激发对生活的热爱。

（二）教学要求

1. 内容

烹饪产品审美的内容和要求；烹饪产品审美设计的特性；烹饪产品的形式美及其应用；烹饪产品的审美设计规律。

2. 行为

分小组设计一幅烹饪图案，要求利用烹饪形式美的法则，通过烹饪构图实现整体造型。

3. 达标

将设计的烹饪图案应用在实际烹饪中，制作成一道菜肴。

教学重点

1. 烹饪产品的形式美的含义和实现法则。
2. 烹饪图案构图方法。

教学难点

烹饪产品的造型。

思考与实践

1. 试列举烹饪产品外观造型、色彩搭配、大小比例、图案纹样、光泽质感各个方面的应用实例。
2. 通过网络搜索古今中外烹饪产品审美设计的具体事例。
3. 分别总结冷菜造型、热菜造型和面点造型需要注意的重点内容。
4. 全面了解饮食器具对菜肴的各方面作用，举例说明。

第一节 烹饪产品审美设计概述

烹饪产品的审美设计是烹饪美学的一个重要组成部分，涉及烹饪产品的设计与创造者的审美活动，以及审美主体与客体之间的关系。在烹饪产品的设计与创造过程中，审美主体（通常是厨师）依赖于烹饪原材料与烹饪器具的审美价值属性，同时，烹饪原材料与烹饪器具作为审美对象，也依赖于审美主体的本质力量。

一、烹饪产品审美设计的特性

（一）功利性

随着社会经济的发展和消费水平的提高，饮食的功利性，即果腹的需求必然会越来越淡化。这种变化会给烹饪产品审美设计带来其他方面的要求，使之向综合化的方向发展。对于菜肴、食品，人们关心的除口味的好坏外，逐步注重其内在营养、外观的悦目怡人和卫生、方便，以及用餐环境、服务水平等非味觉因素。

1. 菜肴的营养性

烹饪不仅可以改变菜肴的口味和外观，还能通过加热等处理方式使食物的营养成分更容易被人体吸收。此外，不同的食材和烹饪方法可能具有不同的营养价值和食疗功效。例如，黄瓜具有清热解毒、降低胆固醇的作用，含葫芦素的食物有减肥抗癌之功效；茄子具有清热、通络散瘀、消肿止痛的功效；而不同的肉类和蔬菜也含有各自的营养成分。

2. 烹饪的科学性

当今，人们对于烹饪这门味觉艺术有了更多的科学反思。是否符合营养卫生的要求，已成为评价菜肴食品不可缺少的一项重要标准。中国营养学会公布的《中国居民膳食指南（2022）》的八条要求，这虽然是针对饮食而言的，但它对于烹饪也有非常重要的指导意义。其中至少有两条与烹饪直接有关，一条是要吃清淡少盐的膳食，另一条是要吃清洁卫生、不变质的食物。此外，饮食结构的要求（如多吃蔬菜、薯类、豆类）对烹饪也有明确的指导意义。

3. 烹饪的多元化

饮食口味既有共同性的一面，又有差异性的一面。这就决定了烹饪趋向多元化。在今天，世界变得越来越多样和丰富，人们在饮食的要求上也有了更多的自由和个性。因此，饮食世界的多元化是烹饪界不得不面对的现实。烹饪的多元化同样如此，正如甘哈曼在《第四次浪潮》中所说：“人类的饮食习惯在短时间内虽无法改变，但是，在现实生活中却会逐渐地改变”。这种改变带来的直接后果就是烹饪在口味、食材选择、烹饪方法等方面呈现多元化。

4. 运营的经济性

为了实现价值最大化，设计师可能会选择成本较低但性能可靠的材料和技术。此外，优化设计流程，减少不必要的工序和材料浪费，也可以降低生产成本。同时，考虑到产品的生命周期，设计时还需考虑产品的耐用性和维护成本等因素。虽然经济性是设计中的一个重要方面，但它并不应牺牲产品的美观或功能性。设计师需要找到平衡点，在保证产品经济实惠的同时，确保产品具备吸引力的外观和良好的用户体验。

（二）社会性

烹饪产品的审美设计的社会性表现在设计理念、制作过程、消费体验以及教育和传播等多个方面。这些因素相互交织，共同塑造了烹饪产品审美设计的多样性和丰富性。

1. 设计理念的社会性

烹饪产品的审美设计受到社会文化背景的影响。设计师在设计烹饪产品时，会考虑到目标市场的文化特点、消费者的需求和期望等因素。例如，不同的文化背景下，人们对食物的颜色、形状和质感有着不同的偏好。设计师需要通过精细的工艺、和谐的色彩搭配等方式，来满足这些社会需求和期望。

2. 制作过程的社交性

烹饪产品的制作过程也是一种社交活动。在制作过程中，厨师通过与食材的互动，以及对色彩、形态和空间利用的掌握，展现出自己的技艺和创意。并且，厨师之间的交流和学习也会影响烹饪产品的审美设计，推动烹饪艺术的发展。

3. 消费体验的社会性

烹饪产品的消费不仅是满足生理需求，更是满足心理感知和社会交往需求的体验。消费者在品尝美食的同时，也在享受一场人际交往盛宴，这种美食与交流的结合，体现了烹饪产品审美设计的高级精神追求。此外，消费者对于美食的评价和分享，也会在社交媒体上形成一种社会性的交流和认同。

4. 教育与传播的社会性

烹饪美学的教育和传播也是社会性的活动。通过烹饪学校的教育和专业培训，学生不仅学习烹饪技术，更重要的是培养良好的审美观念和审美意识，并能够实现一定程度的审美传播力。这样的教育有助于提高烹饪专业学生的整体素质乃至全民审美素质，设计和制作出更高水平的烹饪作品，同时也推动了饮食文化的传承和发展。

（三）工艺性

烹饪工艺是指人们有计划、有目的、有程序地利用炊制工具和炉灶设备，对烹调原料进行切割、烹制和美化的过程。这一过程不仅涉及对食材的物理处理，如切割、剁碎等，还包括烹饪过程中的技术、技巧和艺术性的操作。烹饪产品审美设计的工艺性在于它是人类在烹调劳动中积累并总结出来的操作技术经验，是有计划、有目的、有程序地利用烹调工具和设备对烹饪原料进行初加工、切配、调味、加热与美化的方式方法，使之成为能满足人们生理和心理需求的美食。

中国烹饪工艺拥有悠久的历史和传统，影响其发展的决定性因素包括中国农业传统、独特的地方风味、社会结构及历史政治因素。这些因素不仅促进了中国烹饪工艺的发展，也在一定程度上影响了每一种菜肴的口味和特色；另外，随着全球化的进程加快，西餐工艺也逐渐传播到世界各地。许多国家开始接受并吸收西餐文化中的元素，形成了具有自己特色的西餐形式。美国的快餐文化、日本的寿司店和韩国的烤肉店等，都是西餐文化在全球传播的产物。随着互联网和交通的发展，越来越多的人开始尝试不同的西餐工艺，使得西餐文化在全球范围内得到了广泛的传播和认同。

烹饪产品审美设计的工艺性从整体来看，涉及选料工艺、初加工工艺、组配成形工艺、调味工艺、熟制工艺、盛装与造型工艺六大环节，每一个环节又有各自的具体流程、方法和标准。从单个菜点的制作来看，每一个菜点又都有相对独立的工艺流程和工艺标准；从整套菜点的制作来看，又都有独立的设计流程和设计标准。

（四）艺术性

烹饪产品审美设计的艺术性可以通过色彩、造型、布局等视觉元素乃至听觉、触觉等艺术元素的精心设计体现出来，创造出既美观又实用的食品和餐饮环境。这种设计不仅提升了食物的吸引力，还增强了食客的用餐体验，使之成为一种全方位的艺术享受。

1. 烹饪造型的视觉艺术

烹饪造型的视觉艺术强调食物的外观美感，通过艺术化的处理手法，如切割、摆盘、装饰等，使食物呈现出艺术品的特质。这种艺术形式不仅满足了人们对美食的基本需求，还通过视觉上的美感激发了人们的食欲和情感共鸣。

2. 烹饪工艺美术的艺术观

烹饪工艺美术的艺术观认为，烹饪不仅是满足生理需求的活动，更是一种艺术创作。通过研究烹饪造型的视觉艺术，可以深入理解如何将味美可口与色、形的美观相结合，创造出具有时代气息和民族特色的烹饪作品。

3. 烹饪艺术与创意的融合

在现代社会，烹饪艺术与创意的融合已成为一种趋势。烹饪产品设计师们不仅追求食物的口感和味道，还尤其注重食物的艺术呈现。通过贴切的命名、创新的摆盘技巧和食材搭配、使用高新技术、出其不意的制作手段或精致的包装，甚至融合听觉体验，烹饪艺术得以与创意设计相结合，为食客提供一场综合的烹饪艺术盛宴。

二、烹饪产品审美设计的规律

烹饪产品的审美设计规律是一个复杂而多维的概念，它涵盖了情感化设计、工艺美术设计和外观形式美设计等多个方面。这些规律和法则共同构成了烹饪产品审美设计的基础，旨在创造出既实用又美观的烹饪工具和美食呈现方式。

（一）烹饪产品情感化设计

烹饪产品情感化是指在烹饪过程中，通过选择食材、搭配口味、安排菜单等方式，传递厨师的心情、态度和意图，以此触动食客的情感，增强食物的吸引力和记忆点。这种情感化不仅体现在食物的味道和外观上，还包括用餐环境、服务细节等全方位的体验上。烹饪产品情感化是一种通过多感官体验来触动人心的设计策略。它不仅关注食物本身的质量和味道，更注重整个用餐过程中的情感交流和共鸣。通过精心选择食材、搭配口味、设计菜单、布置环境及优化服务，厨师和餐饮业者能够创造出超越物质享受的情感价值，给食客留下难忘的印象。

1. 食材选择与情感表达

在烹饪中，食材选择不仅是技术问题，也是情感表达的一部分。例如，选用有机蔬菜和本地食材可以传达对健康和环保的关注；而使用特定地区的特产则可以表达对家乡或文化的怀念。

2. 口味搭配与情感共鸣

口味的搭配是烹饪中情感化的重要环节。通过甜、酸、苦、辣等不同味道的组合，可以创造出令人愉悦的味觉体验，从而引发食客的情感共鸣。例如，甜品中的巧克力和草莓的搭配，既能满足味蕾，又能唤起甜蜜幸福的感觉。

3. 菜单设计与情感故事

菜单不仅是食物的列表，还可以讲述一个故事。通过命名菜品、描述食材来源和烹饪过程，厨师可以将自己的情感和理念传递给食客。例如，以“母亲的味道”命名的一道菜，可以唤起人们对亲情的美好回忆。

4. 用餐环境与情感氛围

用餐环境对情感化体验也有重要影响。柔和的灯光、舒适的座椅、优雅的音乐等都能营造出温馨浪漫的氛围，使食客在享受美食的同时，也能感受到情感上的满足。

5. 服务态度与情感连接

服务员的态度和行为也是情感化体验的一部分。热情周到的服务、细致入微的关怀都能让食客感到被重视和尊重，从而加深他们对餐厅和食物的情感联系。

（二）烹饪产品过程美设计

烹饪产品的过程美是艺术和科学的结合，它与生活紧密相关，其功能性和装饰性，不仅给人们带来美的享受，还对烹饪产品的整个营销起到画龙点睛的作用。烹饪产品的过程美设计包括操作过程美和外包装过程美两个方面。

1. 烹饪产品的操作过程美

烹饪美食的过程不仅是一种技术活，也是一种艺术创作。它需要对食材精心挑选、对火候精准掌控，以及对调料比例精确把握，每一个步骤都是一次对美食的探索和挑战，每一次成功烹饪都是一次对美的追求和创造。与此同时，烹饪美食的过程本身就是一个促销的过程，它通过展示烹饪细节、工匠技艺、先进科技甚至融入积极热情的餐饮服务，吸引更多的顾客，提升企业知名度和美誉度。另外，烹饪的过程也是一个充满人生智慧的操作过程，在美食制作的各个环节中，烹饪美学的主旨和对人生哲学的理解得以体现，尤其在厨师与食客的近距离交流中更为明显。

2. 烹饪产品的外包装过程美

烹饪产品在展示或外带时，其外包装设计就成为一个结合美观与实用于一体的重要环节。

第一，在视觉上，力求第一时间吸引消费者，传达出产品的美味可口。其中，色彩是包装设计中的重要元素，可以通过提取制作原料的外观色彩来区分不同口味的产品。

第二，在触觉上，包装材质的选择很重要，不同的材质可以带来不同的视觉和触觉感受，同时也应与烹饪产品本身达到和谐统一。

第三，在内容上，能够有效、贴切地传达产品自身以及企业文化、精神内涵等综合信息。

第四，在本质上，考虑到包装的实用性、方法性和保护性，包装上应该有清晰的产品信息和生产日期等，方便消费者了解和使用；在使用和开启方式上体现创新，并对包装拆解方法提供明确说明。

第五，在操作上，现打包的食品具有极大产品优势。现打包的食品种类多样，包括面包、糕点、即食餐食和熟食产品等，在购买时对烹饪产品现场包装，具有现场制作、个性化包装、即时食用等特点，增强市井烟火、喧嚣繁荣的烹饪美感体现。当然，在打包食品时，需要注意包装大小、包装时间以及食品卫生安全等细节问题。

第二节 烹饪产品的形式美

烹饪产品的形式美就是烹饪菜点外在的表现形式带给人的审美感受。这种感受直接来自菜点的外观造型、色彩搭配、大小比例、图案纹样、光泽质感等基本属性。它的产生与人的心理，特别是感觉和知觉中形式感的形成相互联系。烹饪产品的形式美，一方面包括科学合理的功能结构所直接呈现的内形之美，即体现了功能的本质意义的合规律、合目的形式之美；另一方面还包括与本质内容相对立的、菜点的外在形式因素所造成的美的享受。在烹饪产品的审美设计与创造实践中，不仅要创造出菜点的内形之美，还要创造出其外形的美。

一、烹饪产品的内形之美

烹饪产品的内形之美包括食材的选择、刀工的处理、火候的掌握等细节方面。内形之美的巧妙运用能提升菜肴的审美价值，优化食用体验，使烹饪从生存技能升华为生活艺术。

（一）食材的选择

1. 考虑新鲜度

选择新鲜的食材、新鲜的调料会给菜品带来更好的味道。鲜活为佳、形态完整、色泽鲜艳的原料通常更能保证烹饪产品的质量和口感。如制作蛋泡糊（又称高丽糊、雪衣糊）时，鸡蛋越新鲜越好，利于气泡的稳定，使菜肴外形饱满松软、色泽洁白美观；又如丹麦哥本哈根的诺马餐厅十分强调食材的新鲜度和时令性，果汁、果醋制成的酱汁和汤、新鲜蔬菜、草药、香料和野生植物都是美味佳肴中不可或缺的部分，诺马餐厅对食材从饲养、种植到生产过程，都十分严谨、卫生、符合人道和环保要求。食材都由主厨雷内·雷德泽皮（Rene Redzepi）和助手们发掘采集，或是由邻近有机农场栽种，并且由餐厅自己腌制、盐渍、烧烤和风干食品。他们使用啤酒、果酱和果醋作为调味品，每样东西都是餐厅手工自制。

2. 根据产地选择

不同产地的原料可能具有不同的特点和品质，某些原料因其产地的独特环境和条件而具有特殊的品质。如北京烤鸭选择填鸭，蒲菜也有特定的产地要求；再如西餐中北美的牛以玉米谷物为饲料，科学化圈养，肉质柔嫩肥腴，南美的牛以青草放牧饲育，肉质较纤瘦而具嚼感。

3. 依据生长季节选择

有些原料在特定的季节品质更佳，如“六月韭，驴不瞅，九月韭，佛开口”。不同季节选择适宜食材，有助于调养身体，适应季节变化，提高免疫力，预防疾病。

（1）春季：鲜嫩的蔬菜　春天万物生发，雨水充足，竹笋、各种苗菜、野菜、鲜花、绿叶蔬菜争相破土而出，鲜嫩多汁既富有滋味又蕴含了无比向上的力量，会让我们的身体也充满了正面能量。另外，清明时节里河鲜、小海鲜都是正美味的时候，尝鲜是这个季节的关键词。

（2）夏季：丰富的瓜果　夏天是瓜果蔬菜的好季节，植物们枝繁叶茂，市场上的蔬菜水果可以说是一年中最丰富的时候。饱满的瓜果是餐桌上的佳肴，黄瓜是正当季的好食材。

（3）秋季：成熟的菌类与白色食材　到了秋季，天地之气慢慢趋向收敛，食材的颜色也变得深沉浓郁起来，丰收的时节有无尽的物产，最吸引人的便是各种成熟的菌类。秋季养阴防燥非常重要，多食用一些白色润肺的食材是最好的选择，如正当时的秋梨、百合、银耳，可以滋养身心、安神除躁。

（4）冬季：根茎类与黑色食物　冬季万物凋敝，冬天的寒冷需要更多的能量去支持身体的活动，一些根茎类的食物正能满足这个需求，例如土豆、萝卜、牛蒡、红菜头。冬天还需要适当多补充些黑色的食物，滋养肾阴，例如黑芝麻、黑豆、黑米等。另外，寒冬腊月正是吃羊肉的好季节。

4. 按照原料种类选择

不同种类的原料在烹饪中的作用和效果不同。如糖有砂糖、绵糖、冰糖等种类，按颜色又分为白糖、黄糖、红糖，从制作方法则分为蔗糖、果糖、饴糖、蜂蜜糖等，分别适用于不同的菜肴做法。其中，沾糖工艺选用的糖，必须是纯度较高的蔗糖，白砂糖、冰糖都可以，红糖纯度不够，不可以使用。

（1）蜜汁菜　蜜汁菜肴就是汤汁浓稠，色泽明亮，香甜可口。如蜜枣、蜜汁苹果、蜜汁红薯、可乐鸡翅等。

（2）挂霜菜　比起蔗糖本身，挂霜之后的白色结晶颗粒要小，显得更细腻。常见的有挂霜花生米、潮汕名菜反沙芋头等。

（3）拔丝菜　当糖汁熬到合适的程度后，放入食材，快速翻炒并将食材的表面裹上糖汁。常见的有拔丝地瓜、拔丝芋头、拔丝香蕉、酥黄菜等。

（4）琉璃菜　当糖汁完全降温后，食材表面结成透明偏黄的糖壳。常见的有琥珀桃仁、琥珀腰果、糖葫芦等。

5. 根据原料部位选择

在烹饪中，原料部位的选择是至关重要的，不同部位的原料质量和特点有差异，它不仅影响菜品的口感和风味，还直接关系到菜品的营养价值和整体质量。合理的部位选择能够使原料的优势得到充分发挥，从而提升菜品的品质。进行原料部位选择时，需综合考虑质地、口感、风味及营养价值等因素，并结合具体烹饪方法和菜品需求，以确保菜品品质最佳。

（1）肉类原料的部位选择　对于肉类原料来说，不同部位的肉质、脂肪分布和口感都有所不同。例如，猪肉中，前臀尖适合制作丸子，因为其肥肉和瘦肉兼有；通脊（外脊）适合切肉丝或肉片，因为其肉质较为均匀；里脊则因其质地细嫩，适合制作滑熘里脊等菜品。牛肉中，上脑部位肉质较嫩，适合烤和炒；牛排则位于背部，常用于烤或焖。羊肉中，小羊肉的颜色浅红，肉质坚而细，适合多种烹饪方式。

（2）水产品原料的部位选择　在水产品原料中，部位的选择同样重要。例如，鳙鱼头因其肉多而肥，常被选作烹饪的优质部位；而青鱼头虽然质量不如鳙鱼头，但其尾部质量却较好。此外，对于鱼类来说，不同部位的肉质和口感也存在差异，选择合适的部位进行烹饪，能够确保菜品的口感和风味。

（3）蔬菜原料的部位选择　蔬菜原料的部位选择虽然不如肉类和水产品那样复杂，但同样需要注意。例如，在选择竹笋时，笋尖的质量通常比笋根要好，因为笋尖更加鲜嫩可口。

此外，对于某些蔬菜来说，其不同部位的口感和营养价值也存在差异，因此需要根据具体的烹饪需求进行选择。

6. 按照菜肴质量选择

地方传统名菜和创新名菜对原料的选择十分讲究，如河南省传统名菜炸八块一般用童子鸡，肉质鲜嫩，外酥里嫩。又如美国农业部根据肉品的成熟度及大理石纹脂肪（油花）含量，将牛肉评定为8个等级［极佳级（U.S. Prime），特选级（U.S. Choice），优选级（U.S. Select），标准级（U.S. Standard），商用级（U.S. Commercial），可用级（U.S. Utility），切块级（U.S. Cutter），制罐级（U.S. Canner）］，这样不同质量的牛肉适合做不同的西餐，其中 Prime、Choice这两个等级适用于制作牛排，Prime 级意味着油花纹路最细致，多余脂肪最少，纤维最鲜嫩的肉质。

（1）选料与烹饪方法适应　根据烹饪原料的特点，采用合适的烹调方法，使制作的菜肴发挥原料的最大优点。了解食材特性，不同食材有不同的特点和适用的烹饪方式，要根据其特性进行选择。如嫩牛肉适合炒，老牛肉适合炖。

（2）考虑相容性和协同效应　不同调料搭配时要确保没有冲突的味道，且能相互融合产生更好的味道。如中餐烹饪中的盐、酱油、醋等起到主导作用，调料如姜、蒜、辣椒等用于增加风味，主辅调料能彼此作用，相互补充。

7. 根据不同人群选择

尊重不同地区的风俗习惯、宗教信仰来选择原料。我国各地民俗风情是饮食文化中的重要组成部分，它经过多年的传承和演变，形成了丰富多彩的口味和独特的料理技艺。粽子大致分为北方粽子和南方粽子两大类，根据不同地区的食材选择和做法的不同又有各自的特色和区别。还应考虑食用者的身体需求和健康状况，选择合适的原料。

此外，选择食材时应注意，有些食材在搭配时会产生不良反应，应多识多记，有效地避免食物相克带来的不良影响；在烹饪产品的选料、搭配过程中，还应保证烹饪过程中的卫生安全。

（二）刀工的处理

烹饪过程中对食材进行精细的切割是展现形式美的重要手段。整齐划一的丁、块、片、丝不仅体现了厨师的技艺，也让食物在视觉上更加协调。适当的切割技巧可以增强食物的美观性，同时也能影响烹饪过程中热量的分布、调料的吸收和食物的口感。

1. 直切

直切是最基本的刀法，它是菜肴切制中最根本的刀法。在切制原料时，刀身与原料呈垂直状态，左右手要有节奏地配合，左手中指关节抵住刀身向后移动，移动时要保持同等距离，使右手切出的原料形状均匀、整齐。

2. 推切

推切的刀法是刀与原料垂直，切时刀由后向前推，着力点在刀的后部，一切推到底，不再向回拉。这种方法适用于脆性原料，如青笋、鲜藕、萝卜、黄瓜、白菜、土豆等。

3. 拉切

拉切适用于韧性较强的原料，如千张、海带、鲜肉等。在拉切时，刀与原料垂直，切时刀由前向后拉。

4. 锯切

锯切也称为推拉切，是推切和拉切刀法的结合。锯切刀法是刀与原料垂直，切时先将刀向前推，然后再向后拉。这样推拉就像拉锯一样向下切，把原料切断。锯切一般用于把较厚无骨而有韧性的原料或质地松软的原料切成较薄的片形，如涮羊肉的肉片等。

5. 铡切

铡切的方法有两种：一种是右手握刀柄，左手握住刀背的前端，两手平衡用力压切；另一种是右手握住刀柄，左手按住刀背前端，左右两手交替用力摇动。铡切刀法一般用于处理带有软骨、细小骨或体小、形圆易滑的生料和熟料，如鸡、鸭、鱼、蟹、花生米等。

6. 滚切

滚切刀法是左手按稳原料，右手持刀不断下切，每切一刀即将原料滚动一次。这种方法多用于圆形或椭圆形的脆性蔬菜类原料，如萝卜、青笋、黄瓜、茭白等。

（三）火候的掌握

烹饪过程中火候的掌握是保持食物原有形态、增加美观的关键，也是人们对健康饮食的基本要求。适当的火候可以使食物色泽诱人，表面金黄酥脆，内部嫩滑多汁，这样的烹饪效果不仅满足了味觉，也让视觉得到了享受。

1. 根据原料性质掌握火候

烹饪原料众多，质地有老有嫩、有干有鲜、有死有活、有大有小。如干制品的发制要逐渐吸热、慢慢吸收水分浸透，才能最大限度恢复到鲜活时的状态。蔬菜类烹饪对火候要求高，因其色泽清新、清脆爽口。原料小而薄，宜高温短时间加热；原料大而厚，宜低温长时间加热；质地老的原料，宜低温长时间加热；质地嫩的原料，宜高温短时间加热。

2. 根据刀工形状掌握火候

刀工不好，切出的菜长短、粗细、薄厚、大小不均，火候掌握也不同。鸡丝、鱼丝等细软丝状或片状，用文火且时间不宜长；丁、条状宜用武火，如宫保鸡丁、火爆腰块等。

3. 根据烹饪方法掌握火候

中国菜品种繁多，炒、爆等烹调方法宜旺火速成，宜用武火；烧、炖、焖等烹调方法时间长，火力宜文，先用文火烧开再用微火慢烧。

4. 根据菜肴要求掌握火候

如川菜中的麻婆豆腐以嫩为特点，一般烹制3分钟为宜，如果烧煮时间过长，则质地会变老发黑，口味变差。

二、烹饪产品的外形之美

感性质料之间的组合规律就是我们在菜点造型中要遵循的外形之美的规律，这些法则不仅是形式美的表现，也是人们对美的共识和积累经验的抽象概括。

图4-1 主要与次要的形式美

1. 主要与次要

但凡艺术有主题，而且只有一个主题，菜点造型也是一样，只有一个主要表现的部分，然后再看其他部分，这并不意味着其他部分不重要，只是在创造中突出主次关系。这种关系的表现形式通常遵循主大次小；主居中，次居边；主居高、次居低的时空组合规律，如图4-1所示。

图4-2 单纯与整一的形式美

2. 单纯与整一

单纯与整一是在一种形式中没有任何明显差异与对立因素的一种形式法则，如图4-2所示。单纯就是简单纯一；整一就是整齐划一。单纯与整一的形式很多，如单一的色调、简单的形状等，它具有醒目、易识别等特性，常给人以自然、简单、大方、安宁的心理感受。但如果运用不当，会给人带来呆板、枯燥之感，甚至还会使人感到沉闷和压抑。

3. 对称与均衡

对称是指事物中相同或相似形式因素之间的组合构成了一种绝对均衡的关系。它主要包括两种形式：一种是线对称或轴对称，即以一条线为中轴，左右或上下两侧均等，这种对称具有平稳、庄重、整齐、沉静、大方等特性；另一种是点对称，即以一点为对称中心，不同图形按一定的角度在点的周围旋转配列，形成放射状的对称图形。无论是线对称还是点对称，都具有一定的规律性，形式因素之间是统一的、正面的、偶数的、对称的关系。对称规律在菜点造型中，无论是菜点原料本身的形状加工，还是菜点成品的组合装盘都经常被运用和体现。

均衡是造型中各部分的平衡关系，作为对称的变体，通过艺术手段实现视觉上的协调。设计中在无形轴的左右或上下各方的形体不必完全相同，在保证两者形体的质与量等形式因素确有雷同感觉的前提下，其大小、轻重、虚实、粗细均可有一定的变化。均衡的真正意义是将不对称的东西通过大小、强弱、数量、间隔、色彩及其明暗等，相互补充形成一种动态平衡。构成均衡关系的元素具有侧面的、奇数的、互生的、不规则的特性。均衡规律能给人以活泼、富有变化的美感。均衡在工艺菜点中应用得比较多，尤其是冷菜的艺术拼盘制作。

在实践中通常利用对称平衡、重力平衡、运动平衡等方式来表现平衡关系，如图4-3所示。在重力平衡关系中，极大的形体、较浓的色彩、暖的色调、极暗的光影会给人以重的感觉；反之，极小的形体、较淡的色彩、冷的色调、极亮的光影会给人以轻的感觉。

4．重复与渐次

重复是指各种物质材料，以不分主次关系的相同形象、颜色、位置距离做反复并置排列。因此，重复又称反复。重复并置的特点是具有单纯、整一、清晰、连续、平和、无限之感。但有时因为过分的统一，也会产生枯燥乏味的感觉。重复有简单的反复表现形式，也有复杂的反复表现形式，其中以一种形象做左右或上下反复并置的，称为二方连续式；以一种形象做上下、左右同时反复并置的，称为四方连续式。复杂的反复表现形式可以从不整齐中见整齐，从不一律中见一律。重复在菜肴造型中运用较多，尤其是在冷菜的艺术拼盘制作中。

渐次就是一种逐渐的、有规律的变化，含有渐层变化的阶梯状特点，或渐次递增，或逐次递减，从而显示出一定的空间感、运动感、方向感、轻重感和层次感等形式美感。在运用过程中，主要是通过在两种对立的要素之间采用渐变的手段加以过渡，两极的对立就会转化为和谐的、有规律的循序变化，造成视觉上的幻觉和递进的速度感。在实践中，通常利用分量的渐次变化、色泽的渐次变化，形状由小到大或由大到小，色彩由浅到深或由深到浅等方法来表现渐次的艺术效果。渐次是冷菜艺术拼盘制作经常采用的一种再现图案空间感、运动感、方向感、轻重感和层次感的形式美法则，如图4-4所示。

图4-3　对称与均衡的形式美

图4-4　重复与渐次的形式美

5．比例与尺度

比例是相互关系的定则，体现各事物间长度与面积、部分与部分、部分与整体间的数量比值。也就是说比例是指整体与局部以及局部与局部之间的一种空间位置关系，是形体之间谋求统一、均衡的数量秩序。简单的比例关系包括长、宽、高，以及造型的大小、长短、粗细等。

事物形式的比例关系是人们对于形式因素的最基本的认识。不同的比例关系构成，会给人以不同的审美感受。最能引起人的审美享受的比例关系就是“黄金分割”。所谓的黄金分割，指的是长比宽（或大比小）等于长加宽（或大加小）比长（大），用公式表示为：

$$a : b = (a+b) : a$$

用数字表示为：1∶0.618。此外，我国古代艺术家总结的一些比例关系，在我们的造型艺术创作中也是被遵循的形式美法则。如人物画中头与身长的“立七、坐五、盘三半”的比例关系以及山水画中“丈山、尺树、寸马、分人”的合理布局的比例关系。

尺度是指整体与局部之间的关系，以及对环境特点的适应性。尺度不同于尺寸，尺寸是造型的实际大小，而尺度是造型局部大小同整体及周围环境特点的适应程度。

总之，比例与尺度是艺术形式设计中最为重要的一种形式美规律，在实际应用中，在平面、立体空间中，将各种形式要素根据比例原理做完美的组织，就会获得美的位置、结构、造型或色彩，如图4-5所示。

6．视错与仿生

视错就是视觉与客观不一致的错误感觉，这是人正常的生理现象。在艺术创作过程中，视错被广泛地利用以增加形式的美感。视错形式最典型的示例就是线的视错，当两条长度相等的线段，一条水平放置，另一条坐在其上方的垂直平分线，就会有立长横短的错误视觉。如果将两条线段水平放置，在每条线段的两头分别加上相对和相向的箭头，那么这种长短不一的错误视觉会更加明显。

仿生就是仿照现实生活中的动物、植物、器物、景观、建筑等的外形进行素材形式美的创作。这种形式美法则在菜点造型中最为常用，如图4-6所示。

图4-5　比例与尺度的形式美

图4-6　视错与仿生的形式美

7. 对比与协调

认识物与物的区别，其根据是对比。对比也称对照，如新旧对比、黑白对比等。一般性质相反且相似要素较少的东西就可表达出“对比”的效果。调和与对比相反，对比强调差异，而调和的差异程度较小，是由视觉近似要素构成的。

对比就是使展示的各要素之间产生相异性的比较，在变化中趋向于差异，从而达到视觉上的冲突感和紧张感。如自由曲线和直线对比构成的空间环境，产生相异性的视觉冲突。在设计中，主体与背景之间或各素材形体的形态、肌理质感、色彩明暗、形的大小、曲直、长短、多少、高低、动静、强弱、疏密等，都是对比的表现内容。因此对比的类别有明暗对比、色彩对比、形状对比、分量对比、大小对比、高低对比、动静对比、强弱对比、疏密对比以及质感肌理的对比等。

对比强烈与否也常体现出动感与静感。根据不同的目的和用途，图案设计可采取动感较强或静感较强的不同构成方法。静感的图案较严肃，动感的图案较活泼。偏向统一的构图为静的状态，偏向变化的构图为动的状态。通过对比可产生鲜明、醒目、活泼、运动、变化、兴奋的审美感受，适度的对比会给人以“万绿丛中一点红”的愉悦美感。在菜点形式美的创造中，通常被广泛应用。

协调是指各形式因素能基本保持同一格调、同一基色，表现出融洽、和谐的关系，没有性质上的明显冲突，具有相容一致、含蓄、安定的性质。协调规律能给人以融合统一的舒适感觉。在艺术表现形式中，常常体现在形的统一、色的统一、主调的统一这三个方面。

总之，对比是变化的一种形式，协调是统一的一种体现，二者都是通过明确各部分之间的主与次，支配与从属或等级秩序来达到的。在实际应用中，要根据具体的要求，做到在调和中求变化，在对比中求调和，如图4-7所示。

8. 多样与统一

多样与统一是形式美法则中一种高级的综合形式，是对其他形式美规律的集中概括。它将诸如构图上的主次、疏密、虚实、纵横、高低、简繁、聚散、开合、呼应；造型上的大小、长短、方圆、曲直、正斜；质感肌理上的粗糙与细腻、坚硬与柔软、平滑与起伏；力度上的快与慢、动与静、进与退、升与降、抑与扬；空间上的向与背、屈与伸、反与正；技法上处理的轻与重、浓与淡、粗与细、明与暗、强与弱、干与湿、刚与柔、冷与暖这些不同甚至对立的形式因素统一在一个具体的设计对象上，使各个部分既有区别，又有联系，组成一个有机的、符合人心理特点的、能够引起审美愉悦的矛盾统一体。因此，它也是形式美的最高法则。含有多样与统一规律的造型产品，能够将人带进既生动活泼，又井然有序；既丰富多彩，又单纯和谐的审美境界，如图4-8所示。

图4-7 对比与协调的形式美

图4-8 多样与统一的形式美

第三节

烹饪形式构图

一、烹饪图案

烹饪图案是指在烹饪领域中应用的装饰性纹样，一个好的充满人文艺术构思的烹饪产品，一定离不开前期烹饪图案的策划和描绘。烹饪图案是烹饪艺术的重要组成部分，它们通过各种形式的纹样和精心的构图，为菜肴增添了美学价值。无论是单独纹样还是连续纹样，都能通过设计师的巧手转化为令人赏心悦目的美食艺术品。掌握烹饪图案的设计原则和技巧，不仅可以提升菜肴的视觉效果，更能让人在享受美味的同时增强人们的饮食体验，感受到烹饪的艺术魅力。

烹饪图案的写生是指按照烹饪美术的要求，经过艺术创作的装饰性纹样。写生的形式包括速写、默写和慢写，这些方法可以帮助设计师捕捉对象的特征，提高对各种造型的概括能力和表现能力。

（一）写生的基本原则

1. 要抓特征

要抓特征也就是说要抓住自然物象的外形特征和生长规律特征。对外形特征来讲，要注意物象的形态，例如圆形、圆锥形、长方形、梯形、三角形、扇形等。对生长规律特征来讲，要注意物象在生命周期中的动态表现，例如花卉的特征是轮生、平生、卷生等。

2. 要取舍

写生不仅仅是自然物的再现，而且要把物象的内在本质表现出来，要取其生动的、有代表性的部分，舍其杂乱的、多余的部分，中国画的写生很注重取舍。因此，在烹饪图案写生时要充分吸取和发扬这个优良传统。

3. 要概括

自然物象形形色色、千姿百态，写生时就必须要有较高的概括能力，即把自然界中庞杂烦琐的形象提炼和概括出典型特征，使之成为高于生活的艺术形象。

4. 要重整体

写生要达到物象准确、神态生动，就要从整体着手，不要只抓局部，忽视整体。要对自然物象做全面观察——即物象的各部位的比例、形态结构、生长规律等，然后进行详细地描绘。在重视整体的基础上，还要注意局部的特点，使整体与局部紧密地联系起来。

（二）写生的工具及技法

烹饪图案写生的工具一般有铅笔、毛笔、颜料等，创作时可以使用单一工具，也可采用多种工具复合呈现。表现形式有白描、素描、水彩、水粉和特写等，写生还可以由传统的描绘演变为绘制动画、简笔画或利用新型绘画工具绘制手账等。不管采用什么工具和技法，其目的是反映客观对象，并能为烹饪图案变化所运用。

1. 白描

白描是以单线勾勒出外形及其结构特征。常使用铅笔、碳笔、钢笔、圆珠笔或毛笔等工具。它是一种常用的写生技法，用线条勾描物象，通过不同的线条（粗细、刚柔、虚实、浓淡等）的变化来刻画各种不同质感、形态的物象。白描较简单易学，在烹饪艺术创作中被广泛地应用，无论是宴席设计的构思，还是物象写生练习或是菜点、食品雕刻的图案设计，以至各种烹饪资料的积累，都可以通过传统的白描手法来完成。通过白描可获得多方面素材和灵感，丰富和扩大知识面。

2. 素描

素描是造型艺术形式的一种，属于绘画范畴内的单色绘画，素描以严谨的透视和造型以及点、线、面构成了三维的空间关系，是初学绘画时训练基本功的重要手段。素描通过形体结构、比例、运动、明暗关系等造型因素的运用来表现对象。素描写生技法造型的基本手段是线条和明暗，遵循的基本原理是透视学理。懂得了透视学的基本原理，就可以认识到用线作画的观察方法，它并不完全依赖光线照射下物体所呈现的明暗变化，还着重研究对象本身固有的体积结构和透视变化。线条准确地表现物体透视的同时也表现了对象的立体感。除了运用线条，还需用明暗色调来表现对象的不同质感、色度和物象的空间距离感等，使画面形象更加具体，具有较强的生动效果。

3. 水彩

水彩是在用铅笔记录物象的形体结构后，利用透明的水彩颜料进行着色。可以用深浅不同的颜料，覆盖在铅笔画像上，目的是将描绘对象的形和色记录下来，以便进行烹饪图案的变化。

4. 水粉

水粉是用粉质的图案颜色来进行记录。这种方法的优点是可以用比较明确的层次、空间将物象的立体感表达出来，可以简练地描绘物象的大致轮廓，也可以较细致地刻画物象的细节，其目的是训练用色彩来表现物象。

5．特写

特写不是描绘物象的全部，而是根据物象的特征、特性，加以详细地描绘，刻画物象的结构和局部的特征。

还要强调的是，烹饪图案的构图（参见第二章第一节）在造型艺术中非常重要，它是菜肴造型是否合理的关键。这些图案可以基于对称、均衡、旋转、自由式等多种形式美法则进行设计，以达到既美观又实用的效果。构图的要求包括突出主题、层次分明、有立体感，同时还需要考虑到原料的选择、刀工的形状、原料的数量和大小、组拼方式和层次安排。构图还应与盛器相配合，根据盛器的自然形态来考虑菜肴的整体布局。

二、烹饪图案的变化

烹饪图案的变化就是把写生素材提炼加工成烹饪的图案形象，因为我们写生所收集到的自然形象往往不能直接用作烹饪图案，需要进行提炼、概括，通过各种艺术手法，创造出适合烹饪生产要求的图案形象，这一艺术加工过程就是变化的过程。烹饪图案变化的方法多种多样，不拘一格，根据烹饪工艺美术专业性质的不同而有所侧重，以下介绍几种烹饪图案变化常用的方法。

图4-9 省略法

1．省略法

省略法就是抓住对象最美、最主要的特征，去掉烦琐的部分，使物象更单纯、完整、典型化，如图4-9所示。如点心“菊花酥”就是采用删繁就简的省略法进行变形的，菊花的花瓣较多，全部如实地加以描绘不但没有必要，而且也不适宜生产。

2．夸张法

夸张法就是在省略法的基础上，夸张对象的主要特征，突出对象的神态、形态，使被表现的对象更加典型化、更具代表性。“不求画面的逼真，只求形象的神似”，夸张法是图案变化中应用最广泛的，它是要用简练的形象表现出丰富的内容。夸张要有意境、有装饰性，耐人寻味，如图4-10所示。夸张法常在大与小、多与少、曲与直、疏与密、粗与细等方面对比

图4-10 夸张法

表现，以及对象的形态、动态和神态等方面的夸张。现今，各地陆续创新推出旅游景点的文创冰激凌，不仅为游客提供了消暑解渴的美味，更成为文化和创意的载体，吸引了众多游客的目光。从青铜面具到荷花造型，从文物到古建筑，冰激凌已经不再是简单的冷饮，它变成了一件件小巧的艺术品，讲述着一段段故事。它不仅为游客提供了美味的享受，更让游客在品尝的过程中感受到了各地的文化特色和自然风光。

3. 添加法

添加法也称为“附丽”法、“丰富”法，是将省略、夸张了的形象，根据设计要求，使之更丰富的一种手法，是一种“先减后加”的手法。并不是回到原先的形态，而是对于原来形象的加工、提炼，使之更美、更有变化，如图4-11所示。如传统纹样中的花中套花、花中套叶、叶中套花等，就是这种表现方法。有时两种或两种以上在形体上不一样的物象组合在一起，“借物发端”，引人遐想。我国民间经常利用这种手法，在添加装饰时，要注意添加的东西与原来的形象的有机结合，使之更新颖、更美观。

图4-11 添加法

4. 变形法

变形法是抓住物象的特征，根据设计的要求，做人为的缩小、扩大、伸长、缩短、加粗、变细等多种多样的艺术处理，也可以用简单的点、线、面做及其概括的变形。如月季花可以变化为圆形、三角形或方形等。变形手法在烹饪图案上应用较广，在运用时要注意以客观对象的特征为依据，灵活运用不同的工艺手法进行变化，不能主观臆断、牵强造作，如图4-12所示。如食雕作品中的寿星、弥勒佛等形象，常常会扩大头部的比例，以着重突出他们的神态或笑容。

图4-12 变形法

5. 巧合法

巧合法是一种运用对象特征进行巧妙组合的手法，选择某些典型部分，按照图案的规律，恰当地组成一种新的图案形象，使它富于诗意和艺术魅力，如图4-13所示。巧合法需要充分发挥想象力，把散乱的东西编排得

图4-13 巧合法

有条理，使不一致的东西统一，将互不相干的东西组成一体，同时还要注意整体的协调性。如推出的各式父亲节艺术蛋糕，将抽象特征如胡子、领结、眼镜等物象组合在一起代表父亲的形象，能很巧妙地表达出对父亲的关爱。

图4-14 寓意法

6. 寓意法

寓意法是把一定的理想和美好愿望寓意于一定的形象之中，用来表示对某事物的赞颂与祝愿，如图4-14所示。我国民间图案常采用这种手法，如“金鸡报晓”“松鹤延年”“喜上眉梢”“龙腾四海”等。又如西餐中的甜点马卡龙，相传是意大利公主嫁到法国后，法国王子就命人学习制作马卡龙给心爱的公主食用，因此也成了当时宫廷中最受欢迎的食物，是尊贵的象征。马卡龙几经改良更新，颜色清新、小巧玲珑，就像恋爱中的人一样美好，送马卡龙代表着“我愿用尽一切博你一笑”的寓意和思念之情。马卡龙就是浪漫、开心、甜蜜的代表，广受大众喜爱，是西方甜点之王。

图4-15 求全法

7. 求全法

求全法是一种理想化的手法，它不受客观自然的限制，常常把不同时间或不同空间的事物组合在一起，使之成为一个完整的图案，如图4-15所示。如以水上的荷叶托底、荷花做装饰，莲子和水下的藕做成的菜品——荷塘四宝，将荷的四种形态同时组合在画面上，形成一幅清新雅致的夏日全景图；又如梅兰竹菊拼盘，打破时间和空间的局限性，把不同季节、不同生长环境的植物刻画成一幅植物四君子图，给人一种完整和高雅的感受。在国外许多餐厅最后的甜点也经常会由做成各种口味、各种形状的巧克力来做用餐的结尾，以此给食客带来满足、留恋的回味空间。

图4-16 拟人法

8. 拟人法

拟人法是以人的表情来刻画动植物，或以人的活动来描写动植物，它要求将动植物形象与人的性格特征联系起来，表现出人的表情、动态和感情，如图4-16所示。这种手法，在面塑、糖塑等作品中比比皆是，这类变化的烹饪图案迎合人的深层心理，并具有特别的疗愈作用，深受人们喜爱。近年来，萌宠馒头大行其道，其可爱的外观、萌萌的造型、多样的口味、丰富的营养，在充分调动了食欲的同时，让人童心满满，心情愉悦。

三、烹饪形式构图

构图，就是设计图案，它是造型艺术处理的重要手段，主要解决造型的形体、结构、层次等方面的问题。烹饪产品的构图是根据菜点的艺术构思，结合烹饪原料的特点、盛装器皿的规格对菜点进行合理的结构布置。按照设计恰当的图案造型，使其体现宴会主题，给人以赏心悦目之感。作为烹饪美学的一种表现形式，构图是一门有规律、讲艺术的科学，构图的好坏直接影响着烹饪产品的审美设计与创造水平。构图法是每一位烹饪工作者的必备技法，它需要理论结合实践，不断提高和完善。

（一）烹饪形式构图要点

构图的重要性就在于它是直接为意象服务的，且直接显示创作者艺术个性的。因此，在遵循烹饪产品形式美法则的基本前提下，烹饪形式构图必须注意以下两大要点。

1．构图要服从意象表达的需要

意象就是古人所谓的“意在笔先”中的“意”。“意象产生的基础是审美感知和表象，是通过想象和情感，保留和强化表象的本质特征，对表象进行直观地改造，获得的是审美意象。”表象源于物象，但又不等于物象。表象分为想象表象和记忆表象。想象表象是主体心灵加工改造的形象；记忆表象是对物象的一种选择、概括和综合，不完全是当初感知过的物象的原样储存和再现。

2．构图要体现作者的个性

个性是艺术作品的特点，即作者的作品之“魂”。在构图中遵守形式美法则固然能使作品达到程式化的要求，但作品难以达到生动的效果。构图中的个性表达既需要作者对构图技巧有深入地理解和熟练地掌握，同时也需要作者敢于突破，勇于创新。只有这样，才能在众多的作品中脱颖而出，展现出自己的独特风格和个性。这就需要烹饪者在长期的生产实践和日常生活中不断思考、学习、探索和创新。

图4-17　对称式构图

（二）常见的烹饪形式构图

1．对称式构图（图4-17）

以中心为对称轴，左右或上下两边

的菜肴摆放要对称，在对称中体现出秩序感和美感，同时也要注意对称元素的选择和搭配，避免单调。

2．均等排列构图（图4-18）

把形状、大小、色彩较一致的原料，均匀、整齐地排列在盛器中，给人以整洁、均衡的感觉。

3．中心构图（图4-19）

中心构图可以用来突出主料，通过将主料放置在盛器的中心位置，再配以适当的点缀，可以创造出稳定均衡的画面，给人一种统一中又富有变化的韵律美。

4．放射状构图（图4-20）

从圆心到四周将原料（如加工成叶片状的鲍鱼和菜心）呈放射状重叠排列时，要注意放射的方向、层次以及原料之间的叠加效果，以呈现出较好的视觉效果。

5．斜线构图（图4-21）

将食物以斜线的方式摆放，可以使画面产生一种节奏感和方向感，营造食材活泼、动态的效果。

6．三角形构图（图4-22）

三角形构图的基本原理是在画面中构建一个三角形，可以是等腰三角形或其他类型的三角形。这种构图方式可以占据较大的空间，使最终的成片或摆盘充满气势，图片构成饱满。在烹饪中，三角形构图可以通过食材的排列和组合来实现，使得整个摆盘看起来更加有序和美观。

图4-18　均等排列构图

图4-19　中心构图

图4-20　放射状构图

图4-21　斜线构图

图4-22　三角形构图

7. 井字构图（图4-23）

将盛器空间按照井字形划分，进行合理布局，在相应区域安排食材，以达到某种视觉上的平衡和秩序感。

8. S形构图（图4-24）

在烹饪中，S形构图通常通过食材的自然弯曲或摆放路径来实现，这样的布局不仅美观，还能引导观者的视线，让菜品看起来更加生动有趣，增强食欲的同时也能够突出主菜和其他配料之间的关系。

9. 散点式构图（图4-25）

在烹饪中，散点式构图通常用于稀释流体菜肴或细碎形混合菜肴，以及拼盘、冷菜等。这种构图方式强调的是食材的自然排列，不需要严格的形状限制，而是通过食材的自然属性和色彩搭配，形成一种随意而又和谐的美感。

图4-23 井字构图

图4-24 S形构图

图4-25 散点式构图

第四节 烹饪产品造型

烹饪产品造型设计是将美学原理应用于食品制作的过程，旨在提升菜品的视觉吸引力，同时保持或增强其食用价值。

一、菜肴造型

（一）冷菜造型

冷菜造型的地位十分重要，素有“脸面”之称，美的意义重大。冷菜造型能反映宴会的菜肴规格、饭店档次和厨艺水平，好的冷菜能起到先声夺人的作用。冷菜造型不仅要求有娴熟的刀工和烹调技法，更要有较高的艺术素养。

冷菜是宴会的重要开端，冷菜造型艺术对表现宴会的主题思想和美化宴会具有重要意义。通过冷菜造型艺术的形式，可以把喜庆、祝寿、欢聚、迎送宾客的实际内容客观具体地反映出来，起到宴会良好开端的作用。冷菜造型艺术构思是冷菜造型的基础，继而冷菜造型成为宴席上的一道亮丽风景，为宴会的成功奠定良好的基础。

冷菜造型的步骤分为构思、构图、确定基本轮廓、组装成形和点缀。

1. 构思

冷菜的构思是一个综合性的过程，它涉及主题选择、食材选择、色彩搭配、口味设计、刀工和装盘技术、盛装器皿的选择以及创意的发挥等多个方面。只有将这些考虑周全，才能制作出既美味又美观的冷菜，为宴会或者家庭聚餐增添更多的乐趣和氛围。

2. 构图

构图就是在构思之后的整体布局，根据原料的特点及在器皿上的具体摆设，把设计的形象进行恰当地安排，使其更为合理地展示出来，既突出主题，又使人赏心悦目。冷菜造型的构图形式见表4-1。

表4-1 冷菜造型的构图形式

构图形式	说明	特点
对称式	将冷菜的原料按照对称轴进行布置，形成左右均等的构图	这种构图方式给人一种庄重平稳、统一而又宁静的效果
平衡式	虽然左右布置不相同，但外形基本相称，因此从总体上看是平衡的。因此需要掌握好重心，否则便会违反力学原理而失去平衡	这种构图方式看上去富于变化，生动活泼而有力
几何图案	在拼摆时通常会遵循一定的几何形状和比例，从而形成规整的图案	这种构图方式的特点是图案规整，趋于创新和展现意境美

3. 确定基本轮廓

冷菜造型的表现手法一般分为“平面”“卧式”和“立体”三大类。

（1）平面（图4-26） 刀面平整，近似什锦拼盘。这种拼盘偏重于食用，在注重食用价值的前提下，兼顾形态和色泽的对比。拼摆成形的冷盘给人的感受是刀工整齐、线条分明、色彩协调、可食性高，故一般常以独立的形式出现在席面上。

（2）卧式（图4-27） 一般使用多种冷菜原料拼摆成各种图案，要求完美大方、形态逼真，能展现出一个完整的画面，给人以美的享受。

（3）立体（图4-28） 用多种原料，采用雕刻、堆砌等刀工手法，拼摆成一个完整的立体造型，要求整体美观，四周和谐，既能食用又有欣赏价值，给人以一种真实之感。

4. 组装成形

在冷菜拼摆中，将处理好的片、丁、块、条、蓉或花刀等各种原配材料，按照构思的设

图4-26　平面

图4-27　卧式

图4-28　立体

计，以一定次序、位置及构成法则综合实现；其中需要力学原理的应用，主要体现在保持菜品的平衡和稳定上，尤其是一些立体形拼摆，要注意原料的分布和重心的位置，确保拼摆的造型不会倾斜或倒塌；在堆叠原料时，也要考虑到下方原料的承重能力，以保证整个拼摆结构的稳固。冷菜造型的制作手法如表4-2所示。

表4-2　冷菜造型的制作手法

制作手法	说明	适用造型
点堆法	使用点状食材堆叠成形	多用于宝塔形的造型
块面平放法	将成形的块面平放，切割或雕琢成所需的图案	适用于花朵形的图案造型
块面堆码法	将成形的块面，按图案的形象需要堆码成形	多用于宝塔形、螺旋形、半球形、山石、树木等图案造型
块面旋转移动法	将成形的块面，按设想的图案，通过块面的旋转移动成形	适用于扇面形、叠围式的图案造型
蓉塑法	将蓉状的食品原料，用捏造的方法，直接将图案所需的形状捏成形，然后制熟的一种技法	多用于以卷制品、鱼糕、肉糕等为图案造型原料的冷盘
自然成形法	利用食材的自然形态进行拼摆，或略经刀工处理就能成为理想的图案造型	如用番茄、圆葱的自然形态切割成花朵形
数控雕刻技术	利用电脑数控冲床机或激光雕刻机等设备来雕刻出各种各样的图案。这些机器可以通过图案设计输入，进行编程，然后自动运转、切割、雕刻出所需设计的图案样式	主题非常广泛，风格独特，可以通过这种技术传承和发展古代的雕刻艺术

5．点缀

点缀是指在菜肴周围或者盘子的某一角落使用各种蔬菜、水果等原料，通过切拼、搭配等排列技法，组合成各种平面纹样图案，以烘托菜肴特色的一种装饰手法。进行点缀时，要根据菜肴的实际需要进行装饰，避免过度装饰影响菜肴的原有美观。点缀的方法可以分为雕刻和拼摆两大类。

（二）热菜造型

热菜是烹饪工艺的重点，美的意义在于突出烹饪技艺和原料特点。热菜美的要素有色泽美、技术美、质地美和形状美等。

1. 热菜造型的工艺方法

热菜造型的工艺方法包括但不限于表4-3。

表4-3 热菜造型的工艺方法

工艺方法	说明
卷、包法	利用食材的包裹和缠绕形成特定的形状
捆扎法	通过捆绑食材来塑造造型
扣制法	使用模具等工具压制食材成形
蓉塑法	利用食材制成泥蓉状或其他细腻形状
裱绘法	使用绘画技法在食材上创作图案
填瓤法	通过填充食材内部形成特定结构
拼摆法	将多种食材组合拼摆成图案
模塑法	利用模具制作特定形状
刀工美化法	通过精细的刀工技巧提升菜肴外观

2. 热菜造型的类型

热菜的造型可以分为自然形式、图案形式和象形形式三种主要类型。

（1）自然形式（图4-29） 特点是形象完整、饱满大方。这种类型的热菜在烹调过程中，通常采用清蒸、油炸等技法，基本保持了原料的自然形态。如“糖醋鲤鱼”就是以自然形态造型的热菜，它是选用鲜活鲤鱼为原料，将鲤鱼剞瓦楞花刀，腌渍后挂水粉糊放油中炸透，呈昂头翘尾姿态，再将爆炒糖醋汁趁热浇在鲤鱼上。高热的糖醋汁在酥脆的鱼身上翻滚，鲤鱼昂首向上，给人以向上、奋进的感觉。

（2）图案形式（图4-30） 特点是多样统一，对称均衡。在热菜造型中，图案装饰造型手法的运用较多，它可以使菜肴形式变化达到典型概括、完美生动。这往往要求作者通过大胆地构思和想象，充分利用对称与平衡、统一与变化、节奏与韵律、对比与调和、夸张与变形等形式美法则，使菜肴通过丰富的几何变化、围边装饰、原料自我装饰等多种多样的形式，达到既美观大方，又使人有食欲的效果。几何图案构成就是利用菜肴主、辅原料，按一定的形式构图进行烹制塑造的一种装饰方法。在装盘时要求按一定顺序、方向有规律地排列、组合，形成连续、间隔、对应等不同形式的连续性几何图案。

（3）象形形式（图4-31） 把菜肴造成一定的具体形象，让食客一眼就能看出或“在似与

图4-29 热菜造型自然形式
——糖醋鲤鱼

图4-30 热菜造型图案形式
——金菊飘香

图4-31 热菜造型象形式
——樱桃山药

不似之间”，让人浮想联翩，得到一种含蓄雅致的美感。热菜象形造型虽然不是艺术，但它运用了艺术原理，满足了人们在就餐中的视觉感官。在热菜进行象形造型时，要求厨师在烹调过程中，力求突出菜肴原料的色泽美和形态美。如英国肥鸭餐厅的主厨赫斯顿·布鲁门塔尔（Heston Blumenthal）制作的甜点“像孩子一样的糖果店”，旁边有个信封，里面是一张制作精美的女王红桃Q，竟然是用草莓果酱饼干制作出来的，非常薄，让人目瞪口呆；其中，仿形菜的造型是以一种烹饪原料的形象为依据，用另一种烹饪原料造型而成，使之成为所模仿的烹饪原料的形象，这类造型后的菜肴将会给食者带来一种新奇和趣味感。如意大利奥斯特利亚·弗朗西斯卡纳餐厅的主厨玛斯莫·泊图拉，将顶级鹅肝幻化为冰激凌的样式和口感。

3. 热菜造型的表现方法

热菜造型的形式一般有两种表现方法：一是写实手法，二是写意手法。

（1）写实手法　以物象为基础，对菜品进行适当的剪裁、取舍、修饰，着力塑造、表现物象的特征和色彩，力求简洁工整、简练大方、生动逼真。这种方法注重形似，通过精细的工艺和技术，使菜肴在视觉上呈现出与模拟对象相似的形象。如“春光美”这道菜品，通过写实手法，将鳜鱼加工成牡丹花和蝴蝶的形状，既展示了食材的自然美，又增添了艺术气息，创造出令人惊叹的视觉效果。

（2）写意手法　对自然物象加以改造，突破自然物象的束缚，充分发挥想象力，运用各种处理方法，给予大胆的加工和塑造。尽管如此，写意手法在加工过程中仍需保持物象的固有特征，符合烹调工艺要求。这种手法强调的是神似，追求的不是外在的形似，而是通过菜肴传达出的情感和意境。它鼓励厨师超越物象的局限，创造出既有艺术性又有实用性的作品。金鱼戏莲是一道湖南长沙的传统名菜，以其独特的制作工艺和口味著称。这道菜以鱿鱼为主料，通过巧妙的刀工处理，使鱿鱼卷成金鱼形状，再配以鸡蛋、虾料子和青豆等材料制作的群莲，形象生动，味道鲜美，极具观赏价值。

（三）面点造型

面点是中式烹饪的重要组成部分。面点造型艺术是将调制好的面团，按照面点的要求包以馅心（或不包馅心），运用各种塑造方法，以天然美和艺术美的方式，制成各式的成品和半成品，从而增进宾客食欲，给人以欢乐的情趣和艺术享受。面点造型具有雅俗共赏、花样品种繁多、立塑造型手法多样、具操作观赏性等特点。

1. 面点造型方式

（1）几何形（图4-32） 分单个几何造型和组合式几何造型两种形式。几何形面点造型是通过对面团的塑造，形成圆形、正方形、长方形等。几何形面点的制作和设计是一个综合性的过程，涉及点、线、面的空间构成，通过对面点的形状、大小、颜色等方面的精确控制，创作出既美观又美味的几何形面点。

（2）仿动植物形（图4-33） 模仿自然界中的各种植物的根、茎、叶、花、果实的形状，模仿动物形态特征而制成的面点造型。这种类型的面点不仅形似，还往往会加入色素等物质，使它们在颜色上也尽可能接近原型。如山东花饽饽有着丰富的艺术表现形式，其造型多样，包括各种动物、植物以及人物等。花饽饽距今已有三百多年历史，不仅是传统的手工艺品，也是山东省省级非物质文化遗产代表性项目，千姿百态、栩栩如生的花饽饽，不但造型美观，而且松软可口，兼具食用性和欣赏性，寓意如意吉祥、祈福祛灾。山东胶州市里岔镇河北村艺人迟双双经过不断创新，研发出50多种不同花样的花饽饽，成为一种创业项目。

图4-32 面点造型几何形——四喜饺

图4-33 面点造型仿动植物形——龙凤呈祥花馍

2. 面点造型成形手段

（1）手工成形 采用手工方法塑造面点造型的一种成形手段。它又分为一般面点造型和花色面点造型两种方法。手工成形手法主要有搓、包、捏、印模、套模等。

（2）装饰技艺 面点装饰的作用包括突出面点制品特色、增加制品艺术气息、突出制品主题等。装饰材料的挑选原则包括严格使用范围、遵循法律法规等。

面点造型艺术和装饰艺术在中式面点中的应用日益广泛，不仅提升了面点的观赏性和艺术性，还丰富了面点的内涵和属性内容。随着社会的发展和人们生活水平的提高，对面点造型的要求也在不断提高，从单纯的模仿自然形态逐渐发展到更加注重艺术性和创新性。

二、菜肴盘饰

菜肴盘饰是中国菜肴制作工艺的重要组成部分，是从视觉到味觉的转变，是一门造型艺术。它可以使菜肴看起来更加美观，还能增加食欲和提升口感体验。菜肴盘饰又称围边，简单地说，菜肴盘饰是以菜肴为主体，在盛装菜肴的器皿上进行装饰点缀，以衬托和美化菜肴；科学地讲，菜肴盘饰就是选用符合卫生要求的烹饪原料，经过工艺处理后，以适当的形式与菜肴搭配，来增加菜肴的整体烹饪美学效果。早期的菜肴盘饰比较简单，并不讲究盘饰和菜肴的搭配，随着烹饪文化的发展，菜肴盘饰得以从宫廷、王府流传到了民间，制作工艺也不断完善。在不同的地区有不同的传统摆盘艺术，体现了当地的文化和传统特色。好的盘饰应能够与菜肴充分融合为一个和谐的整体，相映生辉。

（一）菜肴盘饰的作用

菜肴盘饰在整个菜肴的制作过程中处于辅助地位。菜肴的装盘处理只要装饰点缀得当、适宜，就能对菜肴色彩、造型、口味等方面予以补充，为色形俱佳的菜肴提升档次、锦上添花，起到美化菜品、互补平衡、画龙点睛、增进食欲、营造情趣、烘托气氛等作用。菜肴盘饰做法多样，创意无限，需根据个人喜好和场合的不同进行选择和调整。

1．菜肴形状上的装饰作用

菜肴盘饰可以在一定程度上弥补菜肴在制作过程中的不足或菜品造型本身的缺陷，有助于突出菜肴的主体部分，使菜肴更显完美；原本杂乱无章的菜品，经过盘饰的规整及美化，就能达到一种美观有序的效果，提升菜肴的整体视觉感观。如炒三丝这道菜肴，如果仅仅是炒好的三丝堆叠在盘子中央，在整体形状上会显得缺乏生机，若撒上少量的芝麻、花生碎或炒香的松子，不仅能增加香气，还能提升菜品的整体质感。或者使用可食用的花瓣如紫罗兰、玫瑰花瓣等进行点缀，则既美观又有创意，给食客以柔和、自然的审美观感。

2．菜肴色彩上的装饰补充作用

盘饰原料鲜艳的色彩可以补充菜肴或盛器本身在色彩方面的不足，使菜肴整体的色彩更为协调、美观，从而突出菜肴的整体美感。

在烹饪实践中，有不少菜品由于工艺和原料的关系，呈现的色彩单调、暗淡，如能充分地运用烹饪美学的色彩对比、形式构图等原理，恰当地给菜品加以美化装饰，则会获得意想不到的效果。如泡蒸鳝鱼成菜后色泽暗黑，了无生气，可以在菜肴完成前，撒上葱花、香菜作为点缀，增添色彩的同时也能提升香气；再用红椒切成细丝，围绕黄鳝摆盘，增加色彩对比；或在盘边放置一两片柠檬或青柠，既可以提升色彩又能提供清新的酸味。再撒上少许白芝麻或黑芝麻，以增加菜品的色彩层次。如果使用萝卜或其他蔬菜制作花朵或其他形状的雕刻品，则通过色彩点睛增加菜肴视觉吸引力的同时，使整个菜肴变得活泼和灵动，从而提升了菜品的档次。

很多菜肴，因为盛器选择的限制使其看上去平平无奇，缺乏灵气。一般情况下，白色的盘子装浅色的菜品，通常不能有效地凸显出菜品的色泽和美味，可以通过在盘边用暖色调的果酱图案、翠绿的新鲜叶子或颜色鲜艳的工艺围边等进行映衬，这些都能提高菜肴的整体视觉品位，一扫单调乏味之感。如清香可口的龙井虾仁，在雪白的瓷碟中盛放粉嫩的虾仁，以几片淡绿色的龙井茶叶作为点睛之笔。这样的搭配不仅颜色对比鲜明，而且茶叶散发出的淡淡清香还为整道菜增添了几分清新雅致的气息。某些高档餐厅还会在上菜时使用干冰盘饰，制造仙气缭绕的效果，提升菜品的意境美，使整道菜看起来更加梦幻和别致。

3．口味营养上的补充作用

菜肴盘饰大都是一些水果、蔬菜等可食用的原料，它们不仅能够调节和补充口味，还能起到使菜肴荤素搭配、营养均衡的作用。像荔浦扣肉这类以动物性原料为主的菜肴，选用蔬菜制作的盘饰围边，口味清新的蔬菜既能调节、缓解肉类的油腻，又能补充人体所需的多种维生素。又如炸薯条菜品简单，可以考虑将薯条与其他配料或食物组合出菜，搭配不同种类的酱料做装饰，或用沙拉、鸡肉等做边饰一同摆盘，创造出丰富的视觉效果，诱人食欲。

（二）菜肴盘饰的原则

菜肴盘饰不仅能够提升菜肴的艺术价值，还能增强食客的用餐体验。菜肴盘饰应遵循以下基本原则。

1．盘饰原料必须卫生、可食

盘饰原料不仅需要美观，还必须满足一定的卫生及食用安全标准。尽管很多顾客并不会食用这些装饰材料，但考虑到食品安全的重要性，盘饰原料仍然需要具备可食性和安全性。这是为了防止因误食而引发健康问题。原料需经过适当的处理，例如消毒或热处理，以确保安全，存放地点应保持干燥和通风，温度控制在适宜范围内。

2．盘饰原料的多元性和广泛性

只要充分发挥想象力和创造力，盘饰原料的取材就能做到广泛多样。盘饰使用的材料最好是可食用的，且需考虑荤素搭配，营养均衡，与菜品本身的食材相呼应，增加口感的层次和食用的乐趣。盘饰原料不仅可以利用边角余料制作以降低成本，还能根据季节、食客喜好、宴席规格等变化调整盘饰风格。

3．盘饰应色彩鲜丽、图案清晰、对比调和

盘饰的颜色应当与菜品色彩相协调，通过对比或互补色的运用，使整个菜品显得更加生动有趣；盘饰的形状设计应与菜品的形状相匹配，如圆形的菜肴可以搭配圆形或者弧线形的盘饰，方形的盛器则可以考虑使用直线或方形的盘饰。

4. 盘饰原料组成的图案内容应与菜品协调

盘饰原料组成的图案内容与菜品的协调性至关重要，这不仅体现在色彩、形状的搭配上，还体现在寓意与氛围的营造上。盘饰的风格应当与菜品的整体风格保持一致，如传统菜品可采用古典风格的盘饰，现代创意菜则可采用更为新颖独特的盘饰。如果菜品有特定的主题或寓意，那么盘饰的设计也应当围绕这一主题展开，以此强化菜品的文化内涵和情感表达。

5. 盘饰制作应工艺简单，易于推广

基于盘饰的辅助地位，在整个菜品生产过程中，烹制美味的菜肴才是最主要的环节，重视盘饰制作不应喧宾夺主，舍本逐末。工艺简单又易于推广的菜品围边不仅在于技巧的掌握，更在于对食材特性的理解和创造性运用。勤于观察，善用巧思，创作出既美观又实用的盘饰设计，才能有效提升菜品的整体品质和市场竞争力。

（三）菜肴盘饰的形式

菜肴的种类繁多，盘饰也不尽相同，不同菜肴的造型、口味及特点，要设计不同的适宜的盘饰。根据菜肴盘饰的构图形式不同，可以分为平面盘饰和立体盘饰两大类型。

1. 平面盘饰

平面盘饰俗称“菜肴围边”。平面盘饰的制作需要一定的刀工技巧和艺术灵感，对于厨师而言既是挑战也是乐趣所在。通过巧妙的设计，可以增强菜品的视觉美感，使普通的菜肴变得生动有趣，进一步提升顾客的就餐体验。

（1）全围式盘饰　即以菜肴为主体，蔬菜、水果或其他原料加工成一定形状，沿盘子的周围摆放，把菜品围在盘中间。这类盘饰在热菜造型中常用，可以一定程度弥补菜品造型的不足，尤其是价格较贵、分量较少的菜肴。

（2）半围式盘饰　即沿盘子的半边拼摆装饰元件。它的特点是统一而富于变化，不求对称，但求协调。这类盘饰主要根据菜肴装盘形式和所占盘中位置而定，但要掌握好位置比例、形态比例和色彩的和谐。

（3）对称式盘饰　即在盘中制作相应对称的装饰形式。这种花边多用于腰盘，它的特点是稳定和谐、丰富多彩。一般对称式盘饰的形式有上下对称、左右对称、多边对称等。

（4）图形式盘饰　根据菜肴烹调方法和选用的盛器款式，把盘饰材料围成具体的几何图形或象形图形，如扇面形、花卉形、窗格形、灯笼形、鱼的形状或龙的造型等。

（5）点缀式盘饰　点缀式盘饰有时是为了追求某种意趣或意境，有时是为了充盈菜品空间，用蔬菜、水果或其他原料以各种变化和形式，点缀在盘子的某一边或某一位置，以渲染气氛、烘托菜肴。它的特点是简洁、明快，没有固定格式，使用得当就能达到画龙点睛的奇效。

2. 立体盘饰

立体盘饰是一种运用立体雕刻和围边相结合的菜肴装饰方法。立体盘饰常用于中高档的

菜点及宴席点缀与装饰，配置在宴会席的主桌上和显示身价的主菜上，也可用于冷餐会及各种大型宴会场合。制作立体盘饰时，一般富含水分、质地脆嫩、个体较大、外形符合作品要求的果蔬均可选用，如南瓜、白萝卜、红萝卜、青萝卜、红菜头、黄瓜、柠檬、苹果、菠萝等。立体盘饰需根据菜肴的不同内容及成菜的形式灵活搭配，做到色形和谐、大小适宜、主旨呼应，切忌哗众取宠、喧宾夺主、主次不分。

（四）菜肴盘饰的类型

1. 蔬果盘饰（图4-34）

盘饰的原料以蔬菜、水果为主，根据不同季节选用应时当季、色彩艳丽的蔬菜、水果，利用原料固有的色泽和形状，采用切拼、堆叠、排列、雕刻等技法，以适当的图案组合成各种平面或立体纹样，围饰于菜肴周围或点缀于菜盘一角，或用作多味菜肴的间隔点缀等，构成一个错落有致、色彩和谐的整体，从而起到烘托菜肴特色、丰富席面、渲染气氛的作用。

可用于盘饰的蔬果原料如下。

（1）水果类　如糖水橘子、樱桃、苹果、菠萝、柠檬等，色彩各异，一般作冷菜、甜菜的装饰原料，既可增色、组合成形，又可调节口味。

（2）蔬菜类　如胡萝卜、白萝卜、洋葱、青椒、黄瓜、绿叶菜、莴笋等，可刻成花卉或改刀成形，用于冷菜、热菜的装饰点缀，色形俱全，效果甚佳。

（3）其他　如生姜、青蒜、香菜可切成丝或做花叶形状，用于炸制菜的点缀，既有助于色形的调配，又能起到一定的调味作用。

2. 花草盘饰（图4-35）

花草盘饰是主要采用一些色泽比较绚丽、自然、小巧的花卉或叶茎类盆栽植物等，经过精心的修剪、装配，对菜肴进行适当的装饰点缀的一种方法。其特点是制作方法简单、实用，可以随用随摆，具有艺术的浪漫之感，给人以温馨、喜悦的感觉。源于国外米其林星厨常用的装盘技法，多用于一些高端餐饮、私房菜馆的菜品装饰。在设计时，厨师需要根据菜肴的口味、风格以及主题来选择合适的花草原料。同时，还需要考虑到花草的颜色和形状，以及它们如何与菜肴的其他元素相协调。在制作过程中，厨师需要熟练掌握各种花草的特点

图4-34　蔬果盘饰

图4-35　花草盘饰

和使用技巧，以便将它们巧妙地结合起来，创造出既美观又美味的菜肴。

3. 酱汁盘饰（图4-36）

酱汁盘饰源于国外西餐的盘饰手法，主要采用草莓酱、番茄沙司等果酱，运用果酱壶、酱汁笔、裱花袋等工具，在盘面上进行图案装饰。不同口味的菜品需匹配相应的酱汁，如咸酱、甜酱等。用于装饰的酱汁包括但不限于：羊骨高汤酱、橄榄油、油醋汁、各式蔬菜泥、萨芭雍（蛋黄酱）、青酱、红酱、巧克力酱、浆果酱以及焦糖酱。可用于创造多彩的装饰效果，如黄色、橙色、青绿色、紫色、红色、白色、黑色以及透明凝胶酱等。

（1）基础盘饰方式　使用勺子将酱汁放置于盘子边缘，再从中轻轻画出弧线；或使用挤汁瓶将酱料以斑点形式点缀在盘子中央或食材旁。

（2）创意盘饰技巧　杯压法，使用玻璃杯在酱汁中压出花纹；转盘法，利用转盘制作螺旋效果；摔酱法，挖一勺酱料直接扔到盘子上，利用酱汁的随意成形创造抽象感；压模法，将酱汁沿盘子内壁涂抹，再从中勾画出弧线等。

4. 奶油盘饰（图4-37）

奶油盘饰是一种将奶油与绘画技术相结合的烹饪艺术形式，多用于装饰蛋糕以及其他甜品。其中，奶油是最主要的原料，果酱、食用色素等辅助材料用于勾画细节。奶油盘饰的形式灵活，色彩多变，质感高级，这种装饰方式不仅能够美化食物外观，全面提升视觉感受，还能更好地表达菜品的整体意境和文化内涵。

（1）动植物类　模仿鱼类、昆虫和鸟兽等，以各种动物为原型；以水果、蔬菜、花草为主题，如樱桃、白菜、玫瑰花等。

（2）卡通肖像类　描绘动漫、卡通人物和场景形象，增加代入感和趣味性；绘制人物肖像，追求更高层次的艺术美感。

（3）创意类　各种出其不意的奇思妙想，如设计成面具形状，增加神秘感；用奶油书写数字，以示纪念意味等。

（4）3D类　利用奶油模型制作立体造型，如建筑物、动物、鲜花等。

5. 巧克力盘饰（图4-38）

通过不同的制作方法和技巧，巧克力的魅力可以得到无限地发挥。将大块纯正巧克力切

图4-36　酱汁盘饰

图4-37　奶油盘饰

图4-38　巧克力盘饰

块，使用恒温炉或巧克力双层锅融化，用适当容器调制，再等自然降温后，进行灌模、铲花、捏花等操作，形成自主设计的巧克力造型。用巧克力制品做盘饰，将给菜肴带来别样的甜蜜和温馨的艺术感。巧克力食品造型多样，既有经典的样式，也有艺术家的创意之作。

（1）经典造型 巧克力可以被塑造成各种有趣的造型，例如松露巧克力星球、巧克力工具箱、巧克力头骨、乐高积木巧克力、巧克力颜料管、涂鸦巧克力棒、巧克力铅笔、巧克力钉子、巧克力独角金龟、巧克力多米诺和可以吃的巧克力沙发等。

（2）创意造型 除经典的巧克力造型外，还有更多创意造型的巧克力，例如自制彩虹巧克力、麻将创意巧克力和国际象棋创意巧克力等。

（3）艺术家创作 艺术家可以使用巧克力来创作肖像，例如食物艺术家兼蛋糕雕塑家米歇尔·维博沃用1500条三角巧克力为威廉王子和乔治小王子作了一幅肖像。

6. 休闲食品盘饰（图4-39）

休闲食品盘饰的主要原料是各种各样的休闲食品，如饼干、糖果、果冻、坚果等。制作时，把各种不同形状、不同颜色、不同品种的休闲食品进行有机地搭配组合，给菜肴创造出一个生动活泼、充满童趣和现代感的装饰美化效果。

7. 食雕、糖艺、面塑盘饰（图4-40）

食雕、糖艺和面塑用于菜点的装饰是非常好的一种造型手段，是一种可食性和艺术性相结合的食品或食品装饰插件的加工工艺。食雕、糖艺、面塑制品色彩丰富绚丽，三维效果清晰，造型逼真，搭配灵活，是烹饪行业中最奢华的展示品或装饰原料。这类装饰具有高雅又抽象、简练而瑰丽的浪漫艺术感。

8. 分子烹饪盘饰（图4-41）

分子烹饪盘饰是一种创新的盘饰技术，它利用科学原理和技术创造出独特的视觉效果和口感体验。可以单独使用，也可以结合多种技术共同创造独特的装饰效果。最简单的，如一些商家提供耐高温的玻璃纸用于分子烹饪中的盘饰，增加菜品的装饰性和观赏性；使用干冰营造烟雾效果，不仅能够提供独特的视觉体验，同时也充分展现了食材的新鲜和口感。

图4-39 休闲食品盘饰

图4-40 食雕、糖艺、面塑盘饰

图4-41 分子烹饪盘饰

分子烹饪的盘饰不仅追求色彩、形状和质地的创新，还经常利用特殊的技术和工具来实现，见表4-4。值得注意的是，在尝试这些技术前，最好先熟悉相关的安全措施和操作流程，确保食品安全和个人安全。

表4-4 分子烹饪的盘饰方法

名称	原理	设备	制作过程
分子冰激凌	利用液氮快速冷却混合物，制作出带有特定颜色和不规则形态的冰激凌	液氮罐、搅拌棒	1. 准备冰激凌基底（如奶油、糖和香草精等），加入色素调整颜色 2. 缓缓倒入液氮中，快速搅拌使混合物凝固 3. 取出冰激凌，放置一旁静置至表面不再冒烟，即可作为盘饰使用
球化技术	通过加入特定的胶凝剂（如海藻酸钠）与钙离子反应，使液体固化成球状	海藻酸钠、钙盐（如氯化钙）、果汁或调味液	1. 将海藻酸钠溶解于调味液中 2. 使用滴管或针筒将混合液滴入钙盐溶液中 3. 等待几分钟直至成形，然后用清水冲洗去除多余钙盐，作为盘饰点缀使用
胶囊技术	类似于球化技术，但使用不同的胶凝剂和方法	乳酸钙、琼脂、果汁或酱汁	1. 将琼脂溶解于调味液中加热至沸腾 2. 冷却后加入乳酸钙，轻轻搅拌均匀 3. 使用胶囊模具，将混合液倒入模具中，冷藏至凝固 4. 取出胶囊，用作盘饰
粉末装饰	将固体原料研磨成粉末，用于撒在盘子或食物上增添色彩和质感	可食用的花瓣、坚果、茶叶等	1. 选择合适的原料，干燥后研磨成粉末 2. 使用细筛过滤，保证粉末细腻均匀 3. 根据需要，用喷粉器或直接撒在盘子上作为装饰
糖艺技术	利用糖和其他添加剂制作出半透明的不规则形状或拉丝效果	细砂糖、柠檬汁或白醋、色素、水	1. 将细砂糖、水、柠檬汁和色素混合均匀 2. 将混合物加热至165℃，使其变成透明糖浆 3. 稍微冷却后，可以拉伸成丝状或浇注成特定形状 4. 放置冷却完全硬化后，即可作为盘饰使用

9. 器物盘饰（图4-42）

用于盘饰的器物通常是小巧、精致且有意境的物件，如各种餐具食具、玻璃器皿、陶瓷饰物、编织作品乃至石头、泥土等不胜枚举，其造型也能别具特色，意味悠长。通过选择合适材料和造型的器物做装饰，运用创意和技巧与菜肴相映成趣，可以创造出各种情趣深远、美观大方的菜品，从而丰富菜肴视觉美感，隐性提升菜肴价值。但要注意的是，用于盘饰的器物需保证无毒和卫生。

图4-42 器物盘饰

三、食品雕刻艺术

面塑艺术、糖塑艺术和食雕艺术通常被统称为“食品雕刻艺术”。这些艺术形式都涉及使用可食用材料（如面团、糖、水果、蔬菜等）进行雕刻和塑造，以创造出各种美观的作品。它们不仅具有观赏价值，还常常用于节日庆典、宴会装饰等场合。

（一）食雕艺术

食雕艺术起源于中国，是将我国传统的木雕、石雕、玉雕和木刻等工艺美术的造型方法和技巧运用到食品上的传统技艺，其历史悠久、种类繁多、取材广泛，不仅可以是各种动植物形象，还可以是风景建筑、神话传说等。食雕艺术的应用范围也很广泛，无论是家庭餐饮还是大型展台、社交盛宴，无论是冷菜、拼盘还是热菜，只要应用得当，都能一展风采，使人们在享受美食的同时，对它留下深刻的印象。

食雕艺术的常用原料主要有两大类：一类是质地细密、坚实脆嫩、色泽纯正的根、茎、叶、瓜、果等蔬菜；另一类是既能食用，又能供观赏的熟食食品，如蛋类制品。食雕艺术的刀法有削、刻、插、旋、抠、画等，每种刀法都有其独特的应用场景。

食雕艺术采用的雕刻形式大致可分为三种，见表4-5。

表4-5　食雕艺术的雕刻形式

类型	释义
整雕	整雕也叫圆雕、立体雕刻，就是把雕刻原料刻制成立体的艺术形象，在雕刻技法上难度较大，要求也较高，具有真实感和实用性强等特点。有完整感，如“孔雀开屏”
浮雕	顾名思义就是在原料的表面上，表现出画面的雕刻方法。又有阴纹浮雕和阳纹浮雕之分。凸雕形体不仅有饱满感，还仿佛有凸现的动感，如“瓤西瓜”凸出部分雕成花鸟；凹雕（阴刻）侧重线条造型，显得深沉含蓄，如“灯笼鸡”“冬瓜盅”镂空不仅奇巧，而且有虚实相生的空灵感
零雕组装	解决某些雕刻原料在体积、大小、长短等方面的不足和颜色上的单调，以使作品显得更加完整大气，色彩更加丰富多彩

食品如雕刻各种刀法也能各显千秋，给人美感，如曲线细条刻的菊花，给人以柔美、轻快的感觉，而直线平刻的松针之类，给人感觉正好相反——刚美、潇洒。其他还有翻刀刻、迭剪刻等，效果也不一样。

食雕艺术不仅是烹饪技术的重要组成部分，也是艺术殿堂里独特的一门雕刻艺术。它美化了菜肴，烘托了宴会气氛，反映了烹饪技艺，提高了菜点的档次。食雕艺术是中国烹饪文化中的一朵夺目的奇葩，被誉为“东方饮食艺术的明珠”。食雕艺术不仅是一种技能，也是一种文化的传承。随着人们对美的追求越来越高，食雕艺术在餐桌上的展现也越来越显著，其艺术魅力和文化价值得到了国际上的广泛认可和赞誉。

（二）糖塑艺术

糖塑艺术是一种传统的民间手工艺品，俗称吹糖、糖人模，主要以麦芽糖、白砂糖或艾素糖为原料，通过加热使糖变软，并调入红、蓝、黑等色素，制作出数十种不同的颜色。艺人利用剪刀、小梳、小篾刀等工具，以及竹片、弹簧、石膏粉等辅助材料，通过吹、拉、搓、扯、捏、压、剪等技艺，将糖塑制成形。糖塑制作对空气的温度和湿度有较高的要求，一般温度在25℃、湿度在50%以下为宜。

糖塑艺术按照制作工艺的不同，可以分为吹糖人、画糖人和塑糖人三种。吹糖人主要是通过吹气来塑造形状；画糖人则是通过绘画技巧来制作糖画；而塑糖人则是通过手工塑造的方式来制作糖塑作品。糖塑艺术具有以下特征。

①原料可塑性强：以麦芽糖为原料，加热后变软，比面塑更具可塑性。

②造型神形兼备：通过艺人的吹、拉、搓、扯、捏、压、剪等技艺，加上辅助的小铁丝，短时间内即可完成一件作品。

③色彩和谐醒目：加入红、绿、黄、黑等色素，可根据需要调和出多种复色。

④肌理变化丰富：附件变化万千的肌理与主体吹成光滑的表面形成鲜明的对比。

⑤“活”的部件：有些部件装上自制的钢丝弹簧，使得作品更具生气。

糖塑可以作为一种装饰品，用于美化菜点的外观。糖塑艺术的题材多为常见的飞禽走兽、神话传说中的人与动物，如连年有鱼、二龙戏珠、麒麟送子、穆桂英挂帅、杨宗保点兵等。糖塑艺术在我国有着广泛的分布，尤其以湖北天门、沔阳（今仙桃市）最为著名。这些地区的艺人们在制作糖塑时有着自己独特的技艺和风格。糖塑艺术因其独特的艺术价值和深厚的文化底蕴，于2008年6月7日被国务院批准列入第二批国家级非物质文化遗产名录，以其独特的制作工艺和丰富的文化内涵深受人们的喜爱和传承。

（三）面塑艺术

面塑艺术是一种传统的民间艺术形式，俗称“捏面人”，使用精面粉、糯米粉等材料制作各种人物或动植物形象，通过艺人的双手塑造出各种栩栩如生的形象。面塑艺术历史悠久，最早可以追溯到汉代。面塑艺术不仅具有颜色丰富、造型生动、细致传神的特点，而且具有独特的艺术价值和人文价值，可以作为艺术品收藏，也可食用。

第五节　饮食器具的审美

饮食器具造型艺术是“舌尖上的雕塑”，在方寸之间凝练着人类对美的永恒追求。从古陶的朴拙到智能器皿的未来感，每一件食器皆为功能与美学的共生体，亦是文化基因的视觉化呈现。当代设计师需在传统工艺与现代技术、实用主义与艺术表达之间寻找平衡，使器具不仅是盛物的容器，更成为联接食物、人与文明的审美媒介。

一、饮食器具的历史

饮食器具包括食具、酒具、茶具以及咖啡具等，是与人们日常生活密切相关的重要物品，用来盛装、烹饪或享用食物的各种工具和设备。饮食器具不仅具有实用性和功能性，还承载着丰富的文化内涵和历史价值。不同地区和文化背景下的食具呈现出独特的风格和内涵，且在不同文化和历史时期中有所演变。随着社会的进步和科技的发展，饮食器具越来越多样化、智能化和环保化。

（1）食具　现代中餐餐具主要有盛盘、碗、筷、砂锅、碟以及各种用途的汤匙、吸管、签棒等；西餐餐具根据功能和使用场景可分为基本餐具和专用餐具两大类。基本餐具包括餐刀、餐叉、餐匙等，专用餐具则包括龙虾叉、牡蛎叉、蜗牛夹钳等。

（2）酒具　现代酒具种类繁多，材质多样，包括白酒杯，较小而精致，通常用于饮用白酒；红酒杯较白酒杯大，杯身较高，有助于散发红酒香气；啤酒杯容量较大，杯身呈直筒形，适合啤酒的泡沫；洋酒杯根据洋酒种类的不同，有特定的酒杯设计；多功能酒杯适用于多种类型的酒水，如果汁等非酒精饮料。

（3）茶具　现代茶具不仅承载着饮茶的功能需求，同时也蕴含着深厚的文化意义。一些常见的现代茶具包括：茶夹，又称茶筷，用于温杯、洗杯；茶海，又称茶盅、公杯，用于均匀茶水浓度；茶叶罐，用于存储茶叶；茶盘，有多种材质，如竹、木等，用于摆放其他茶具；茶壶，材质多样，如陶、瓷、紫砂、玻璃或石材，烧水壶，材质多样，如铁质、陶、不锈钢、电水壶等；杯托，放置杯子，避免留下茶渍；品茗杯，用于品茶和赏茶色；闻香杯，用于闻茶香，通常与品茗杯搭配使用。

（4）咖啡具　特指用于饮用咖啡的专业器具，主要包括咖啡杯以及其他配套设备。一套完整的咖啡具不仅包含咖啡杯，还有咖啡壶、糖缸、奶罐等，这些器具相互配合，使得咖啡的冲泡和享用更为精致。

西方餐具的发展历史相对较短，餐具所反映的文化也受到多重因素的影响。大约17世纪，法国国王路易十三颁布餐刀的刀尖改为圆形。最早的勺子是圆形的，为了便于喝汤，演变为略带椭圆；叉子后来变成了地位、奢侈、讲究的象征，贵族们订制的餐具大多配有珊瑚、象牙、玛瑙或琥珀等精美雕刻的手柄。随着文明的进程，餐具越来越多功能化，设计与制造蓬勃发展，西餐餐具纹饰精美，尤其注重进餐情调。西方餐具常用的主要有陶器餐具、玻璃餐具、金银餐具以及不锈钢餐具等。

中国饮食器具的历史可以追溯到远古时期，随着人类社会的发展和技术的进步，饮食器具的材质、形状和功能也在不断变化。中国饮食器具的历史发展，按时间先后和不同质量的生产工艺，经历了陶器时期、青铜器时期、漆器时期、瓷器时期、现代餐具等不同历史阶段（图4-43）。原始陶器器型丰富、承载远古信息多，且装饰图案表现淳厚、质朴。陶器与生产生活紧密相关，其实用性和审美性是辩证统一的。

现代餐具设计越来越注重艺术性和功能性相结合，力求让日常餐饮体验变得更加美好。设计师们不仅追求美感，还考虑到了实用性和趣味性。在艺术性方面，色彩多以简洁、富有品位的白色为主，辅以艺术创意图案，充满趣味。在造型上，超脱传统束缚，赋予新的意义和想象空间。在功能性方面，不再仅仅是实用功能，还注重审美功能，增进与使用者的情感互动，增加就餐环境的美化和趣味性。同时，还要兼顾心理层面，符合美学及潮流，符合人机工程学，增加餐具的亲和力，让使用者在使用过程中感到舒适、方便、安全。

八角星纹彩陶豆（陶器时期） 龙虎纹青铜尊（青铜器时期） 彩绘漆涡纹方儿杯（漆器时期）

明宣德青花松竹梅纹婉（瓷器时期） 现代餐具

图4-43 中国饮食器具

二、饮食器具的美学原则

饮食器具的美学原则是一个综合性的概念，它涵盖了实用与审美、多样与统一、因菜制宜、大小适中、形状统一以及与环境协调等多个方面。饮食器具的美学既体现了对传统饮食文化的深刻理解，也展现了对现代审美趋势的敏锐把握。通过遵循这些原则，我们可以在享受美食的同时，也能够享受到美好的视觉盛宴。

（一）实用与审美的结合

饮食器具的美学原则首先体现在其实用性与审美性的结合上，这包括了材质美和功能美的双重标准。材质美指的是器具的材质应该优良，能够经久耐用；功能美则是指器具的设计和使用应该方便、舒适，能够满足人们的使用需求。如干锅菜是一种源自四川绵阳的系列菜，最初的形式是在厨房里将菜炒好，装入生铁锅中再上桌食用。为了避免菜肴冷却后影响口感，上菜后就用小火加热保温，并配以木铲铲动防止粘锅。后来，干锅菜逐渐演变成将主料食用完后，再利用剩余的汤汁（或加汤）烫食其他原料或由厨师加入其他原料加工好后食用，这就有些类似火锅的就餐形式。

（二）多样与统一的平衡

在选择饮食器具时，还需要处理好多样与统一的关系。这意味着餐具的选择应该既要有多样性，又要有统一性。多样性体现在不同类型的餐具可以满足不同的使用需求，而统一性则体现在餐具的整体风格和色调应该协调一致，形成和谐的美感。成套的餐具旨在提供一个完整且协调一致的用餐体验。不论是西餐还是中餐，都有其特定的餐具组合，每种餐具都有其特定的功能和用途，在不同的文化和场合中发挥着重要作用，选择合适的成套餐具非常重要。一些知名的餐具套装品牌提供了多种风格和材质的选择，如ABC Kitchenware、EFG Fine Dining和LMN Eco-friendly等，它们分别强调设计感、高端和环保理念。又如成套青花瓷餐具，由多个相同或相似设计的青花瓷单品组成的餐具套装，包括碗、盘子、汤匙、筷子托等多种配件，青花瓷因其独特的美感和深厚的中华文化底蕴而备受人们青睐。

（三）因菜制宜选择盛器

在选择盛器时，需要结合菜肴的具体情况搭配，综合考虑盛器的材质、形状与大小、色彩与图案、盛器的功能性、盛器的清洁维护与耐用性以及文化与习俗等因素，因菜制宜，根据主次取舍、实现多方融合，确保盛器既实用又美观。

1．根据菜品的性质来决定盛器

不同的菜品需要不同的盛器来衬托其特色，这种因菜制宜的原则不仅体现了烹饪者对食材的尊重，也在为消费者提供饮食便利的同时，增加更多的审美体验。如炸、炒、熘、爆等烹调方法制成的菜品，汤汁较少，一般选用圆盘或腰盘；煮、烩等烹调方法制成的菜品汤汁较多，一般选用窝盘；汤羹则更适合用碗或汤盆；冰激凌一般用厚壁的玻璃杯盛装可以延缓融化；整鸡、整鸭类菜品一般选用长腰盘；用笼屉、气锅、砂锅等烹制的菜品，一般不另选盛器。

另外，为更好地凸显菜品的特色，可以使用菜品原料的外壳（如鲍鱼壳、海螺壳、蟹壳、椰壳等）作为盛器，以突出菜品原料原有的风味。还可以根据具体的菜品巧配外壳。如以土豆丝、粉丝、面条作巢；以竹筒、菠萝壳作器；以冬瓜、南瓜、橙子、西瓜作盅；以黄瓜作壳，以面皮作盏等，不胜枚举。

2．盛器与菜点的形式统一

这种统一性不仅体现在形状上的一致，还包括色彩与图案的协调，共同作用于提升菜肴的整体美感。当然，在考虑盛器与菜点的统一的同时，一定要保证整个席面的盛器的风格统一与协调。

（1）根据菜品色泽确定盛器的色彩　所选盛器的色彩应与菜品的色泽相呼应，以使菜品具备和谐的美感。其中，单色盘如白色盘、红色盘、黑色盘以及透明的玻璃盘等，它们色彩单纯，无明显图饰，用于烘托菜肴的功能，可以大胆构思和造型，具有较强的表现力。另外圆润饱满的菜肴可以用圆形白色盛器来盛装，显得温婉大气；丝条均匀的菜肴则可以用长形深色盛器来衬托，则倍感端庄稳重。

（2）盛器的形状与菜肴形状相匹配　这样能够给人以视觉上的美感，使得菜肴更加吸引人，菜点的形式与器皿的花纹相协调，还能给人视觉上统一稳重的装饰效果。其中，象形盘是在模仿自然形象的基础上设计而成的，在与菜肴组配时，可以实现内容与形式的融合统一。如将糟熘鱼片盛放在造型为鱼的象形盆里，鱼就是这道菜的主题，虽然鱼的形状看不出来，但鱼形盛器将此菜是以鱼为原料烹制的主题给显示出来了；几何形纹饰盘的装饰纹样多沿着盘边均匀、对称地展开，具有曲线美、韵律美、对称美等综合艺术美感，在与菜肴组配时，不用再过分造型和点缀，可以自然装盘，使菜肴与盘饰巧妙融合，浑然一体。另外，盛器的形状还可以在进餐过程中给用餐者带来美的享受与艺术熏陶，如用来蘸酱的葱条、黄瓜条等用立式竹筒状的盛器，会给人传递出一种轻松、愉快、自然的田园气息；又如将三文鱼刺身放在船型盛器中，盛器本身的造型能起到形象化菜点的作用。

（3）根据菜品价值确定盛器的档次　所选盛器的档次应与菜品的价值相称，盛器无论多么精美，也不能改变其衬托作用和从属地位。从这一角度来说，高档精致的菜点就应配置精美的盛器，如果用来盛装一般性原料，工艺和形式都比较简单的菜点，盛器就抢占了菜点的风头，有喧宾夺主的意味。如白搪瓷缸子用于盛放羊杂汤等热汤类菜品。突出菜品整体的外形古朴，能够唤起人们对过去岁月的记忆。又如在享用鹅肝时，选择合适的高档餐具对于提升整体用餐体验至关重要。使用较小的刀刃切割鹅肝，以免破坏其细腻的口感。较大的叉子用于品尝，有助于完全体验鹅肝的柔软和细腻。选择足够大的碗或盘来盛放鹅肝，确保每一块鹅肝都能均匀受热。餐具的正确选择能够衬托出鹅肝的美味，并使其口感得到最大化地展现。

（4）盛器用于菜品分割和集中　如想让一道菜肴给客人有多种品尝的口味，就得选用多格的调味碟。如为满足人们的不同口味需求，可以用分割的锅制作鸳鸯火锅，脆皮银鱼可在多格调味碟中放以芥末、酱油、茄汁、椒盐、辣椒酱等2～3种口味的调料供客人选用；如“太极鸳鸯虾仁”是一道菜制成的多种口味，盛放在太极造型的双格盆里，这样既防止了串味，又美化了菜肴的造型；又如“双龙戏珠”选用组合型紫砂冷菜盆，这样使分散摆放的冷碟集中起来，既节省了空间，又增加了餐桌的整体美感。

3. 盛器大小与菜点相适应

盛器大的可在50厘米（20英寸）以上，冷餐会用的镜面盆甚至超过了80厘米；盛器小的只有5厘米左右（2英寸），如调味碟等。盛器大自然盛装的食品也多，可表现的内容也较多；盛器小自然盛装的食品也少，可表现的内容也有限。盛器大小的选择要根据菜点题材的要求、原料的大小和食用人数的多少来决定的，尤其是在展示台和大型的高级宴会上使用时，应与想要表达的内涵相结合。

要想表现一个题材较大、内容较丰富的菜点，就必须选用40厘米（16英寸）以上的盛器。如以山水风景为造型的花色冷盘“瘦西湖风景”和工艺热菜“双龙戏珠”。这样能有足够的空间将扬州瘦西湖的五亭桥、白塔等风光充分地展现出来，才能将龙的威武和腾飞的气势表达出来。大型原料如整只的烤鸭、烤乳猪、烤全羊等；还有大洋洲龙虾等大型水产品，也必须选用足够大的盛器，才能容纳得下它们，并配上加以点缀的辅料。在举办中大型冷餐会和自助餐时，由于客人较多，又是同时取食，为了保证食物的供应，就必须选用大型盛器。

要表现厨师精湛的刀工技艺，可选用较小的盛器。如烹饪展台上的蝴蝶花色小冷碟，盛器只有10公分大小，但里面用多种冷菜原料制成的蝴蝶栩栩如生。这充分体现了厨师高超的工匠技术与精巧的艺术构思。此外，就餐人数少，食用的原料量也就少，自然盛器就选用小型的了。

在一般情况下，“大”象征气势与容量，“小”则体现了精致与灵巧。根据菜品的分量确定盛器的大小，这样才能保证菜肴与器皿在空间上的和谐，过大或过小的器皿都会影响菜肴的整体呈现效果，给消费者带来菜品分量不足或菜品过油不卫生等不良体验。但是，使用一系列比常用盛器感觉过大的器皿装菜的现象时有发生，但这种做法往往是专门吸引顾客的注意，并营造独特就餐体验的一种促销方式。它并非单纯追求视觉效果，而是确实提供了与容器大小相匹配的食材量，使顾客感到物超所值；反之专门设计配套的超常规的小巧盛器，也会营造出别样的就餐氛围，菜品量少而品类多会给消费者带来个性、丰富、满足之感，如源自川菜百菜百格的九宫格、十六宫格等；而菜品量少又品类少，则会给消费者以简约、优雅、精致的心灵体验，如日本的怀石料理。

（四）餐具与环境的协调

餐具的选择还应该考虑到与就餐环境的协调性。在不同的场合，应该选择与之相匹配的餐具，以营造出合适的就餐氛围。一是餐具本身的设计与环境的协调；二是餐具在使用时的摆放与环境的整体和谐。精美、和谐的餐具总能给用餐者留下良好的印象，感受到余味悠长的文化内涵，而与就餐环境相得益彰的餐具摆设，更能让客人赞叹不已，体会到被真诚相待的尊重和温馨。

（1）餐具设计与环境的协调　餐具的设计风格应与餐厅的整体氛围，包括服务人员的装束等相匹配。如现代简约风格的餐厅更适合使用线条简洁、颜色纯净的餐具，而复古风格的餐厅则可能更适合使用具有历史感的、雕琢细腻的餐具。餐具的颜色选择也很重要。一般来说，白色餐具比较通用，可以搭配各种菜品，但如果餐厅的主题色调较为鲜明，那么餐具的颜色也应该与之相呼应，这样可以使菜品更加突出。

（2）餐具摆放与环境的协调　餐具的摆放不仅要考虑美观，还要考虑实用性、舒适性和便捷性。如摆放餐具时应保持整洁对称，过多的餐具可能会让餐桌显得凌乱，不方便客人用餐。通过合理的设计和摆放，餐具可以成为餐厅环境中不可或缺的一部分，为顾客提供更加美好的用餐体验。

05

第五章 CHAPTER

餐饮环境审美设计

教学目的与要求

（一）教学目的

知识：了解烹饪设备工具与厨房相关的美化元素；基本掌握餐饮家具的历史和选择方法；基本掌握餐饮照明的方法和应用；了解餐饮陈设和布置的选择方法和种类；基本了解背景音乐设计的相关知识。

能力：通过对餐饮环境审美设计各个方面的学习，能判断实际餐厅环境设计的优缺点，并提出改进方案。

情感：学会观察餐饮环境的审美细节，结合自身专业和综合素质，充分体会在优雅环境中就餐的美感。

（二）教学要求

1. 内容

烹饪设备工具、厨房环境美化；餐饮家具的历史和布置与选择；照明方式、种类和形式以及餐饮照明设计原则；餐饮陈设布置及背景音乐设计。

2. 行为

以一实际餐厅为例，给出其餐饮环境审美设计的详细调查方案。

3. 达标

调研烹饪工作环境、餐厅家具、照明、陈设品布置和背景音乐的具体情况，并提出合理化改进方案。

教学重点

1. 餐饮家具布置。
2. 餐饮照明艺术。
3. 餐饮背景音乐设计。

教学难点

餐饮照明艺术。

思考与实践

通过餐饮环境审美设计的五个主要方面，对比中餐厅和西餐厅在餐饮环境设计方面的差异，以及带来的效益影响。

第一节 烹饪工作环境设计

一、烹饪设备工具

拥有合适的设备和工具将大大提高烹饪效率，确保菜品质量达到最佳水平，并且还能有助于厨师在操作时达到最佳状态，展现出专业的烹饪过程之美。根据实际需求，餐厅菜品种类和规模进行适当的调整，以下主要介绍现代厨房（可以是西餐厨房）的烹饪设备工具。

1. 刀具和相关厨房工具

刀具是专业厨师工具包中最基本的工具之一。经典的厨师刀有一个小的刀尖适合精细操作，还有一个大的弯曲刀片用于快速切割和切碎。根据厨师的喜好，去骨刀的刀刃比较薄，可以是硬的，也可以是软的。削皮刀比厨师刀或切骨刀小，用于精致的装饰或成形蔬菜。

厨师们经常使用一种被称为“曼陀林”的手动切片机来进行更大量的准备。这个厨房工具有一个刀片嵌入在一个平板上，用于快速切片和切碎。对于大批量生产的食品加工商，旋转切碎机和电动切片机等厨师设备可快速、高效地批量制备肉类或蔬菜配料。

其他厨房工具如铲子，适合搅拌食材或者将其从锅中转移到盘子上。不锈钢铲子是最常见且耐用的选择；筛网通常用于过滤汁液或者粗颗粒物质，如油渣或者碎屑；还有压榨器，用于榨取柠檬汁、橙汁等饮料的原料。

2. 炉灶

燃气灶是厨房最基本的设备之一。它提供了可调节火力大小的炉头，可以用于不同种类食材的加热。炉灶则通常用于长时间慢煮肉类、汤类等菜品。另外，火焰机通常用于点火或者熔化食材，如奶油或巧克力。

3. 锅具

餐厅厨房的厨师工具清单中通常至少有一个油炸锅。它们使用气体或强大的电加热元件将油保持在一致的温度，并在添加食物后迅速将油恢复到该温度。在快餐店，油炸锅通常是准备食物的主要工具。

炖锅是制作西餐中各种肉类、汤类和酱料的必备工具。它可以长时间保持低温，使食材更加入味；砂锅适合制作特色中式菜品，如砂锅豆腐等，以及西餐的传统西班牙菜品，如海鲜番茄意面等；平底锅通常用于快速翻炒蔬菜或者制作蛋类菜品。

4. 煎锅和烤架

常见的专业厨师工具包括一个大型煎锅，用于烹饪早餐和大量油炸物品。烤架本质上就是一个超大型煎锅，前面和侧面都有排水管，多余的脂肪会从中流出。它将平坦的烹饪表面替换为一个条状网格，并直接在气体火焰上烹饪食物。

5．烤箱和烘焙设备

烤箱是制作西餐中各种糕点、面包和肉类的必备设备。它可以提供均匀的加热，并且温度可调节；混合机用于搅拌面团、打发蛋白以及制作各种酱料等；面包机是专门用来制作面包的设备，它可以自动完成揉面、发酵和烘焙过程。

6．大型制备设备

在酒店、会议中心和大容量餐厅，有时准备工作并不总能有效地生产足够数量的食物。在这些环境中，厨师们通常会使用蒸汽套水壶或倾斜煎锅来加快准备工作。蒸汽壶是一种非常大的中空壁烹饪锅，由加压蒸汽加热。它们可以非常有效地烹调大量的汤，而使其烧焦的风险最小。倾斜煎锅就像一个有高边的煎锅，可以用来大批量准备炖菜和辣椒等菜肴。完成后，煎锅顶部倾斜，将食物倒入等待的存储容器中。

7．冷藏设备

充足的制冷和冷冻能力对餐厅的安全运营至关重要。餐馆几乎总是有一个大型的步入式冷却器来存放大部分的冷藏食材，而主生产厨房则有较小的制冷装置，供厨师在服务期间使用。步入式冰柜也很常见，尽管一些餐厅使用独立立式冰柜或柜式冰柜。冰箱和冷冻柜必须持续监控，以确保它们保持安全温度。

8．清洁和卫生设备

清洁和卫生是厨房运作中最重要的方面。一台大容量商用洗碗机可以加快服务速度，减少餐厅需要保留的设施数量。此外还需要使用强力清洁剂和脱脂剂来保持地板、通风罩和设备清洁。对于工作表面，厨房使用食品安全消毒剂，如温和的季铵溶液或氯漂白剂。

二、厨房环境美化

（一）厨房环境色彩

在烹饪活动中，除了在菜点的制作和装饰中要考虑色彩效果外，在厨房生产活动的环境美化中，也必须考虑色彩因素对厨房工作人员的影响。一般来讲，表现在厨房的墙壁、地面、天花板以及设备用具的色彩选择上。

一个科学合理、舒适方便的厨房应该是美观的、简洁的，视觉上明亮、干净尤为重要。良好的色彩环境可以调节劳动感受度，减缓疲劳，有助于精力集中并提高劳动效率。因此，对厨房环境的美化，要充分利用色彩的物理和美学性能，以协调统一为原则，以促进安全生产、增效节能为目的，进行总体规划和科学设计。

1．考虑工作人员的心理变化

使用单调的颜色会使人感觉沉闷、情绪低落，毫无工作积极性；色彩装饰得当的厨房使人心情愉快、情绪激扬，专心工作、提高效率；当然，色彩也应避免过于浓烈，否则会使人心神不宁，分散工作人员的精力。另外，选择明亮的颜色会使厨房看起来更宽敞，主色调亮度应该适中，过高可能会让人有压迫感，过低则可能让人感到不舒适。一般来说，厨房的墙壁应选择浅色系的；地面使用较暗、色相较深，给人以稳重感的色彩；天花板则宜选用白色、黄色等浅色或较亮的色调，调节长时间反复烹饪工作的枯燥。

不宜使用立体感强的、过杂的图案或是明暗对比强烈的装饰材料。过于花哨或复杂、冲击力强的图案，不仅会使厨房面积在视觉上显得逼仄、狭小，也容易使工作人员产生高低不平、忽远忽近的错觉，从而引发精力上的不集中和情绪上的散乱。

2. 突出厨房的功能性

厨房色彩搭配可以总结出的一般规律是：墙浅、地深，深绿色除外；厨房不宜使用暖色调，黄色系除外；空间配色不得超过三种，其中白色、黑色以及其间的灰色属于无彩色系，不在此限制范围内；金色（不包括黄色）、银色（不包括灰白色）可以与任何颜色搭配；不要把不同材质但色系相同的材料放在一起；空间非封闭贯穿的，必须使用同一配色方案；不同的封闭空间，可以使用不同配色方案；另外，闷热的工作场所宜使用冷色，可以把环境衬托得凉爽些；寒冷潮湿的工作场所应使用暖色，这样可以获得一种温馨之感。

另外，在厨房的危重区域或放置危重设施的区域，必须施以鲜明的色彩标记。这不仅美化了环境，更能随时唤起工作人员的注意力，避免事故发生。

（二）厨房照明

光的亮度和色度是决定厨房气氛的主要因素，厨房的照明主要以整体照明和局部照明相结合的照明方式为主。照明条件对于创造正常合理的工作环境，营造明亮和谐的工作氛围，提高工作效率，保证菜品质量、减少次品，杜绝事故，保护工作人员的身心健康，具有重要意义。除了满足餐饮氛围设计的总体照明原则外，因其特殊的场地用途，还需要考虑配置好如下实用细节。

1. 整体照明

（1）选择合适的灯具　通常厨房照明的亮度要达到每平方米10瓦以上。可以选择筒灯、集成灯等作为整体照明灯具。

（2）保证光线均匀　如使用集成灯，其发光面积较大，能均匀照亮整个空间，减少阴影面积。

2. 局部照明

（1）料理台照明　在料理台、水槽与灶台等工作区上方的吊柜处增加重点照明，避免光源被身体挡住，让处理及加工中的食材看起来更清晰；安装柜底灯和水槽灯，满足操作台的亮度需求。

（2）砧板区域照明　要有明亮的灯光，可有效防止不慎被刀划伤，让刀工更加精细。

（3）打荷人员上方照明　打荷人员上方要有充足的灯光，以减少杂草、毛发等异物混入菜肴中。

3. 照明颜色与色温

（1）厨房主照明　选择4000～5000K色温的灯具作为主照明，不但能将东西看得更清楚，氛围也较自然。

（2）厨房操作间　厨房操作间的光线要明亮，最好使用荧光灯，操作面不能产生阴影，灶台照明要使用防爆灯。

4．其他注意事项

（1）根据厨师身高调整照明高度　光源不改变所观察食物的天然颜色，安装在食品正上方的照明设施应有保护罩。

（2）收纳区域照明　厨房的收纳区域可以增加轮廓光补充照明，安装灯带便于取放物件。

（3）感应式照明　厨房地柜内可以装感应式灯，地柜使用频率高，当打开柜门找物品时有灯管照亮，体验感大大提升。

（4）灯具的维护　灯具材料应易清洁、耐腐蚀，不易氧化生锈或具有较好的表面保护层。主照明安装后要有良好的密封性。

（三）厨房设备安置

厨房设备、机械的合理安置，是厨房生产劳动有效进行的根本保证。不仅如此，还要充分考虑厨房工作人员的动线，以减少不必要的疲劳，消除事故隐患，保持厨房环境的整洁有序，确保厨房整个成菜过程流畅、快捷。

餐厅厨房动线设计是确保厨房操作高效的重要环节。动线设计旨在合理安置厨房设备的基本前提下，依据烹饪流程，包括拿取食材、清洗、切配、烹饪到装盘等步骤，以优化空间利用率和工作效率。厨房动线布局有多种，每种布局对动线设计都有不同影响。

1．常见厨房动线布局

（1）一字形　厨房设备、机械直线倚墙排列，适合小空间，动线清晰但可能较长，适合烹饪流程简单的厨房。但对于方形厨房，也可以以相背的形式将设备一字形排列在厨房中央，给人简洁、流畅之感。

（2）L形　厨房设备、机械沿墙作90°双向展开放置。这种安排类型的空间利用率高，能缩短操作动线，方便各个工序、工种相互配合、连续流水操作。适合狭长形厨房，令人感觉舒适、明朗。

（3）U形　三面环绕，动线最短，可以为厨房工作人员营造一个简洁的组合中心，所有设备均能触手可及，这种配置的工作区有两个转角，功能与L形大致相同，但更为方便，适合空间较大的厨房，其烹饪动线可明显与其他配合动线完全分开，不受干扰，能大大提高工作效率，给人以紧凑、亲和的感受。

（4）二字形　适合粗短形厨房，动线灵活，但需注意功能区划分。

2．餐厅厨房动线设计的原则

（1）实用性　减少操作人员在厨房内的移动距离以及可能互相碰撞的概率，提高效率。

（2）合理性　确保动线连贯、通畅，避免路线复杂、绕路或管线羁绊。

（3）美观性　设备布局整齐、清爽，提升厨房整体形象。

3. 动线设计细节

（1）设备布局　根据烹饪流程合理放置冰箱、水槽、砧板、灶台等设备。

（2）空间利用　利用转角、拉篮等设计增加收纳空间，提高空间利用率。

（3）动线分隔　厨房动线应与食客动线、服务动线分隔，避免干扰。

（四）厨房自然条件

文明生产是劳动美学要达到的一个目标。一个厨房除了具备上述各种环境条件外，还要有良好的通风条件、地面排水与适宜的温湿度，从而避免有害物质和不良自然环境对工作人员的侵袭和影响，确保工作人员身体健康。

1. 通风条件

厨房通风需满足室内换气、排出油烟和设备散热的要求，应设置全面通风、局部通风和室外通风三个系统，且每个厨房的全面通风及局部通风系统应完全独立，以适应不同厨房的运行时间需求。

（1）食品处理区应保持良好通风，及时排除潮湿和污浊的空气　空气流向应由高清洁区流向低清洁区，防止食品、餐饮具、加工设备和设施污染；烹调场所应采用机械排风。产生油烟的设备上部，应加设附有机械排风及油烟过滤的排气装置，过滤器应便于清洗和更换。产生大量蒸汽的设备上方除应加设机械排风外，还宜分隔成小间，防止结露并做好凝结水的引泄。排气口应装有易清洗、耐腐蚀，并符合要求的可防止有害动物侵入的网罩。

（2）热加工间应尽量双面开侧窗以形成穿堂风　穿堂风换气速度比排气天窗大两倍，夏季室内外温差较小时，其换气量远超其他方式。利用自然通风时，侧窗面积不应小于地面面积的1/10，且应便于开启，否则会影响通风效果。若无法双侧开窗，也应保证单侧有窗，以确保通风换气。

（3）设天窗排气　大、中型厨房应设有天窗排气，必要时还可以在天窗上加风机，以提高换气速度。天窗要布置得当，当天窗偏向一侧布置时，应直接布置在炉灶上方，以利于直接排除废气和余热，否则废气会在弥漫全室后才从天窗徐徐排走，而且顶棚下某些死角会形成局部环流，经久不散。当天窗布置在中部时，炉灶上方应设排气罩，引导废气在发源地就近集中排走，以避免弥漫全室，这时天窗的作用主要用于厨房的全面换气。

（4）设拔气道或机械排风　炉灶上方一般都设排气罩，排气罩所收集的废气，通常通过两种方式排走：风机或拔气道。风机在大量油烟作用下，很快会布满油垢，叶片阻力大，影响排气效果。拔气道相当于烟囱的原理，都是利用进气口与排气口的高差与温差将废气排走，抽力大、排气快，不必维修更换，长期使用效果稳定，无噪声，不消耗能源。

2. 地面排水

（1）处理好厨房内的地面排水　地面找平应有一定坡度（0.2%），确保水在地面汇集成自然水流并最终流向地漏。但也不能为了水流的顺畅而过于强调坡度，因为坡度过大，既会影响美观，也会影响地板的防滑。

（2）餐厅装修的厨房防水很重要　防水层防水性良好，厨卫及背墙面在防水要求方面要比其他房间高，防水涂料要刷到1.8米高，其他房间也应该在0.3米高。

3. 温度湿度

适宜的温度和湿度也是影响烹饪环境的重要审美因素。环境温度在20～30℃、湿度在40%～60%时，人体感觉最为舒适。厨房工作环境温度过高，会使人的体温升高、血管舒张、脉搏加快，冬季室内温度超过25℃，会引起人神疲力乏、头昏脑胀，同时室内外温差悬殊易造成伤风感冒，诱发疾病。相反，室内温度过低，则会影响厨房的正常工作，使人呼吸减慢、皮下血管收缩，容易诱发呼吸道疾病。夏天湿度过大时，会抑制人体散热，使人感到闷热、烦躁；冬天湿度过大时，则会让人感觉阴冷、抑郁。反之，湿度过低时，会使人呼吸道黏膜水分流失，出现口干舌燥、声音嘶哑甚至鼻出血等症状。厨房基础自然环境不达标，会影响厨房工作人员的身心健康，并有劳动强度增加的感觉，大大影响工作质量和效率。

（五）厨房声音控制

餐厅厨房的噪声源主要来自炉灶的燃烧噪声、气动噪声、排烟系统的噪声以及商用电器的电机噪声等。长期处于过度的噪声污染环境下，不仅会导致人的耳部不适，出现耳鸣、耳痛症状，还会损害心血管，分散注意力，降低工作效率，造成神经系统功能紊乱，甚至对视力产生影响。

根据国家标准，厨房灶具和通风的噪声要控制在65～68分贝。应对厨房噪声的方法主要有：

1. 控制噪声源

控制噪声源是最直接的解决方法。具体措施包括：为压缩机、热泵机等设备制作隔声罩，以减少噪声的扩散；对排烟风机进行消声器处理，减少气动噪声；对产生振动的设备进行隔振处理，进一步减少噪声。

2. 加强接收点的隔音

如果源头控制的措施不够理想，可以考虑在接收点加强隔音。具体方法如在厨房的门窗处加装隔音门窗，有效阻挡外界噪声。

3. 定期维护和清洁

定期维护和清洁厨房设备也是降低噪声的重要措施。如定期清洁油烟机和通风管可以避免油污积累导致的噪声。

4. 声学设计

在餐厅设计阶段，可以考虑采用吸声板或遮音材料等声学设计，以减少声音在空间内的反弹和扩散。

5. 背景音乐

背景音乐的音量应以能被听到且不干扰客人或员工行为为标准，一般应控制在较低水平，确保厨房内对话和操作声音清晰可闻。为避免员工对单一音乐产生厌倦，保持新鲜感，建议每周更新30%的背景音乐，约每3周完成一次全部更新。

第二节 餐饮家具布置

家具是室内陈设的主要内容，这是由家具在人们生活中的地位所决定的。无论从功能、数量还是所占空间而言，家具的布置决定了整个空间的功能性、限定性、舒适度以及心理层面的综合美感。餐饮家具经过空间尺度、数量、位置以及风格等多方因素的考量和布置，不仅为顾客提供了就座的便利，还影响着顾客对整个用餐环境的感受度。餐饮家具主要包括餐桌、餐椅、卡座、沙发、酒柜、宝宝椅、垃圾柜等。根据不同的行业分类，还可以分为中餐厅家具、西餐厅家具、咖啡厅家具、茶艺馆家具、快餐厅家具、饭店餐桌椅等。

一、餐饮家具发展史

（一）中国餐饮家具发展史

中国餐饮家具的发展与中国家具整体的发展紧密相关，同时也受不同时期人们生活方式、文化背景等因素的影响（图5-1）。

1. 起源与雏形（夏—商周）

中国家具起源于夏朝，在商周时期，随着人类脱离洞穴生活，进入青铜文明时期，出现了一些具有家具基本形象的物品。例如“俎”，它是一种专门用来屠宰牲畜的案子，也可放置宰杀完的祭品，可看作桌案类餐饮家具的雏形；“禁”是放酒器的台子，与餐饮活动中的酒具摆放相关。此外，商代已出现比较成熟的髹漆技术，并运用到床、案类家具的装饰上，这为餐饮家具后续的发展奠定了一定的工艺基础。

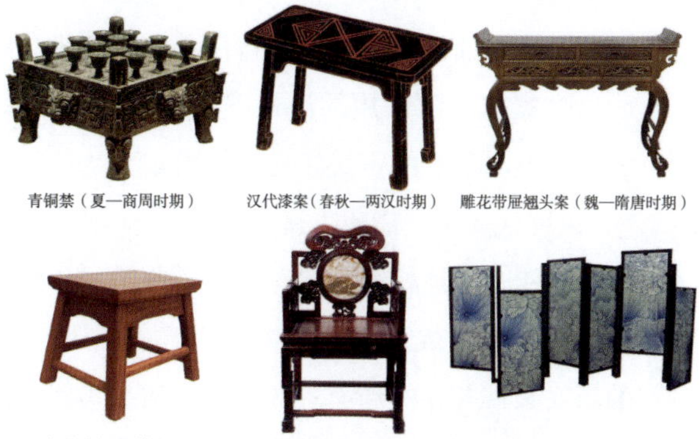
青铜禁（夏—商周时期）　汉代漆案（春秋—两汉时期）　雕花带屉翘头案（魏—隋唐时期）
方凳（宋元时期）　太师椅（明—清时期）　中式折叠花屏（20世纪初至今）

图5-1　中国主要古典餐饮家具

2. 初步发展（春秋—两汉）

春秋、战国时期，社会向封建

社会过渡，木材加工技术因冶金技术进步而得到突飞猛进的发展，出现了丰富的加工器械和工具，如铁制的锯、斧、钻等，相传锯子就是由鲁班发明的，这大大促进了家具的发展。当时主要的家具品种有几、案、椅、墩等，人们的生活习惯是坐、跪于地上，所以几、案都比较低矮。床的出现使人类生活水平向前迈进一大步，屏风也起到分割空间、美化环境的作用。秦汉时期，在继承战国漆饰的基础上，漆木家具进入全盛时期，不仅数量大、种类多，而且装饰工艺也有较大发展。此时人们起居仍是席地而坐（跪坐）或盘膝而坐，垂足坐始见萌生尚未普及，软垫也开始出现。西汉时，由印度传入榻（榻凳），说明床的高度有所增高，而胡床的传入也为坐姿的改变埋下伏笔。这一时期，餐饮家具仍以低矮的几、案为主，它们主要用于放置食物和餐具。

3. 高型家具兴起（魏—隋唐五代）

魏、晋、南北朝时期，高形家具开始出现，新出现的家具有扶手椅、方凳、圆案、长杌、橱等，还有笥、簏（箱）等竹藤家具。到唐朝，人们的生活方式发生变革，开始坐高，双足悬起，高的桌、椅、凳等已被人使用，中国垂足家具逐渐兴起。隋唐及五代是高形家具的盛典时期，高矮形家具并存发展，餐饮家具也随着整体家具的发展趋势，高型的桌、椅等逐渐成为主流，人们的用餐方式也从席地而坐逐渐转变为垂足而坐。

4. 成熟与多样化（宋—元）

宋代是中国家具承前启后的重要发展时期，出现了中国最早的组合家具——燕几。此时高矮形家具较多且繁杂，垂足家具完全取代席地家具，制作工艺也基本成熟，各种配合高坐的餐饮家具应运而生，如高桌、高椅、高凳等，满足了人们不同的用餐需求。元代在宋代的基础上继续发展，餐饮家具在样式和功能上进一步丰富。

5. 鼎盛时期（明—清）

明清时期是中国家具的鼎盛时期，明代随着工具、工艺、材质不断地发展与成熟，手工业进一步发展，家具成了流通的商品，许多文人雅士参与了室内设计和家具造型研究，促成了明代家具的发展。明代餐饮家具造型简洁、结构合理、线条流畅，注重材质本身的质感和纹理，体现出秀丽实用的淳朴气质。清代家具虽在工艺上趋于繁复，但明清家具仍是中国家具中最具影响力的代表。其主要特征是造型庄重，雕饰繁重，体量宽大，气度宏伟，脱离了宋、明以来家具秀丽实用的淳朴气质。清代餐饮家具在制作工艺上更加精湛，装饰更加华丽，满足了不同阶层的审美和使用需求。

6. 近现代变革（20世纪初至今）

20世纪初，各地相继办起家具手工业工厂，至1920年，全国木器工厂和作坊以及手工艺者已遍布各地，形成了一支浩大的手工业队伍，家具生产出现了中国传统家具与“西式中做”的新式家具并存的局面。20世纪三四十年代，随着西方各种设计思潮的交流与传播，中国近代家具在沿海的一些大城市呈现出复杂的变化。此后，中国餐饮家具不断吸收西方设计理念和制造技术，在材质、款式、功能等方面都有了巨大的创新和发展，更加注重舒适性、实用性和个性化，以适应现代人们多样化的餐饮需求和生活方式。

随着民族自信心的增强，新中式家具再次受到重视。现代中式家具融合现代设计理念，散发出浓厚的文化气息，更加符合现代人的居住习惯和审美需求。在实用性与舒适度方面，考虑到人体工程学原理，使家具更加舒适实用；也不再局限于传统的木质材料，而是加入了玻璃、钢材、塑料等新材料；设计风格在保持传统韵味的同时，线条更为简洁流畅，增加了现代感。随着人们对传统文化的重视加深，现代中式家具逐渐成为主流生活方式的一部分，更加注重个性化设计和文化内涵。

（二）西方餐饮家具发展史

1. 古代时期（图5-2）

（1）古埃及（公元前2686年—公元前2181年）　古埃及家具是西方家具发展的起源，距今有4000多年历史。当时埃及地处沙漠地区，木材匮乏，需进口大量珍贵木材，主要用材是杉木，其次是黑檀木。家具造型严谨工整，脚部采用模仿牛蹄、狮爪等兽腿形式的雕刻装饰，表面经过油漆和彩绘，或用彩釉陶片、石片、螺钿和象牙作镶嵌装饰，纹样以植物和几何图案为主。其装饰与使用者社会地位有关，地位越高装饰性越强，如柜子和珍宝箱多以色彩明快的几何图形装饰，部分镶饰蓝白二色的彩色瓷片和质地不珍贵的石片；装饰华美的椅子镶嵌象牙或珍珠母。古埃及时期金木技术高超，最擅长贴金箔技术。

（2）古西亚（公元前1000年—公元前610年）　古西亚位于两河流域，当时家具主要装饰方法是浮雕和镶嵌，家具脚部底端出现倒松塔形装饰，不少专家认为这证明当时已有旋木工艺。家具坐垫常有丝穗装饰，装饰图案华丽，显示古代亚述人更追求物质享受。亚述统治者有斜躺着用餐的习惯，这种生活方式被后来的希腊人和罗马人继承。

（3）古希腊（公元前5世纪—公元前2世纪）　古希腊家具受自然环境、建筑和瓶画影响。希腊人注重各类艺术风格的比例和谐，虔诚崇拜神明，建筑以神庙为主，形成了柱式结构体系。瓶画体现了较高艺术成就，这些都对家具风格产生了影响。

（4）古罗马（公元前2世纪—公元5世纪）　古罗马家具大多由古希腊古典家具演化而来，风格厚重、大气。其材料多为木材、金属和石材，木制家具常采用名贵木材和金属进行贴面保护与装饰镶嵌。装饰技巧有雕刻、镶嵌、绘画、镀金、贴薄木片和油漆等，圆雕常见带翼状人、狮子、胜利女神等造型，显示出坚厚凝重的男性

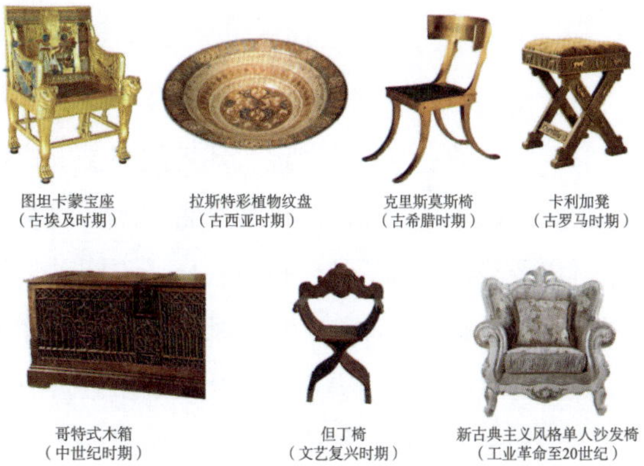

图5-2　西方古代时期主要餐饮家具

化风格，也是罗马帝国强盛的预示。

（5）中世纪时期（从西罗马帝国灭亡到文艺复兴前期） 中世纪是封建社会形成、巩固并达到繁荣的时期，基督教精神在社会生活和意识形态中占统治地位。欧洲中世纪文化艺术融合了东方文化、古希腊罗马文化和北方民族文化。在餐饮方面，由于天主教规定禁食日，素食发展，封建阶层差异导致贵族食物丰富，农民和低层次人群面临粮食短缺。但关于这一时期餐饮家具的具体特征，搜索资料未详细提及，不过可以推测受整体文化和阶层差异影响，贵族与平民的餐饮家具在材质、工艺和装饰上会有较大差距。

（6）文艺复兴时期 由于大航海时代开启，欧洲与其他地区开展了广泛贸易和文化交流，新食材、调味品和烹调技术被引入。在餐饮文化转变的背景下，虽然搜索资料未明确提及餐饮家具变化，但可以合理推测，随着人们对餐饮体验要求提高，餐饮家具可能在设计上更加注重装饰性和创意性，与当时注重菜肴装饰性和创意性的潮流相呼应，同时新的材料和工艺也可能应用到家具制作中。

2．近现代时期

（1）工业革命至20世纪 随着工业革命、科技进步和全球化进程加快，西方餐饮进入多元化和国际化时代。这一时期西餐餐具发展迅速，材料和工艺不断更新，从使用更高质量的瓷器、玻璃，到不锈钢和塑料等，且可根据不同需求定制。餐饮家具也会受到影响，工业化生产使家具类型增多、功能更丰富，材质更加多元，从单纯自然材料发展到多元复杂材料，制作从手工单件制走向机械化成批生产，风格逐渐从古典精美豪华向简洁舒适转变。

（2）现代 现代西方餐饮业呈现多元化和国际化特点，餐饮家具也紧跟时代步伐。一方面保留传统风格元素，以满足对经典文化有需求的消费者；另一方面不断创新，结合现代科技和环保理念，使用新型材料，设计更加人性化、个性化，以适应不同消费场景和消费者需求。

二、餐饮家具的选择

现代餐饮家具主要包括餐桌、餐椅、卡座、沙发、酒柜、贝贝椅、垃圾柜等，有木、藤、竹、金属、石、陶、瓷、塑料及各种软塑等多种材质。餐饮家具的选择没有固定的标准，它受特定的室内空间条件、环境氛围要求、经济成本因素等多方面的影响和制约。

第一，确定餐厅概念，再选择餐饮家具。餐厅概念由品牌形象、顾客需求、人流量、环境氛围以及经营目标等综合指标构成。不同种类的餐厅其功能和目标设定也各不相同，餐饮家具的定位也就随之改变。如以外卖为主的餐厅可以采用更简约的布置方法，不需要过于注重家具的舒适度；不适合举办宴会或大型聚会的餐饮企业，则需考虑购买较大的桌子以容纳更多人；而适合休闲、约会、上网、倾谈的小型餐饮店，一般设置为新潮又浪漫的基调，选择大量可容纳两人的桌子更为应景。

第二，餐饮家具是随着餐饮业的发展而显化出来的，其在功能上越来越表现出专用性。如家庭内的家具，抽屉一般占有重要比例，这是为了有条理地对物品进行分类整理，但餐饮家具的抽屉通常不必太多，因为餐厅对抽屉的使用概率极低，不但容易藏污纳垢，更重要的是容易遗落物品。在烹饪美学层面，餐饮家具的造型、色彩、图案都应与餐饮环境乃至建筑风格相一致，并在注重功能的前提下，体现艺术装饰效果和文化底蕴。如原木餐桌椅充满自然淳朴的气息，适合田园风格的餐厅；钢管家具线条优雅且具有时代感，适合工业风餐厅；高档深色硬包镶边家具显得风格典雅、气韵深沉，适合中高档西餐厅配置。

第三，从整体造型来说，餐饮家具与常规家具也有差异，为使餐厅给人开阔、舒展的视觉空间，现在的餐饮家具的高度一般需在视平线以下。因此，一些被称为“纯饭店”的家具不应该被忽略。餐饮家具的尺寸需要根据实际需求考虑清楚，大空间通常用大尺度的家具，反之亦然，使餐饮家具与室内环境浑然一体，最大程度地适配当前摆放的空间。如果处理不当，大空间会显得空旷冷清，小空间则会给人以拥塞窒息之感。如果餐厅面积有限，可以选择可折叠的餐桌椅以节省空间。餐桌的形状对家居的氛围有一定的影响，长方形的餐桌适用于较大型的聚会，圆形餐桌则更显民主气氛，不规则桌面的餐桌更适合两人使用。

第四，餐饮家具相对投资较大，不可能像一般物品那样经常更换，所以其通用性就是在选择家具时重点考量的方面。这里有两层含义，一是要求家具简洁大方、适配度高，更多地适用于多种风格，尽量满足餐饮活动中不同设计的需要；二是要求家具的材质在结实稳重、美观耐用的基本前提下，不要过于笨重，尽量便于搬运和挪动，以满足餐饮活动中的不同用途和空间组织的需要。如在餐厅陈设中，为了提升空间利用率，满足多种实用功能的要求，常常用家具来分隔空间，使之形成自由多变的层次，产生一定形式的秩序感和节奏感。

第五，餐饮家具的清洁及安全性问题也是选择的要素之一。餐饮家具与顾客的接触密切，如椅背、椅把、桌角等，容易产生并残留污垢，所以必须考虑餐饮家具是否便于清洁的问题。如非必要，应尽量避免选择那些造型复杂、装饰烦琐、多凹线脚的家具；还要注意的是，因餐饮家具使用频繁，磕磕碰碰在所难免，在选择餐饮家具时，应尽量选择线角处理圆润、光滑的款式，这样不但可以保证安全性，也可以适当降低餐饮家具的磨损率和维修率。

第三节 餐饮照明艺术

一、餐饮照明的作用

餐饮业的经营发展与照明设备及其照明艺术是密切相关的。首先是餐饮企业选址时必须考虑的采光效果，其次在餐饮活动运作中，必须顾及人工照明的设置和色彩光感的营造。餐饮空间中的照明艺术不仅涉及功能性的考量，更是通过艺术化的手段提升顾客体验的关键因素之一。餐饮照明艺术以实用性为基础，装饰性为主旨，可以通过改变光的强度、照度、显色性和色温等特性，为顾客营造出和谐美感的就餐环境。

1. 保证室内餐饮活动的正常进行

照明最基本的功能是为各种活动场所提供需要的亮度。人们需要在适当的亮度下，进行各种餐饮活动，以发挥最大的效率。对餐饮各项工作和服务要求提高照明质量，提供必要的视觉舒适，保证了餐饮企业的正常运作和经营，同时也保证了顾客在舒适的照明环境中享用美食。

2. 改善空间关系，增强空间感染力

通过对照明系统的合理选择、灯光设计与空间功能的匹配、灯光色彩与空间氛围的营造，以及灯光层次与空间深度的构建，可以有效地优化餐饮空间关系，创造出既美观又实用的空间环境。光线的强弱、光的颜色以及投照方式，可以明显地影响空间感染力。明亮的灯光会显得空间大一些，暗淡的灯光会感觉空间小一些。餐饮室内照明可以使空间变得有虚有实，增加层次感。如使用散光型射灯和紫蓝光的暗藏灯带可以轻松区分不同风格的区域；创新的吊灯设计不仅能提供照明，还能成为视觉焦点；壁灯和其他照明灯具的配合使用，能够增强空间层次感等。

3. 渲染环境气氛，影响人的心理感应

灯具的形式、亮度和彩度，是决定餐饮环境气氛的主要因素，并能使顾客产生一定的心理感应，影响情绪。亮度适当的光线使餐厅氛围轻松、自然，给人以恬静、安全之感；而昏暗的光线，则增加了餐厅环境的私密度，给人柔和、浪漫、温馨的感觉。高挂于门厅、餐厅的水晶吊灯显得富丽堂皇、高雅大气；旋转变化的彩灯则使空间生动活泼，且扑朔迷离，增添了喜庆、欢乐的气氛。

4. 体现风格与地方特点

餐饮空间所用灯具的样式如能巧妙地和餐饮家具乃至整个餐厅的环境氛围协调一致，就可以更好地体现餐厅的总体风格与地方特点。如新古典中式餐厅安装同系列的壁灯、台灯，保持中式风格的严谨和整体性，高贵典雅之余不失中庸大度，给人恬淡舒适的感觉；韩式风格餐厅则适宜选择符合整体温馨浪漫感觉的灯具，设计造型梦幻，色调温馨轻柔，常用白色、粉色、粉紫色等女性化颜色，以及轻纱、碎花等灯具装饰元素。

5. 对食物的美感和温度的影响

照明灯具对食物美感的影响主要体现在色温和显色指数两个方面。色温的选择对于食物的呈现至关重要。在餐饮空间中，选择适当的色温有助于增强食物的吸引力。通常，餐厅使用暖色温（3000～3500K）的灯光能够营造出温馨舒适的氛围，突出食物的颜色，进而刺激味蕾，让食物看起来更加诱人；显色指数（Ra）是指光源对物体真实颜色的呈现能力。较高的显色指数能够更好地还原食物的色彩，使食物看起来更加鲜美诱人。显色指数不低于80

的灯具被认为能够较好地还原食物的原色，从而增加食客的食欲。另外，食物保温灯是一种实用的工具，能够有效保持食物的温度，适用于自助餐等多种场合。

二、照明方式和灯具

（一）照明方式

照明方式包括一般照明、局部照明、混合照明三种类型。高档餐厅常采用混合照明方式，即结合一般照明和局部照明，为顾客创造专属的光照空间。不同的照明方式能够为餐厅带来不同的氛围体验。

1．一般照明

一般照明即基础照明，是餐饮空间最基本的照明方式。灯具均匀分布在顶棚上，在各工作面上的照明度均衡，空间任何地方的光线都很充足，使整体空间显得宽敞、明亮，大厅、餐厅、厨房操作间等均采用此种照明方式。当然，由于空间性质和风格的不同，整体照明度的需求和设计也就有所不同。现代的设计师倾向于使用隐蔽式的基础照明技术，如“发光顶棚”，即把基础光源隐藏于装饰性吊顶中或光槽之内，以增加空间光环境的层次感，这样既能节省空间和装修成本，又能营造出更加完美的就餐氛围。另外，有特色的吊灯也是基础照明的理想选择之一，它不仅提供必要的照明，还能提升餐厅的档次和品位。

2．局部照明

局部照明即重点照明，在餐饮空间中的应用十分广泛，仅在工作需要的地方布置光源；或在特殊的场景装饰处提供集中光源。对场所里的对象进行重点投光，以增强目击对象的关注度，但具体亮度需与基础照明配合。如在餐厅包间中，可以使用一盏优雅的落地灯来照亮餐椅和角落，或者在墙壁上安装壁灯，为用餐者提供温馨的背景光；在酒吧或咖啡馆中，可以在墙壁上安装可调节角度的射灯，以突出展示酒瓶或咖啡机等装饰元素；在设计桌面照明时，应考虑到光线的照度和色温，以达到既能看清食物颜色和质感，又能营造舒适氛围的效果。例如，可以使用可调节亮度的桌灯或嵌入式LED照明，以提供适当的照度和舒适的色温。

3．混合照明

混合照明在现代餐饮室内设计中应用最为普遍。混合照明即一般照明和局部照明的组合应用，在整体基础上加强局部照明。在基础照明不足时，可以通过创意十足的墙面照明来补救，从而丰富就餐环境的层次感。当前还流行使用嵌入式LED灯带或者墙面投影等新颖的手法来增加墙面的效果。混合照明经常通过明暗对比和虚实结合的方式，在不使用物理隔断的情况下，使用灯光来划分不同的功能区域，还可以将高色温的一般照明与低色温的局部照明搭配使用，以创造舒适温馨的环境。

（二）照明种类

灯具的散光方式是指灯具将光源发出的光按照一定的方式进行分散，以达到不同的照明效果。具体分为以下几种方式（图5-3）。

图5-3 灯具的散光方式

1. 直接照明

直接照明是指光源的全部或90%以上直接投射到被照物体上。这种照明方式的特点是亮度大，给人以明亮、紧凑的感觉。但是，由于直接外露，它易产生眩光与阴影，不适合与视线直接接触。裸露装设的荧光灯和白炽灯属于此类，灯泡上部有不透明灯罩、灯光向下直射到工作面的台灯等也属此类，宜用于公共厅堂或无需局部照明的场所。

2. 半直接照明

半直接照明是光源中的60%～90%直接投射到被照物体上，而有10%～40%经过反射后再投射到被照物体上。灯具开口通常上窄下宽，光线不刺眼，这种照明方式在餐厅、商场和居室中经常采用。

3. 半间接照明

半间接照明是光源60%以上的光先照到墙上或顶棚上，只有10%～40%的光被反射到被照物体上。各种泛光灯就属于此类照明。

4. 间接照明

间接照明是光源90%以上的光先照到墙上或顶棚上，再反射到被照物体上。这种照明方式的光量弱，光线柔和，无眩光和明显阴影，具有安详、平和的气氛。灯罩朝上开口的吊灯、壁灯等属于此类，一般的槽灯或暗设的檐板灯都属于间接照明。适用于西餐厅、咖啡厅等场所的照明。

5. 普通散光照明

普通散光照明也叫漫射照明，光源40%～60%的光量直接投射到被照物体上。利用半透明塑料、磨砂玻璃罩、乳白罩或特制的格栅，使光线形成多方向的漫射，其光色较差，但光质柔和，有很好的艺术效果，适用于普通餐厅、格调餐厅和一些厅堂的照明。

宽光束的直接照明和高集光束的下射直接照明，它们是特定场景下的照明方式，分别是直接照明和间接照明的变体。宽光束适用于大面积的照明，而高集光束则适用于需要重点照明的区域。

（三）灯具的形式

灯具的形式多种多样，根据不同的餐饮活动场景和装饰需求，可以选择不同类型的灯具，以达到既舒适又美观的照明效果，餐厅常见的灯具类型如图5-4所示。

图5-4　餐厅常见灯具类型

1. 吸顶灯

吸顶灯是通过固定的方式安装在顶面的一种灯具。它适用于客厅、卧室、厨房、卫生间等处照明。吸顶灯的形式多样，常用的有方罩吸顶灯、圆球吸顶灯、尖扁圆吸顶灯、半圆球吸顶灯、半扁球吸顶灯、小长方罩吸顶灯等。

2. 吊灯

吊灯是最普通的一种灯具，也是运用最广泛的一种。它可以通过吊杆、吊链、吊管、吊灯线来吊装灯具，以达到不同的效果。吊灯适合于客厅照明，其形式繁多，常用的有锥形罩花灯、尖扁罩花灯、束腰罩花灯、五花圆球吊灯、玉兰罩花灯、橄榄吊灯等。

3. 壁灯

壁灯是一种固定在墙面上的一种照明灯具。它适合于卧室、卫生间、过道、阳台照明。常用的有双头玉兰壁灯、双头橄榄壁灯、双头花边壁灯、玉柱壁灯、镜前壁灯等。

4. 落地灯

落地灯常用于局部照明，不追求全面照明，而强调移动的便利，对于角落气氛的营造十分实用。落地灯的采光方式若是直接向下投射，适合阅读等需要精神集中的活动，若是间接照明，可以调整整体的光线变化。落地灯的灯罩下边应离地面1.8米以上。

5. 筒灯

筒灯是嵌装于天花板内部的隐蔽性灯具，所有光线都向下投射，属于直接配光。筒灯不占据空间，可增加空间的柔和气氛，如果想营造温馨的感觉，可试着装设多盏筒灯，减轻空间压迫感。筒灯一般装设在餐厅包间、客厅、卫生间的周边天棚上。

6. 聚光灯

聚光灯内部都设有聚光的设备，把光线投射在一定的范围内，为了能够让被照射物体得到充足的照明。聚光灯一般用于突出的展示或重点照明，例如酒柜内可以使用聚光灯，墙面上的挂画也完全可以考虑使用聚光灯。

7. 洗墙灯

洗墙灯一般指用于投射在墙上的光源，墙壁上会形成光晕效果。除了用于建筑外部照明或招牌照明外，许多设计师现在也使用洗墙灯在室内创造不同的照明环境。

8. 嵌灯

嵌灯是指嵌入式灯带，它是隐藏在吊顶内的一种照明。嵌入式灯带可以是无频闪的高品质灯带，这种照明方式使空间简洁大方，且便于清洁，尤其适用于餐厅包间。

9. 桌灯

桌灯主要用在沙发旁的桌面，餐边柜桌面上放置桌灯，能够局部地为空间照亮并提供满满的氛围感。

10. 暖食灯

在餐厅环境中，暖食灯是一种专门用于保温食物的设备，它可以保持食物的温度，使食物看起来更加诱人，同时也能提供一定的装饰效果。餐厅暖食灯通过其独特的光照效果和心理作用，不仅能够提升顾客的用餐体验，还能够在一定程度上刺激食欲，增加顾客的分享意愿，进而对餐厅的经营产生积极的影响。

三、餐饮照明设计原则

餐饮空间照明设计在餐饮氛围设计中占据很大比重，有其相对独立的意义。根据餐饮活动的特点和要求，餐饮空间照明设计需遵循以下几个基本原则。

1. 实用性

无论何种照明方式，都要配合餐饮活动的性质，照明的光源亮度、光色、光质，还有采光角度、采光距离以及采光方向等，都需要结合整体餐饮氛围设计综合考虑。即首先考虑的是照明的基本诉求，了解灯具的构造和基本特性，使之满足顾客的人体舒适度。

2. 艺术性

指照明设计要有助于空间气氛的表现，灯具的选型要与整个餐饮环境的风格相协调；规格大小、比例尺度与餐饮环境的空间要相配，并与餐厅风格相一致，又能够展现丰富的空间层次，精心推敲，综合搭配，合理显示出餐桌台面、陈设轮廓以及其他餐饮活动区域的氛围和情调，增强餐饮环境的艺术感染力，使人在心理上有更高层面的愉悦感受。

3. 安全性

主要是基于用电的安全考虑。一般情况下，线路、开关、灯具的设置，都需要配置可靠的安全措施，并有专人管理，定期检查和维护；灯具要选择正规厂家的合格产品，电路和配电方式也要符合安全标准，不允许超载；在危险的地方设置明显的标志，以防漏电、短路甚至导致火灾事故。

第四节 餐饮陈设布置

一、餐饮陈设的作用

餐饮陈设是餐饮氛围设计中的生活道具和精神食粮。根据陈设物品功能的不同，将其分为实用性陈设物品（灯具、电器、餐具、窗帘、沙发、酒柜、书籍、炊具、餐具）和装饰性陈设物品（艺术品、工艺品、纪念品、收藏品、观赏性动植物）。实用性陈设物品因其兼具使用功能和观赏价值，被广泛采用，这些物品通常决定了餐饮环境氛围中物质层面的质量。装饰餐饮空间的方法有很多，可以根据个人喜好和餐桌的具体情况来选择合适的装饰风格和元素。

无论选择哪种装饰方式，餐饮陈设均需满足顾客的文化、审美、修养、习惯等各方面需求，注意其美观性、实用性和变更性的平衡，综合考虑物品的稳定度、安全系数和是否易清洁等因素，确保其既能够美化用餐空间，又不会影响实际的用餐体验。餐饮陈设在室内装饰中不仅能够创造独特的视觉体验，还能深刻影响顾客的情感共鸣，进而促进餐饮空间的文化内涵与商业价值的双重提升。

1. 表达意境、营造氛围

通过精心布置的陈设品，如工艺品、书画作品等，营造特定的情调与氛围，给予顾客独特的烹饪美学体验和身临其境之感。如唐廊餐厅（工体店）的装修风格融合了现代与传统的元素，一楼为散座和咖啡酒吧，二楼则是包间和多功能厅。内部设计包括屏风、大花瓶、鱼池、红白色纱帘等，创造出一种梦回唐朝的独特氛围。挑高的空间、巨型水晶吊灯和仿敦煌壁画等元素共同营造出既复古又不失现代感的空间体验。

2. 展现风格、提升美感

不同的餐饮陈设内容和组合形式可以表现出不同的室内风格。通过餐饮陈设可以充分体现餐厅的民俗、民族文化或地方传统特色等文化内涵，借助工艺品、挂画、书法、陶瓷等陈设品传达深层次的文化背景和设计理念。如星巴克咖啡店内的标价牌使用简单木板作为标价牌，保持了咖啡的传统风格。标价牌的颜色、文字等设计均采用不同深浅的咖啡色，为顾客提供了一流的烹饪视觉美感。木制圆台形货架用于展示星巴克自家品牌的咖啡豆、咖啡杯等商品，以展现品牌的文化专业性和提升消费者的信任度。

3．体现个性、强化主题

在特色餐厅中，陈设的内容和形式能够反映出经营者或设计师的性格特征、职业背景、兴趣爱好以及艺术修养等。如丹麦比隆市的乐高之家，游客可以享受到一个由机器人经营的独特餐厅体验。这家餐厅的设计灵感来源于乐高的工厂，其亮点在于名为“迷你大厨”的餐厅。顾客需要使用乐高积木来搭建自己的餐点订单，随后将积木放入一个专门的装置中，完成点餐过程。这一过程充满趣味性和互动性，深受小朋友的喜爱。此外，食物会被装在乐高风格的便当盒中，通过螺旋传送带从厨房送到楼下，由机器人服务员递送给顾客。

二、餐饮陈设品的类别

从陈列背景的角度来说，室内任何空间都可以加以利用，遵循餐饮陈设品选择必须具备的基本因素，最常采用的基本陈设一般有以下几个类别。

1．墙面装饰（图5-5）

在餐厅墙面上挂上适当的装饰品，如壁挂、字画、瓷器等，可以增加餐厅的艺术气息和文化氛围。在大多数情况下，绘画作品是餐厅常用的墙面陈设品。目前市场上的装饰画品种繁多，常见的有油画、水彩画、动感画、烙画、镶嵌画、摄影画、挂毯画、丙烯画、铜版画、玻璃画、竹编画、抽纱画、剪纸画、木板画、绳结画、磨漆画乃至墙面绿植、屏风画，还有黑板画、贴纸画等自由涂鸦的手工作品，可供选择的内容和形式多样：有中式有西式，可现代可复古，有淡雅有浓烈，可风景可人物，有深刻有浪漫，可现实可抽象。

现今餐厅的墙面装饰，在经营者的奇思妙想下屡出奇招，如墙面贴满旧报纸体现满满年代感的怀旧情怀；墙面贴满表达顾客的美好愿景或餐厅印象的手写便利贴的同时，低调展现了顾客盈门的情境；整面墙铺满乐高玩具，可以在享用美食的空隙，给大小朋友一个满足的休闲体验；墙面贴镂空屏风，给人以充满遐想的优雅古朴的中式古典格调，且能够增加整个餐厅的通透感和空间感；墙面挂风干或仿真的玉米、辣椒、大蒜等农副产品或簸箕、斗笠、渔网等农具，体现出浓浓的农家风情；时尚小店摆满墙的动漫玩偶，给年轻人的代入感和冲击力极强；由超大屏幕或整面墙做成的电子显示屏播放餐饮企业的商业输出是现今高档饭店出现的新方式，极具高科技张

图5-5 墙面装饰

力；大幅墙面画着经营理念或菜单的黑板画或贴纸画，不但成本低廉，且可以根据餐厅经营情况随时变化内容，充满人性化和现代感。

餐厅墙面装饰的悬挂方法有：常规的是垂直并紧贴墙面悬挂的，也有与墙面形成15~20度的俯角，以适应人眼睛的观赏角度，既可避免画面反光，又增加了墙面的变化；墙面装饰的布置也有多种方式：一般取人的最佳观赏视域，这个视域与普通人的身高、画面大小和观赏最佳距离都有关系，还要考虑一个墙面多幅装饰画的布局应与餐厅的整体风格和内涵表达相匹配。特别地，也有将墙面画直接摆放于地面的展示方式，给顾客带来轻松、个性的新鲜感。

2. 帘幔（图5-6）

通常情况下，帘幔长度长于窗台20～30厘米为宜，以免被风吹起，露出窗框。若两扇窗相隔很近，就用两块窗帘将窗连成一个整体。选用窗帘时则要离地一寸左右。宽度可按窗口宽度乘以1.5～2的比例制成。

除帘幔的颜色、图案要与餐厅整体氛围一致以外，帘幔的材质选择尤为关键：其中丝绒、缎料、提花织物以及有花边的，容易带给人豪华、优美的感觉，可以搭配美式风格、古典风格。民族蜡染、珠帘等特殊材料制作的帘幔适合民族风或特色主题餐厅；方格布、土布、竹帘等相对低调朴实，能够塑造静谧、舒适的空间基调，更适合怀旧或田园装修风格；棉、麻为材料清洗方便，也容易更换，则适合简约、温馨、文艺感的餐饮氛围。

此外，餐厅的帘幔因其在餐饮场所的特殊性，要求要有良好的防火性能，以保障安全；且尽量选择耐灰尘、抑霉菌、抗油污、可清洗的材质，并注意清洁和更换，以最大限度地保证餐饮环境卫生。否则，餐饮环境中的帘幔非但不能起到提升装饰美感的作用，反倒会给整个就餐环境造成重大的负面影响。

3. 桌面陈设（图5-7）

餐桌的陈设布置，在欧美各国较为考究和严格，它不仅是通过精美的餐具求得舒适高雅的享受，更以巧妙的摆设来加强用餐的愉悦气氛。相比之下，中式餐桌的陈设布置较为简单，但随着世界文化的不断融合，人们对烹饪审美的要求逐年提高，也开始对餐桌陈设的作

图5-6 帘幔

图5-7 桌面陈设

用重视起来了。桌面陈设主要包括实用摆件和装饰摆件，可以是不锈钢、玻璃钢、树脂、陶瓷、水晶、艺术漆、特殊油漆等各种材质。摆件的造型有瓶、炉、壶、如意、花卉、人物、瑞兽、山水、玉盒、鼎、笔筒、茶具等。

桌面陈设的摆放基础是：餐具摆放整齐，位置合理；并选用高质量且透明度好的玻璃制成的杯具，要与桌面摆设相协调，不同类型的酒对应不同酒杯，并保持清洁干燥；通常选用白色或浅色系列的桌布，在很多西餐场合使用搭配合理的桌旗、餐巾等，营造优雅高贵的氛围，考虑与餐具和玻璃器皿的协调性，并根据盘子和玻璃杯口径大小选择合适的尺寸，避免颜色搭配过于花哨或夸张。

桌面陈设不仅要求和桌面餐具、桌布乃至整个餐饮环境搭配得当、比例均衡、稳定有序，还应注意实用性摆件切忌繁杂，并放在使用方便的位置，而纯属装饰性的陈设要数量适当，且放在不妨碍活动的地方；摆件的精致度和清洁度也要达到要求，忌讳有细节破损、零件松散的状况发生，表面也不能有灰尘、水渍、锈迹或霉斑等；由于摆件过重或长期放置导致的桌面印痕也应注意避免或消除；如果是鲜花、鸟笼等有生命的陈设，则应随时关注其鲜活度。否则，桌面陈设的作用会适得其反，弄巧成拙。

4. 橱架陈设（图5-8）

橱架陈设是一种具有储藏作用的陈列方式，适宜单独或综合地陈列数量较多的酒具、杯碟等器皿，也适宜存放书籍、工艺品、纪念品、玩具、名酒甚至古董等各色物品。橱架有壁架、隔墙式壁架、陈列式橱架三种。中格层的分割方式决定着橱架的总体样式，由于摆放目的的不同，可分为排列分割和自由分割两种。排列分割可使物品摆放整齐有序，自由分割则使物体摆放呈现出活泼变化的风格。

图5-8 橱架陈设

橱架因其功能和作用，选择时应弱化其本身的色彩、造型。结构单纯、变化不多、设计清简、陈置有序的橱柜会给整个餐饮空间增添高贵典雅的氛围，橱架中的器物通常应注意分类摆放，收纳整洁，且有一定的平衡感和韵律美。另外，开放式橱架应注意定期的卫生清洁以及安全性问题，封闭式橱架则要注意柜内物品通风防潮。

5. 地面、吊顶陈设（图5-9）

图5-9 地面、吊顶陈设

餐厅地面应选用易清洁、防滑、防火、抗污染和耐磨损的材料，如瓷砖、地板木纹砖、石材、混凝土、地板油漆和地毯等。通常利用铺设不同走向的软装、吊顶以及陈设等来区分空间，增强餐厅整体美感。其中，地面上的陈设包括屏风、隔断、落地灯、绿植等；地面陈设应主要注意防倾倒的问题，在此前提下，选择实用性和装饰性兼具的物品；吊顶及陈设指除了灯具以外的装饰性物品，如拉花、气球、垂幔、大幅广告甚至模拟星空等，这与整体餐厅风格和季节、时间节点的变化有关。吊顶陈设主要应该注意防掉落和防灰尘两个方面。

6．绿植（图5-10）

餐厅的绿植、花草能调节心理、美化环境，激发人的食欲；柔化空间，营造良好的就餐氛围，净化空间，让人感受被大自然环绕的美妙，为餐厅的整体氛围增添活泼生动的创意。

用于桌面造型的插花可以选择三种类型，一是雅致插花：餐桌的瓶插花不宜复杂，造型要考虑围坐人的视角；二是装饰盆花：选用低矮、密集的植物，如非洲紫罗兰、仙客来、风信子、金盏菊、秋海棠等，要保持盆与花土的卫生，花盆材质可选紫砂；三是情趣桌花：用植物的花果枝叶、菖蒲、奇石等在好看的盘或碗中做造型。用于桌面装饰的绿植不宜繁杂，高度以不超过30厘米为宜，可按照不同季节更替餐桌上的花卉品种，且尽量避免有浓烈的气味，以免影响人的食欲。

另外，一些高档餐厅一般将大型插花摆放在厅堂中央、总服务台、大堂办理处、客人休息处等地。插花体量大，数量多，造型丰富，结构严谨，对称均衡，与大厅整体设计风格相协调，装饰色调相吻合，给人以高雅大气、精致华美的视觉效果。花器的选择应与插花造型的大小、摆放的位置相匹配。这类大型插花，要特别注意花材的新鲜度和养护，定期更换，以保持良好的观赏效果和持续吸引力。

图5-10　绿植

大型绿植一般放置在餐厅角落或窗边，既能美化环境，又能避免阻挡通道。有时合适的大型绿植也能起到空间隔断、功能分区的灵活作用。摆放大型绿植不仅可以美化餐厅环境，净化空气，为顾客营造一个舒适愉悦的用餐氛围，还关乎风水，带有美好的寓意。如发财树、幸福树、龟背竹、天堂鸟、千年木、虎皮兰、金钻、鸿运当头、金钱树、大叶榕、橡皮树等。大型绿植应及时修剪，并注意光线、温度、湿度对其生长的影响。

7．提示性陈设（图5-11）

图5-11　提示性陈设

提示性陈设是正常餐厅在经营活动中必不可少的一环。这些人性化的提示主要包括对顾客的关心和对环境的保护两个方面。其中包括：

（1）安全提示　如餐厅走道可能会有地滑等安全隐患，因此会设置“地滑请小心”等提示语，提醒顾客注意安全。

（2）环保提示　餐厅卫生间内可能会设有“节约用水”“请将垃圾丢到这里”等提示语，旨在培养顾客的环保意识和行为。

（3）人文关怀　餐厅还会考虑到顾客的人身财产安全，设置“谨慎扫码，小心诈骗”等提示语。

（4）生态保护　餐厅内可能会有“和我说说话就好，请不要投喂我”等提示语，旨在提醒顾客爱护店内饲养的动物，避免不当投喂影响其健康。

（5）消防安全　饭店内还会设有“遇到紧急情况，请往这儿走”等方向指示牌和提示语，以确保火灾发生时能够及时疏散。

常见的餐厅人性化提示语，应与整体餐厅环境氛围设置融为一体，做到既能在内容上醒目，又能在风格上统一，它们不仅体现了经营者对顾客的人文关怀，也能从细节上反映出餐厅的审美层次。

三、餐饮陈设品的选择

陈设品的选择和布置是一项颇费心思的工作。由于餐厅室内条件的不同和个人因素的差异等，难以建立固定而有效的模式。除了必须把握个性原则、加强室内环境的精神品质之外，必须兼顾以下几个基本因素。

1. 空间

只有在充分了解空间性质和功能要求的前提下，才能进行符合空间美感要求的室内设计与布置，即空间的陈设要有适中的尺度，能与室内空间相融合，成为室内空间的有机组成部分。特别是主题性的餐饮陈设，除了要摆放位置得当，更要轮廓感突出，且大小、布局和餐饮空间的轮廓比例相符，能够突出餐饮空间主题，使整体设计更加鲜明和具有特色。如餐厅墙面装饰画的尺寸一般控制在50厘米×60厘米，这样的尺寸既能营造出明朗、精美的布局效果，也不会产生强烈的压抑感。在选择装饰画之前，需要事先测量好餐厅墙面的尺寸，以便推算出合适的装饰画大小。

在餐饮空间设计中，陈设品的布置应考虑到空间的转折点和节点。这些位置包括平面的中轴线两侧、平面和立面的起伏处以及空间的过渡处。通过在这些关键位置布置陈设品，可以突出空间的层次感和节奏感，使整个空间更加生动有趣。

2. 风格

风格是选择餐饮陈设品的重要考虑因素，原则上应在统一的基础上寻求细节的和谐。所以陈设品自身的细节处理也至关重要，陈设品设计的手法要细腻精致；作品内在的文化修养也要符合餐厅的风格表达，以此为空间增添亮点。

依据餐厅风格的不同，选择陈设品主要有两种方式：一是选择与室内风格一致的陈设品，属于正统且保险的处理方式，风格一致的陈设品的叠加，可以在融洽中求得适当的加强效果，利于烘托整体的室内氛围。二是非正统的大胆处理方式，可以在戏剧般的矛盾冲突中得到特异、新颖的效果。

风格形成对比关系的陈设物品数量过多，一味把没有内在联系的陈设物品罗列在一起，会引起内涵和形式上的相互冲突，形成混乱的局面。但若控制得好，就会收到出奇制胜、匠心独运的效果。这类餐饮陈设设计要注意控制具有对立性质陈设物品的数量，以及在整个室内空间中的比例；同时控制具有对立性质陈设物品的体积和面积，使其处于有效范围。

3. 形式

陈设物品的形式包含造型、色调、材质三个方面的因素。在风格明确的情况下，陈设物品自身的造型特征是首先要考虑的因素。如已经确定青花瓷瓶为陈设物品，那么它体量的大小高低，线形的曲直，是需要仔细斟酌的；色调是由陈设物品自身装饰性的彩绘和镶嵌呈现的，或是外在灯光投射附着的色泽，陈设物品的色调选择涉及整个餐厅环境的色彩属性，并注意相关的明度、纯度、色相等因素。如在一面非常素净的墙上选用一个或一组同样纯净的木刻墙饰品，其与背景之间的对比效果必然不尽如人意，而采用色彩跳脱一些但造型又不过分夸张的工业画，则有可能打破这种单调的感觉。

材质的选择相对于样式和色调较为复杂。材质直接与材料相关，材料种类繁多，但即使是同一种材料，也可呈现出不同的质地变化。同样一种花岗石加工成斧劈石时粗犷、厚重，加工成凿毛石或火烧板时则粗糙、平淡，而打磨抛光后，却似明镜般光洁照人。因此，餐饮陈设物品材质的选择，就是对物品纹理、质地的选择。陈设物品的质地作用于人们的视觉和触觉，所以选择好陈设物品的材质，利用材质的对比、变化，可以创造出更丰富的室内环境。

第五节 背景音乐设计

餐厅背景音乐设计是餐饮空间设计中的一个重要环节。精心设计的餐厅背景音乐，是餐厅非语言沟通的一种手段，能够传递情感，强化视觉感官内容，它不仅能营造适宜的用餐氛围，还能增强顾客的就餐体验，从而影响顾客的消费行为，提升顾客满意度和餐厅的品牌形象。餐厅背景音乐设计，需要考虑音乐的风格、音量以及与餐厅整体环境和菜品的匹配程度等综合因素。

一、餐厅与音乐

（一）音乐对餐厅的影响

1．营造舒适氛围，增进人际交流

柔和、悠扬的音乐可以使顾客感受到轻松愉快的气氛，有助于他们更好地享受美食过程。此时，音乐起到了调节情绪和心境的作用，使人们更愿意在餐厅内驻足并花费更多时间。适当的音乐不仅可以为顾客提供良好的交谈环境，还能让人们更自然地展开对话和交流。在这种情况下，音乐不仅能够促进顾客之间的社交互动，还无形中增强了餐厅与客户之间的联系与合作关系。

2．提升味觉体验，影响消费行为

音乐在影响人的潜在心理的同时，还影响人的味觉体验。研究表明，高音能加强甜味感受，低音会让人觉得嘴里更苦。因此，适当的背景音乐可以增强顾客对食物的感受。一些轻快、节奏鲜明的音乐可以激发消费者的进食欲望，促使他们在品尝佳肴时更加兴奋。这类音乐往往能够让人们在用餐过程中保持愉悦的心情和提高对食物的口感评价。

3．塑造品牌形象，增强文化内涵

背景音乐可以通过听觉感受加深消费者对品牌的认知，从而实现品牌形象的延伸。通过精心选择符合自身定位的主题音乐或特色曲目，餐厅可以塑造出独特的品牌印象和文化内涵。这种差异化的竞争策略能够帮助餐厅吸引更多的目标客户群体并在市场中脱颖而出。

（二）餐厅音乐的选择原则

1．稳定性

稳定性是背景音乐的关键特点之一。餐厅商业空间使用的背景音乐通常以纯音乐为主，避免有过多且具体的歌词。这样可以使音乐在餐厅这种略显嘈杂的环境中保持流畅，避免成为恼人的噪声。但是，餐厅可以根据一天中的不同时间段和一周中的不同日子设计不同的背景音乐。一般地，在工作日可能会选择较为轻松的音乐，而在周末则可以选择更加热烈的音乐。

2．风格匹配

餐厅的背景音乐应该与餐厅的风格和主要服务对象相匹配。如西餐厅可以选择英文歌曲，而儿童餐厅则可以选择经典的儿童歌曲。背景音乐还应该与餐厅的特色和菜系相呼应。如果餐厅提供中西结合的菜式，那么背景音乐可以融合电子、爵士、中国本土乐器和民间音乐旋律等，来体现文化多元融合的现代感；经营家乡菜的餐馆，则可以播放本土特色音乐、怀旧歌曲或当地戏曲等，来增加餐馆的文化底蕴，唤起消费者浓浓的思乡情愫。

3．音量控制

背景音乐的音量也是一个需要注意的问题。背景音乐的音量不应该太大，以免干扰顾客

的谈话。在不同的时间段和场合可以做更细致的人性化调节，如高档宴席中，顾客用餐前、用餐中和用餐后，背景音乐的音量应该有所不同。餐厅员工需要随时关注现场音乐的音量问题，尤其是在空间不大的餐厅中，顾客对背景音乐的音量会更加敏感和情绪化。因此，餐厅员工需要根据实际情况对音量进行细微调整。

二、餐厅背景音乐应用

（一）西餐厅背景音乐

1. 爵士乐

爵士乐是西餐厅中最常见的背景音乐之一，以其独特的节奏和曲调吸引着人们的注意力，并且能够给人带来放松和愉悦的感觉。如“*Fly Me to the Moon*”“*Summer time*”等经典爵士曲目都非常适合作为西餐厅的背景音乐。

2. 古典音乐

其作品通常具有高雅、庄重的氛围，能够为用餐者带来一种优雅的感觉。如“*Canon in D*”“*Aire on the G String*”等巴赫的作品，以及贝多芬和莫扎特等大师的音乐都是西餐厅中常见的背景音乐。

3. 轻音乐

轻音乐也是西餐厅中常见的背景音乐，包括一些轻柔且优美的流行歌曲。如“*Yesterday*”“*Hotel California*”等经典流行歌曲都非常适合作为西餐厅的背景音乐。

4. 电子琴演奏

在一些高档西餐厅中，还可以听到电子琴演奏。电子琴演奏通常具有轻快、欢快的节奏，能够为用餐者带来一种活力和愉悦的感觉。如“*River Flows in You*”“*Love Story*”等电子琴演奏曲目都非常适合作为西餐厅的背景音乐。

（二）中餐厅背景音乐

中餐厅的背景音乐通常更加热闹和欢快，以适应中餐的热烈氛围。可以选择一些具有中国特色的民乐，如古筝、二胡等乐器演奏的曲目，或者是地方特色戏曲，又或者是经典的中国流行歌曲以及特色的地方宣传歌曲，这样的音乐会让人联想到中国传统文化、地方民俗和当地美食。

（三）快餐店背景音乐

快餐店的背景音乐通常节奏较快，旋律欢快，以提高顾客的用餐速度和效率。可以选择一些流行歌曲或者电子舞曲，如“*Can't Stop the Feeling*”“*Happy*”等热门流行曲目。

（四）咖啡馆背景音乐

咖啡馆的背景音乐通常较为柔和，以营造出一个安静、舒适的环境。可以选择一些轻音乐、新世纪音乐或者古典音乐，如“*Clair de Lune*”“*Adagio for Strings*”等。

三、音乐餐饮的不同形式

1. 音乐餐厅

音乐餐厅是主题餐厅的一种，吸引喜欢音乐的人去餐厅就餐，餐厅中的装饰和设计可以让人有身临其境、置身于音乐世界的感觉。为顾客营造出一种或温馨、或神秘、或怀旧、或热烈的气氛。音乐餐厅工作程序与普通餐厅基本一致，除了佐餐音乐比一般餐厅更精心选择、更有特色之外，装饰、摆件等也往往与音乐相关，如悬挂一些著名乐队的海报，照片，甚至乐器等，有的还会出售一些相关产品。

2. 酒吧

酒吧是提供啤酒、葡萄酒、洋酒、鸡尾酒等的消费场所。Bar多指娱乐休闲类的酒吧，提供现场的乐队或歌手、专业舞蹈团队表演。酒吧也会经常举办派对活动（如节假日派对，单身派对，制服派对等），是人们在工作之余用来消遣和放松的好地方，几个世纪以来，英国人无论是朋友聚会、同事闲聊，还是商人谈生意都会把酒吧作为首选之地。

3. 清吧

清吧又称英式小餐吧，是流行于英伦三岛的一种酒吧形式，指以轻音乐为主、比较安静、没有迪斯科的酒吧，适合谈天说地、朋友沟通感情、喝喝东西聊聊天。相反的说法有很多，如热吧、闹吧等。

餐饮环境设计涉及的范围很广，参与的知识技能很多，包括室内外装修、家具、陈设装饰、环境绿化及背景音乐等。其中的非固定的装饰布置需要不断创新和更新。非固定的装饰布置有：家具的配备、选择和摆放，照明的确定和灯具的布置，帘幔的配置和管理，地毯和各类部件的铺放，室内观赏品的陈设、背景音乐的选择与播放等。餐饮氛围设计须具备很多方面的知识，如色彩、空间以及在生活中尤其是餐饮活动中的地位和作用；家具的发展历史、不同功能和风格家具的特点；照明系统包括采光和灯具选择的风格；织物和各种摆设的性能和装饰效果等，整体包含文化、历史、艺术、宗教等知识内容，环境学、心理学、行为科学、人类工程学、材料学、民俗学等一系列学科也对餐饮氛围设计的综合体现有具体的指导作用。

另外，餐饮外部环境包括国家政治、经济、法律、社会文化等大环境，还包括对新技术、新材料、新产品应用的技术环境。任何一个餐厅，都有特定的地理位置产生的环境气场。不同造型风格的餐厅建筑会产生不同的外部情境，直接影响到餐馆的效益。

06 第六章 CHAPTER

宴会综合设计

教学目的与要求

（一）教学目的

知识：了解中国传统宴会知识；西方宴会的主要特点和流程。基本掌握宴会设计的主要内容。

能力：通过对宴会设计主要内容的理解和掌握，设计一场主题宴会。

情感：对照宴会设计案例，体会人生中的重要时刻应该有的仪式感。

（二）教学要求

1. 内容

中国传统宴会；西方宴会的主要特点和流程；宴会设计的主要内容，包括宴会策划与组织和宴会环境设计。

2. 行为

以宴会设计案例为模板，设计一场主题宴会。

3. 达标

内容包括宴会主题、菜单设计、总体流程、台面设计、装饰设计、娱乐以及注意事项等各个方面内容。通过宴会设计的各个环节核算总体成本，并给出宴会报价。

教学重点

宴会设计的主要内容。

教学难点

宴会设计的主要内容。

思考与实践

针对本章相关内容，了解当地各大酒店主要宴会设计的详细情况。

第一节 宴会的历史

宴会，是指人们为了一定的目的，集饮食、社交、娱乐于一体而举行的餐饮集会。起源于社会及宗教发展的朦胧时代。早在农业出现之前，原始氏族部落就在季节变化的时候举行各种祭祀、典礼仪式。这些仪式往往伴有聚餐活动。农业出现以后，因季节的变换与耕种和收获的关系更加密切，人们也要在规定的日子里举行盛筵，以庆祝自然的更新和人的更新。

《说文》曰："宴，安也。"从字义上看，"宴"本义是安逸、安闲，引申为宴乐、宴享、宴会。"会"是许多人集合在一起的意思，久而久之，便演化成了众人参加的宴饮活动。宴会别称筵席、宴席、筵宴、酒宴、燕饮、会饮、酒席、酒会、招待会、茶话会，还可以是冷餐会，鸡尾酒会、年会等。筵席源自古代的宴会习俗，是指在宴会上摆设的酒席，用来招待宾客。又指饮宴时所设的座位，也有借指酒席的意思。在古代，筵和席分别指铺在地上的坐具，后来演变为酒席的专有名词。筵席多作为书面语使用，以示庄重、排场，如元代王实甫《西厢记》中的描述，侧重于座位的设置和酒席的布置；宴席则多用于日常口语，显得热情、热烈。专指请客的酒席，强调的是宴请的动作和对象。宴本义为黄昏时分的聚餐，引申为安乐、宴乐，即宴请客人的酒席，侧重于宴请的礼仪程序和形式。

现代宴会在提供环境化餐饮的同时，起到繁荣经济、弘扬饮食文化、促进社会交流以及塑造企业形象等作用。现代宴会越来越注重营造优美的环境和增添饮食的趣味性；人们更加追求宴会的节俭和精致，避免铺张浪费；并且强调食物的营养搭配和卫生安全；宴会形式和菜品也呈现更加多样化和突出特色的趋势。

一、中国传统宴会

中国传统的宴席形式包括游宴、船宴、军宴、曲宴、花宴、文会宴等，古代著名的宴会都蕴含着深刻而精彩的人文历史故事，如酒池肉林、鸿门宴、兰亭宴、杯酒释兵权、渑池之会、煮酒论英雄、群英会、福禄宴、摘璎会、千叟宴、万寿宴等。各个朝代举办的各种名目的宴席也丰富多彩，文艺作品中如南唐画家顾闳中的《韩熙载夜宴图》、施耐庵的《水浒传》、曹雪芹的《红楼梦》中诸多关于宴饮场面的描写，无不反映出中华民族优秀的历史文化底蕴。

1．周八珍

最早的宫廷宴席，它们分别是：淳熬、淳母、炮豚、炮牂、捣珍、渍、熬糁、肝。周八珍菜品当中的淳熬和淳母的做法就和煲仔饭相差无几。

2．烧尾宴

烧尾宴专指士子登科或官位升迁而举行的宴会，主人要准备丰盛的酒馔和乐舞款待来宾，名为烧尾。盛行于唐代，是中国欢庆宴的典型代表。因太过豪奢，它仅仅流行了20年就被明令禁止了。

3．曲江宴/闻喜宴/关宴/杏园宴/樱桃宴

唐代新科进士正式放榜之日恰好就在上巳之前，上巳节为唐代三大节日之一，这种游宴，皇帝亲自参加，与宴者也经皇帝钦点。宴席间，皇帝、王公大臣及与宴者一边观赏曲江

边的天光水色，一边品尝宫廷御宴的美味佳肴。曲江游宴种类繁多，情趣各异。按照古人“曲水流觞”的习俗，置酒杯于流水中，流至谁前则罚谁饮酒作诗，由众人对诗进行评比，称为“曲江流觞”。

4．鹿鸣宴/琼林宴/鹰扬宴/会武宴

鹿鸣宴曾在唐至清代的科举和教育文化体系中延续了一千多年。主要是为得解举子饯行、励志的。饮宴之中先奏响《鹿鸣》之曲，随后朗读《鹿鸣》之歌以活跃气氛。在北宋，鹿鸣宴还相对普及；南宋则更多地强调鹿鸣宴古礼仪制和政教功能的恢复，但缺少改造和更新，其繁文缛节又加重了地方的经济负担，使之难以为继，故几成废礼。在宋代，鹿鸣宴常常在著名的琼林苑举行，因此也被称为“琼林宴”。鹿鸣宴主要是为了庆祝乡试的成功，琼林宴则是为了庆祝殿试的成功。此外，鹿鸣宴更多地体现了地方官员对本地新科举人的关怀和支持，而琼林宴则体现了皇帝对全国新科进士的重视和奖励。在清代，武科乡试放榜后也会举行类似的宴会，称为“鹰扬宴”，而武科殿试放榜后则会举行“会武宴”。

5．春秋大宴

赵宋王朝典制规定的春秋季节皇帝赐宴臣僚的大型宴饮活动，是宋朝规模恢宏、陈设华美、礼仪繁杂、人员众多且政治色彩明显的大型宴饮活动，君主和中高层官员同时赴宴，外国使臣也随之同赴，为朝野内外所瞩目。春秋大宴，由春宴与秋宴两部分组成，秋宴名目确立于宋太祖建隆元年（960年），春宴名目确立于宋太宗太平兴国三年（978年），春秋大宴于宋真宗咸平三年（1000年）成为完整的官方宴饮制度，历经宋仁宗、宋神宗、宋哲宗三朝的发展，至宋徽宗时期走向辉煌，北宋末年走向衰落，最终消逝于人类历史长河中。

6．头鱼宴/貔狸宴/头雁宴/头鹅宴

头鱼宴最早只是北方游牧民族度过漫长的冬天后补充粮食的方式，同时也是活动筋骨的一种方式。由于辽代帝王随季节气候和水草变化，四时迁徙，故“捺钵”分为“四时捺钵”，即“春水”“夏凉”“秋山”“坐冬”。春“捺钵”（契丹语，意思为“行宫”，即“皇帝行走中的宫殿”）时，皇帝和臣僚共议国事，校猎讲武，属国、部族的酋长、首领都来朝见，皇帝设宴款待，君臣共贺。头鱼宴完毕之后是头雁宴或头鹅宴。作为我国古代风俗的一种，头鱼宴盛行于辽代，金代仍然维持这一活动，不过改名为“刺钵”，金国被灭后渐渐衰落，但并未完全消失，清代皇帝仍有类似的游猎活动，在东北圈建多处皇家围场，“避暑热河，秋猎木兰”。当代吉林松辽一带仍有此风俗。

7．文会宴

文会宴是中国古代文人进行文学创作和相互交流的重要形式之一。其形式自由活泼，内容丰富多彩，追求雅致的环境和情趣；地点选择讲究，一般多选在气候宜人的地方；活动丰富多样，席间珍肴美酒，赋诗唱和，莺歌燕舞。与其他的宴会相比，文会宴把饮宴与吟诗作赋结合起来，以文会友，重在文会而席间之食品菜点则次之，其饮宴只是手段，起调节气氛

的作用。历史上许多著名的文学和艺术作品都是在文会宴上创作出来的，如著名的《兰亭集序》就是东晋书法家王羲之在兰亭文会上写的，北宋文学家欧阳修的《醉翁亭记》记述了他任滁州太守时约朋友在琅琊山亭饮宴的欢乐情景。

8. 节令宴

节令宴是指清宫廷按固定的年节时令而设的筵宴，是对传统节日和时令的重视。如元日宴、元会宴、春耕宴、端午宴、乞巧宴、中秋宴、重阳宴、冬至宴、除夕宴等，皆按节次规定，循例而行。满族虽有其固有的食俗，但入主中原后，在满汉文化的交融和统治的需求下，大量接受了汉族的食俗。又由于宫廷的特殊地位，遂使食俗定规详尽。其食风又与民俗和地区有着很大的联系，故腊八粥、元宵、粽子、冰碗、雄黄酒、重阳糕、乞巧饼、月饼等食品在清宫中一应俱全。

9. 孔府宴

孔府宴是当年孔府接待贵宾、袭爵、祭日、生辰、婚丧时特备的高级宴席，是经过数百年不断发展充实逐渐形成的一种独具风味的家宴。孔府宴是吸取了全国各地的烹调技艺而逐渐形成的。孔府筵席具有严谨庄重、讲究礼仪的风格。礼仪周全，程式严谨，是中国古代宴席的典范；选料严格，制作精细，以北方菜为基础，不断充实创新而逐渐发展形成独具风味的家宴；菜肴丰富多彩，选料广泛，技法全面，具有独特风格。一等席宴，光餐具就有404件。大部分是象形餐具，有些餐具的名称就是菜名，而且每件餐具分为上中下三层，上层为盖，中层放菜，下层放热水。今孔府还保存有一套清代制作的银质满汉席餐具，计404件，可上196道菜。

孔府宴席的装饰品中的“高摆”，用糯米面制成，表面镶满各种细干果，以不同颜色和造型构成各种精巧细致的图案，呈圆柱形。“高摆”的正面镶有文字，往往是“福寿绵长”或“寿比南山”等。取果碟、菜碟的谐音用以赞祝，如长生果寓意“长生不老”；为了突出筵席主题，有时还要制作特殊的装饰品，以四高摆最富有特色。高摆用江米蒸熟做成圆柱形，外面用各种干果镶成图案和色彩，每个圆柱体上镶一个字，摆在银盘内，四个高摆连用，放在筵席主席正面，祝寿用“寿比南山”，结婚用“龙凤双喜”等吉言，显得庄重高雅。

10. 诈马宴

诈马宴是蒙古族特有的庆典宴飨整牛席或整羊席。诈马，蒙古语是指煺掉毛的整畜，意思是把牛、羊家畜宰杀后，用热水煺毛，去掉内脏，烤制或煮制上席。诈马宴始于元代。这一古朴的分食整牛整羊的民俗，由圣主诺颜秉政后发展为奢华的宫廷宴。这种大宴展出蒙古王公重武备、重衣饰、重宴飨的习俗，较之宋皇寿筵气派更大，欢宴三日，不醉不休。赴宴者穿的质孙服每年都由工匠专制，皇帝颁赐，一日一换，颜色一致。菜品主要是羊肉，用酒很多。在这种大宴上，皇帝还常给大臣赏赐，得到者莫大光荣。有时在筵宴上也商议军国大事。此活动带有浓厚的政治色彩。因此，它是古典筵席的一个特例。

如今，宫廷诈马宴已绝迹，烤全牛也已失传。1991年8月，伊克昭盟在筹备那达慕大会成吉思汗陵分会时，有关人员查阅了《蒙古食谱》《蒙古风俗录》等大量资料，并进行了试验，恢复了烤全牛诈马宴，按照古籍记载的元代蒙古族宫廷诈马宴的礼仪，在成吉思汗行宫举行，作为那达慕大会的观赏项目，令游人大饱眼福。

11．洛阳水席

洛阳水席是河南洛阳一带的特色传统名宴，属于豫菜系。始于唐代，至今已有1000多年的历史，是中国迄今保留下来的历史最久远的名宴之一。一是菜中带汤，汤汤水水不断；二是一道菜吃完撤下才上另一道，如行云流水。全套水席分为前八品（冷盘）、四镇桌、八大件、四扫尾共24道菜。有荤有素、选料广泛、可简可繁、味道多样，酸、辣、甜、咸俱全，舒适可口。与龙门石窟、洛阳牡丹一起被誉为“洛阳三绝”，还带有宫廷饮食文化的烙印。是迄今为止保留下来的最古老、最完整的一套宴席，被誉为“饮食百宴首，烹饪活化石”。

12．满汉全席

满汉全席兴起于清代，是集满族与汉族菜点之精华而形成的历史上最著名的中华大宴。乾隆甲申年间李斗所著《扬州画舫录》中记有一份满汉全席食单，是关于满汉全席的最早记载。满汉全席是我国一种集合满族和汉族饮食特色的巨型筵席，是起源于清朝的宫廷，原为康熙66岁大寿的宴席，旨在化解满汉不和，后世沿袭此一传统，加入珍馐，极为奢华。清代名宴还包括蒙古亲藩宴、廷臣宴、万寿宴、千叟宴、九白宴。满汉全席上的菜一般有一百零八种，菜式有咸有甜，有荤有素，用料精细，突出满族菜点特殊风味，同时又展示了汉族烹调的特色，扒、炸、炒、熘、烧等兼备，实乃中华菜系文化的瑰宝和最高境界。满汉全席上的菜一般一百零八种，分三天吃完。乃中华菜系文化的瑰宝。

满汉全席，菜点精美，礼仪讲究，形成了引人注目的独特风格。入席前，先上二炷香，茶水和手碟；台面上有四鲜果、四干果、四果脯和四蜜饯；入席后先上冷盘然后热炒菜、大菜，甜菜依次上桌。满汉全席，分为六宴，均以清宫著名大宴命名。汇集满汉众多名馔，择取时鲜海味，搜寻山珍异兽。全席计有冷荤热肴一百九十六品，点心茶食一百二十四品，计肴馔三百二十品。合用全套粉彩万寿餐具，配以银器，富贵华丽，用餐环境古雅庄重。席间专请名师奏古乐伴宴，沿典雅遗风，礼仪严谨庄重，承传统美德，侍膳奉敬宫廷之周，令客人流连忘返。全席食毕，可使您领略中华烹饪之博精，饮食文化之渊源，尽享万物之灵之至尊。

二、西方宴会概述

“西方宴会是一种社交活动，通常是为了庆祝特殊场合、进行商务交流或促进社交互动而举行的正式或非正式聚餐”。西方历史发展过程中，有很多著名的宴会，还有其文艺作品如莎士比亚的悲剧《雅典的泰门》中描述的豪宴，达·芬奇的画作《最后的晚餐》，以及后文艺复兴时期雅各布·乔登斯创作的巴洛克风格的《克里奥帕特拉的宴会》等，都体现出西方宴会的主要特征和作用。

（一）西方宴会的主要特点

西方宴会菜肴以欧美风格的菜式为主，饮西洋酒，桌面为长方形，西式台面布置，用刀、叉、匙进餐，采用西式服务，采取分食制，席间播放背景音乐，注重环境布置，宴会气氛活泼、和谐、轻松、愉快，有菜单，同样按顺序上菜，出席的人物很重要，与“会”的对象显示了宴会的重要性。欧洲早期宫廷宴会的议程也非常有趣，有些是戏剧性的，由来宾们扮演成各种角色，参与其中，好像在演戏一样。其间美酒佳肴依次呈上，宾主极为尽兴。有些宴会的场所设在园林之中，环境优美，再加上精致的骨瓷和银质餐具，令人心旷神怡。

（1）分餐制　随着文艺复兴运动的发展，欧洲开始逐步抛弃合餐习惯，建立了新的就餐方式，每个人都有自己专用的盘子、刀、叉和勺子，汤则使用专门的公勺来分配或舀取。这种分餐制先是上层社会的习惯，而后成为一种时尚，扩展到整个社会。

（2）注重食物的视觉效果　在欧洲宴会中，特别是中世纪贵族晚宴，格外注重食物的视觉效果。《欧洲宴会史》里提到的甜点雕塑在想象力、做工和场面上都令人惊叹，在教皇宴会上的有些甜点雕塑还是文艺复兴三杰之一的拉斐尔制作的，其艺术水准可见一斑。

（3）与政治的关联　欧洲宴会有时与政治相关，在烦琐的宴会礼仪程序中，时刻提醒贵族们端正政治态度。例如在中世纪贵族晚宴中，匈牙利胸章的屡次出现意味深长。

（4）讲究礼仪　从中世纪的宫廷礼仪到现代的上流社会晚宴，都有着严格而细致的规定。这些礼仪不仅体现了参与者的社会地位和教养，而且也反映了特定文化背景下的行为准则和社会规范。欧洲宴会的礼仪不仅仅是形式上的要求，更是对参与者文化素养和社交能力的体现。从邀请函的制作到餐桌上的举止，每一环节都体现了欧洲传统文化的精髓和现代社交的需求。

（二）西式宴会的主要流程

西式宴会通常分三个阶段

第一阶段：晚6～8时，为宴会前奏进行鸡尾酒会，由小吃、小点、鸡尾酒、饮料组成，就餐方式为自助。

第二阶段：晚8～11时，为正餐时间，菜单一般为冷盆（跟干雪莉酒）、汤（跟雪莉酒），热头盆（跟白葡萄酒，如果是野味跟红葡萄酒），主菜肉（跟红葡萄酒）、沙律、甜品（跟钵酒，波特酒，酒精加强型，与雪莉酒为姊妹酒）、水果、咖啡红茶（跟白兰地）。

第三阶段：餐后酒会部分，男女分开，男宾谈生意、女宾谈家常。提供咖啡、红茶、力娇酒、巧克力等，有时也举行舞会。

第二节 宴会设计的主要内容

宴会设计是一个综合的过程，涉及宴会的各个方面，从前期的策划到后期的执行。它不仅包括宴会的组织管理、合同签署、预付款收取、客户意见征询等环节，还包括宴会厅的环境布局、氛围营造、主题菜单设计、服务流程规划等内容。这需要宴会策划者根据主题决定餐厅环境布置和装饰风格，同时考虑饭店、餐厅的特点和档次，及其在宴会活动中所能产生的艺术效果和构成的餐饮氛围，根据多方面的技能和经验，通过细致的规划和精心的执行，确保每一场宴会都能够顺利进行，给客人留下美好的回忆。

一、宴会策划与组织

宴会设计首先涉及宴会的策划与组织。在这一阶段，宴会部需要根据客人的宴会预订要求，编制出宴会的实施方案，包括从宴会准备到宴会结束的全过程组织管理内容和程序。此外，对于大型宴会和高档宴会，还需要与客户签订合同，明确双方的权利和义务，并将所有特殊事项记录在合同中。

（一）确定活动目的和主题

1. 活动目的

明确举办宴会的原因，例如庆祝生日、婚礼、纪念日或文化输出等，这将影响整个活动的规划和执行。

2. 主题选择

选择一个清晰、独特的主题，确保宴会的整体风格和氛围一致，例如复古、浪漫、简约等。适当融入文化元素，为宴会增添特色和深度；也可以结合季节与节日，使宴会更具时效性和纪念意义，尽量避免同质化。

（1）生日宴会　“福如东海，寿比南山”，这个主题非常适合寿宴或者重大的生日庆祝活动。在中国文化中，“福如东海，寿比南山”是对长寿和幸福的一种美好祝愿。寿宴中，猪脚面线是一道不可或缺的传统菜肴，寿星则需身着盛装，在正厅接受子孙的拜寿。

（2）情人节宴会　“有情人终成眷属”，这是一个充满浪漫气息的主题，适合情人节或者情侣之间的专属庆祝。主题名称本身就带有一种诗意和情怀，可以围绕爱情的经典元素如玫瑰花、巧克力、爱情电影等进行布置和活动安排。

（3）夏季宴会　“夜空下的星空派对”，这个主题适合在夏季的夜晚举办宴会时使用，能够带给宾客一种神秘而浪漫的感受。宴会的布置应以黑色和紫色为主，模仿夜空和星空的神秘浪漫。还可以安排星际时装秀、星座知识竞答等活动，增加宾客的参与度和乐趣。

（4）环保主题宴会 随着环保意识的提升，环保主题的宴会越来越受欢迎。可以选择可再生材料作为装饰元素，菜品上注重食材的可持续性和季节性。通过这样的主题，不仅可以强调环保意识，还能呼吁大家共同关注地球的未来。

（5）中国古典文化宴 “红楼梦中人”，这个主题是对中国古典文学的一次致敬，适合文学爱好者或者对中国传统文化感兴趣的人群。宴会的整体氛围将以《红楼梦》为灵感，采用黑色和金色为主色调，配以白色台布象征纯洁美好的爱情。餐具和饰品的选择也将围绕《红楼梦》中的元素，菜单设计上也会融入书中出现的食物名称。

3. 选择合适的场地

场地的大小、地理位置、设施设备等都需要根据预计的宾客数量和活动内容来选择。宴会设计者必须仔细分析宴会推出的形式、内容、菜品、饮品、服务方式及特色，选择合适的餐饮场区。

（1）收集信息 消费者先判断主要衡量标准，与家人讨论合适的场地类型，再根据消费能力及综合因素筛选；搜集信息时，需了解地理位置、可承接婚宴桌数、宴会厅是否有柱、有无户外场地及大致价格等，可通过杂志、网络或口碑介绍获取；确认信息是否有误，详细询问其他想知道的信息，合适的话可预约接待人员实地考察；核实地理位置、桌数、有无户外及价格等首要信息，补充如婚期、宴会厅位置、层高、自然采光、户外场地等信息，考核场地是否符合基本标准。

（2）实地考察 带上笔、笔记本、计算器和数码相机；记录交通方式、停车场及收费、头车能否到达正门、周边环境及酒店等；考察仪式场地最大容纳人数、证婚仪式可行性、地毯及观礼椅等是否符合要求、证婚区域相关情况、音响设施、室内光线、音响条件、投影仪、多个场地的区别、户外场地应对天气突变的方案、背景色等；考察室内正式婚宴宴会厅最大容纳人数、整体装潢、层高、灯光音响效果、主舞台搭建、桌距、桌布和口布颜色质地、摆台等。

4. 编制预算

事先确定宴会在经费上的限制，这包括场地租金、食品饮料费用、装饰布置和其他杂项开支，切实有效进行成本控制。

编制筵席菜单之前，首先必须了解该筵席的成本价格，将总的成本划分为三大部分，分别用于冷碟、热炒大菜和饭菜、点心和水果等。一般情况下，这三组食品的大体比例分别是：一般筵席10%、80%、10%，中等筵席15%、70%、15%，高档筵席20%、60%、20%。编制席单的难点之一，是如何准确地购进各类原料。高明的厨师开席单，不但进料准确，而且还注意了物尽其用。具体方法包括：根据当时市场行情，在开菜单时多使用时令原材料；采用损耗少、出品率高的原材料；在物价较低时，进一部分常用的、存放时间较长的冻品；多采用一些价格低的新原材料来充实宴席菜单；面对价格浮动较大的食材，首先制定一个标准的菜单，随着物价的涨幅，每份菜单在进货前都要进行成本核算，做出相应的修改。

5. 客户需求分析

深入了解宾客的口味偏好、特殊需求以及任何可能的饮食限制。针对不同类型的筵宴选择不同的菜肴，要充分考虑到宾客的国籍、民族、宗教、职业、年龄、性别，以及主宾的嗜好和忌讳。我国自古就有南甜北咸、东淡西浓的饮食习俗，即使生活在同一地方，若职业、体质不同，其饮食习惯也常有差异。

6. 制定详细计划

（1）时间表安排　制定详细的活动时间表，包括迎宾、用餐、娱乐和送别等环节。这些有形的设计安排将直接关系到宴会实施的成败。

（2）工作人员安排　指派专门的人员负责不同的任务，确保活动的顺利进行。在活动进行时，负责人需要在现场监督各项准备工作的落实情况，保证活动按计划进行；确保服务人员经过专业的培训，能够提供高效、友好的服务。

（二）宴会厅的设计与选择

宴会厅的设计是宴会综合设计中的一个重要方面，是宴会活动背景主题的延伸。设计师需要综合考虑功能、风格、布局、家具装饰、色彩搭配、空间利用、舞台和讲座区的位置和尺寸、安全性、可持续性和文化特色等因素，以满足不同活动的需求。同时，还要考虑照明、音响等设施的配置，以及如何通过材料和家具的选择来营造出适合的氛围。

通常情况下，宴会厅内要放置舞台、红毯、路引等装饰物，所以计算“最佳宴席桌数”的算法是：最大桌数-4=该宴会厅最适合摆放桌数；层高在3.5～5.0米最普遍，层高低于3.5米时视野上会显得压抑；如果超过5米，则会显得更为华丽、开阔；如果桌数多，舞台面积也要够大，这样才能让宾客看清婚礼的各个环节。如婚礼宴会厅的几种选择：

1. 酒店宴会厅

酒店宴会厅通常为会议、活动设计，个性不突出，可通过装饰增加质感，但创意发挥空间有限；需考虑场地形状，优选圆形、正方形或长方形，避免其他形状。厅中间最好无柱子，无柱宴会厅显得更为恢宏庄严，也能避免柱子遮挡视线的问题；如看中的宴会厅是有柱设计，则在桌数和桌型的摆放上要尽量避免视线遮挡的问题。酒店灯光通常不用，若婚礼氛围是暗场，阳光房可能不合适，需要增加遮盖预算；可能有最低消费标准、最小起订桌数及额外服务费等限制条件。

2. 私人会所

私人会所的私密性强，能彰显身份和个性，服务人性化和专业，一天往往只接待一场婚礼，给宾客带来高雅温馨感觉；通常拥有草坪、池塘和假山等，可举行草坪婚礼或户外婚礼派对，但空间可能狭小，来宾数目受限，适合小型婚礼。

3. 特色餐厅

特色餐厅的菜肴、环境、服务有特色，能呈现别致、时尚的个性婚礼；不足之处是场地有限，布局不够规整，舞台区通常较小，适合人数不多、喜欢轻松氛围的小型婚礼。

4. 教堂

给人神圣、庄重的感觉，但需提前预订，有些教堂只能在周六举行婚礼，且因中西方文化差异，程序上有难度，新人及双方父母需彩排，若不了解、不认同相关文化，不建议选择；若仪式场地选择教堂，还需选择婚宴场所，并考虑预订档期、车程、交通工具等问题。

5. 室外场地

强调个性、创新，如目的地婚礼、草坪婚礼、海底婚礼等逐渐被接受。

宴会厅的设计除了遵循餐厅设计的基本原则以外，还需注意宴席特有的标志与墙饰的设计与安排，并在色彩与灯光的确定上更贴近宴会场景和主题设定。

（1）确定标志与墙饰　标志是指宴会厅中使用的横幅、徽章、标语、旗帜等。如国宴，就要悬挂主客双方的国旗、菜单上要印国徽；婚宴可悬挂大红喜字或龙凤呈祥图案；其他可悬挂横幅。墙饰是指宴会厅内四周的字画、匾额、壁毯及其他类型的工艺装饰品，它对整个宴会的环境起着衬托和美化的作用。在一般情况下，它是相对固定的，非特殊要求可不作更改。

（2）确定色彩与灯光　宴会厅内各局部的色彩必须依据一定美学原理合理搭配，注意色调的和谐及统一。因此要注意对地毯、窗帘、台布、口布、台裙、椅套、服务人员制服等色彩的选择。中餐宴会的灯光应设计得明亮、辉煌，在讲台、主台、舞台所处的区域，其光线应当更强一些，以显示其重要性。席间演出时，餐台区域的光线要调暗些，可以通过调整灯光的亮度、色彩，增减灯具的数量等方式使灯光适合宴会要求，必要时也可辅以烛光，以增加特殊情调。

（三）宴会菜单设计

菜单设计是宴会策划的重要组成部分。它需要根据宴会的主题和客人的需求来定制，同时还要考虑食物的营养价值、卫生标准和口味偏好等因素。菜单设计不仅要满足客人的期望，还要体现出餐厅的特色和烹饪水平。

1. 确定菜品数量

（1）根据筵席档次　一般筵席菜品数量在18道以内，其中冷菜2～4道，约占10%，热菜6～10道，约占80%，小吃1～2道，约占10%，汤1道；中档筵席菜品数量在25道以内，其中冷菜4～6道，约占15%，热菜8～12道，约占70%，小吃2～4道，约占15%，汤1～2道；高档筵席菜品数量在30道以内，其中冷菜6～10道，约占20%，热菜10～15道，约占60%，小吃4～8道，约占20%，汤2～3道。但如今，一些川菜宴席已与粤菜宴席无异，菜品控制在12道左右。

（2）根据宾客情况　如所宴宾客是体力劳动者、年轻人或者男士，在菜品数量上就要求比脑力劳动者、小孩、老人或女士多一些，这样才能满足他们吃得好和吃得饱的要求；筵席中还讲究喜事逢双，丧事排单，庆婚要八，贺寿重九等。

2．确定菜品原料

选择原料，一要力争鲜活，丰美爽口；二要品类齐全，鱼、畜、禽、蛋、奶、蔬、果、粮、豆要统筹兼顾，给人一种变换的美感；三要选择物美价廉的原料，尽可能地降低筵席的成本；四要备足原料，并妥善保管好。另外，衡量一组菜品的营养价值，要考察这组菜品是否利于消化，便于吸收，以及原料间的互补效应和抑制作用如何。

筵席中菜品的原料，一般随档次的增高，而更加讲究，且做到每份菜的原料种类统一。一般筵席多用猪肉、牛肉、普通的鱼鲜、四季时蔬和粮豆制品，其中常有10%的低档山珍或海味充当头菜或主菜。中档筵席多用鸡、鸭、猪肉、牛肉、羊肉、河鲜、蛋奶、时令蔬菜水果和精细的粮豆制品，有25%的山珍和海味。高档筵席多用动植物原料的精华部分，山珍和海味占45%左右。在菜品的原料设计过程中，要注意一般筵席的冷菜、热菜、小吃的主料不能重复，中、高档筵席的每个菜品主要原料都不能重复。

3．确定菜品味型

（1）一般筵席　冷菜、热菜、小吃的味型不能重复，只允许冷菜中的某种味型和热菜中的某种味型重复。

（2）中高档筵席　除咸鲜味可重复5次左右和甜香味可重复3次左右外，其余的味型都不能重复，以确保整个筵席中菜品味型的多样性（当然，汤和水果不在其内）。

一般来说，筵席中菜品的味型会随档次的增高而更偏向清淡和原汁原味 。另外，从厨者在设计菜品味型的时候，还应当注意现代营养学提出的“低糖、低盐、低脂肪”等方面的要求。同时，还要考虑季节和地域，正所谓“春多酸、夏多苦、秋多辛、冬多咸”和“南甜、北咸、东辣、西酸”。

4．确定菜品烹饪方法

安排菜单时，首先是主菜要拉开档次，其次是各种肉类及普通海鲜的不同做法，再是安排一些素菜，最后是主食、汤羹类及点心、水果等。在安排菜单时，整张菜单要运用不同的做法做出各种口味的菜式。一般筵席多为家常菜式，烹饪方法多为炒和烧；中档筵席多由地方名菜组成，调理精细，重视风味特色；高档筵席常配有知名度高的特色菜，注重原汁原味，花色菜品和工艺大菜占有很大的比重。总的来说，菜品的烹饪方法会随筵席档次的增高而更有难度。在整个筵席菜品的烹饪方法中，要求不能有两次以上的重复。其实，如果筵席菜品确定了原料、味型和上菜的顺序，就已基本确定了菜品的烹饪方法。如第二道酥香菜，多为炸、烤或烧烤，第三道二汤菜，多采用煮、烩等。

5．确定菜品器皿

一般筵席对器皿不是很讲究，冷菜多用圆盘，热菜多用条盘或窝盘，汤菜则用汤窝；中档筵席，餐具要求整齐，使整个席面显得丰满；高档筵席的餐具要求华丽珍贵（镀金、镀银），整个席面气势恢宏、跌宕多姿，气势非凡。较正规的筵席一般选用成套器皿，即一种颜色、一种花样，只是大小和形状不同的器皿。

6. 确定菜品名称

一般筵席的菜名朴实无华，讲求实惠，多以主料或主辅料等命名；中档筵席菜名比较雅趣别致；高档筵席菜名典雅，文化气息浓郁，以意境或菜品的象征意义或美好的祝福等命名。不同性质的筵席，对菜品的菜名亦很讲究。如婚宴的菜名要喜庆、甜美；寿宴的菜名要围绕“寿”字等。

7. 确定菜品上菜顺序

宴会中要提升上菜速度，就要合理安排菜品制作，一些菜品可以提前准备或制作成半成品。以“鲍汁鲍鱼扣鹅掌”为例，鲍鱼和鹅掌提前用汤汁煨至入味，按照每道菜肴的用量，将1个鲍鱼和1个鹅掌用漏斗分别装好，放入保温箱内保温。上菜时用推车上菜，一名小工将码斗中的原料快速翻扣在餐碟内，另一位小工用舀勺将保温的热鲍汁浇在菜肴上即可上菜，即便是上百位食客，十分钟内也可完成上菜；类似咕咾肉这样的菜肴，肉提前炸好，按照每份菜肴的用量分别用码斗装好，上菜时，将肉扣入盘中，淋入提前勾芡的酸甜汁即可。

优化炒菜方式也是提高上菜速度的重要方面。一锅最多炒五份菜。小炒菜可以一道菜品两人炒。荤料提前改刀，腌制好后根据菜品的要求滑油或者焯水。素料提前改刀，也是提前焯水或者滑油。起菜时，两名厨师搭配炒制，一名厨师负责炒“面”，另一名厨师负责炒“底”。以“西芹炒虾仁”为例，副手负责将西芹提前焯水，然后放在一个大的容器内控水；开餐后，副手取炒锅先放入盐、味精、清水少许烧开，淋入略多一点的湿淀粉勾成浓芡，然后将早已经控好水的西芹大批量翻炒均匀，出锅分装入多个容器内。而在副手炒西芹的时候，主炒厨师正在炒虾仁，虾仁炒好后放在西芹上，打荷工和切配工略微整理造型即可出菜。

筵席中菜品的上菜顺序有几种，一般按“头菜—炸菜—汤菜—鱼菜—行菜—素菜—甜菜—座汤”的顺序；也可按“头菜—炸菜—汤菜—素菜—行菜—鱼菜—甜菜—座汤”；或者“头菜—炒菜—炸菜—汤菜—素菜—行菜—鱼菜—甜菜—煲汤”。小吃则穿插在菜品中间。由于宴会菜单中的点心提前预制，在热菜出菜前上桌，可以设计一个点心组合。

8. 确定主食、水果、茶水、酒水和饮料

主食根据餐厅的实际情况而定，多为米饭，档次越高，所选用的米要求越好；也可根据宾客的特殊要求而定，如水饺、面条等；水果多选用时令的鲜果，档次高的，则会选用贵的、少见或者进口的；如果宾客没有特殊要求，在设计菜单时，需要根据筵席的档次和人数，把酒水和饮料考虑进去。

9. 确定制作厨师

一般筵席的技术含量不是很高，可由初、中级厨师制作；中档筵席较为讲究，多由中、高级厨师制作；高档筵席由于选料精良，工艺性高，往往需要高级厨师或技师制作，以确保

筵席质量。

10．确定餐厅的实际情况和宾客的特殊情况

如餐厅的经营特色、货源情况、技术力量，宾客的国籍、民族、宗教、职业、年龄以及体质、偏好、忌讳等，这些在具体的菜单设计中都需要考虑进去。

（四）服务流程规划

服务流程规划是指在宴会上提供高质量服务的详细计划。它包括迎宾接待、就座服务、菜品上桌、酒水服务、结账送客等各个环节。良好的服务流程能确保客人在整个宴会过程中感到满意和舒适。合理的人员配置对于确保宴会的顺利进行至关重要。这包括迎宾员、传菜员、酒水员、服务员、主厨、副厨、厨师助理等，每个人都需要明确自己的职责和工作内容。

针对可能出现的空间变化，如宾客数量的增减、场地布置的调整等，设计方案应具备一定的灵活性和可调整性。合理规划空间布局，包括舞台、餐桌、休息区等的设置。优化流线设计，考虑宾客的行走路线和服务流程，合理规划出入口、走廊、楼梯等的位置和宽度，确保宾客的通行便利和安全。

（五）客户关系管理

在宴会结束后，需要及时清理现场并恢复场地原状。同时，对宴会服务过程中出现的问题进行总结，持续改进提升服务质量。宴会负责人应与主办方核对费用，提供明细清单，确保结算准确无误；此外，还应以书面形式征询客人的意见，这将加深经营者与顾客之间的感情，并为以后的合作关系奠定基础。通过建立客户源文件系统或客源档案系统，宴会销售人员可以有目的地进行推销，为餐厅带来更多的业务。

（六）宴会设计的注意事项

在进行宴会设计时，设计师和组织者需要考虑到环保和节能的问题。选择使用环保材料可以减少对环境的影响，而采用节能设备则可以减少能源的浪费。这些措施不仅有助于保护环境，还能提高宴会厅的使用效率和可持续性。

办宴条件对于酒楼影响很大，在确定菜肴品种时，不能不加以考虑。如技术有限，不可勉强制作高档酒席；时间仓促，不可选用耗时太多的工艺菜肴；人力不够，不能冒险承包过多筵席。只有量力而行，留有余地，才不至于临阵慌乱，力不从心。在众多的菜点中，最佳的选择是，尽量亮出厨师的拿手菜点，展示本店的技术优势，这样既能确保筵席的质量，又可使操作迅速自如。

二、宴会环境设计

（一）宴会台面设计

隆重、高雅、洁净的宴会台面设计不但可以烘托宴会气氛，还能充分反映宴会主题。首先，宴会档次与台面设计档次成正比。档次低的宴会，台面布置简洁、实用、朴素；档次高的宴会，台面布置复杂、富丽、高雅；其次，宴会台面还可以帮助安排宾客坐序，通过对餐桌用品的布置，如用口布来确定主人与其他客人的席位；多桌宴会也可通过台形来明确主桌；最后，一台精美的席面反映出宴会设计师高超的设计技巧和服务员娴熟的造型手法，体现出餐饮企业整体的服务水平和档次。

1. 宴会台面的种类（图6-1）

宴会台面的种类很多，通常按餐饮风格划分为中餐宴会台面、西餐宴会台面和中西混合宴会台面。中餐宴会台面以圆桌台面为主，小件餐具通常包括筷子、汤匙、骨碟、搁碟、味碟、汤碗、各种酒具和银烛台等；西餐宴会台面主要有方形、长形台，或用长形、半圆形、1/4圆形等搭成椭圆台面、“T”形台面、“工”形台面和“M”形台面等，小件餐具通常包括各种餐刀、餐叉、餐勺、菜盘、面包盘和各种酒具、银制烛台等；中西混合宴会台面可采用中餐宴会的圆台和西餐的各种台面。小件餐具通常由中餐用的筷子和西餐用的餐刀、餐叉、餐勺以及其他小件餐具组成。

宴会台面也可按宾客的人数和就餐的规格划分为便宴台面和正式宴会台面；便宴台面形式一般比较自由，常见的有午宴、晚宴，有时也会有早宴。其特点是比较简单、灵活，席间可不安排座位、不做正式讲话，菜肴可根据宴会人员安排高低丰简；正式宴会台面一般要排好座次，根据菜点性质特点、形状、分量、色泽、宴席规格和菜肴价值等因素配置餐具。高档宴席和价值昂贵的菜点应配置高档次餐具。根据宴席、菜点风格配置特型器皿。根据需要配置小件餐具。为便于管理，餐厅用具与厨房用具分开。

按台面的用途又可划分为餐台、看台和花台。

（1）餐台　也叫食台、素台，在饮食服务行业中称为正摆台。宴席台面的餐具摆放应按照就餐人数的多少、菜单的编排和宴席标准来配用。餐台上的各种餐具、用具，间隔距离要适当，清洁实用，美观大方，放在每位宾客的就餐席位前。各种装饰物品都必须整齐一致地摆放，而且要尽量相对集中。

（2）看台　又称观赏台，是指根据宴席的性质、内容，用各种小件餐具、小件物品和装饰物品摆设成各种图案，供宾客在就餐时观赏。在开宴上菜时，撤掉桌上的各种装饰物品，再把小件餐具分给各位宾客，让宾客在进餐时便于使用。这种台面多用于民间宴席和风味宴席。

图6-1　宴会台面的种类

（3）花台　又称餐桌艺术台面，就是用鲜花、绢花、盆景、花篮以及各种工艺美术品和雕刻物品等，点缀构成各种新颖、别致、得体的台面。台面设计要符合宴席的内容，突出宴席主题，图案造型要结合宴席的特点，要具有一定的代表性，色彩要鲜艳醒目，造型要新颖独特。多用于中、高档宴会。

2．宴会台面的命名

大多数的台面，都拥有一个别致而典雅的名字。给宴会台面恰当地命名，能更加突出宴会的主题，增加宴会的气氛。宴会台面命名的方法主要有以下几种。

（1）根据台面的形状或构造命名　这是台面命名最基本的方法，但通常来说有些过于简单。如中餐的圆桌台面、方桌台面、转台台面，西餐中的直长台面、横长台面、“T”形台面，“M”形台面，“工”形台面等。

（2）根据每位客人面前所摆的小件餐具的件数命名　这种命名方式使人一听便知台面餐具的构成，便于客人了解宴会的档次和规格。如五件餐具台面、七件餐具台面等。

（3）根据台面造型及其寓意命名　这种命名方法容易体现宴会主题，用这种方法命名，寓意要恰当得体，切忌牵强附会、生搬硬套。如百鸟朝凤席、庆功席、花好月圆席、友谊席、蝴蝶闹花席等。

（4）根据宴会的头菜名称命名　这种命名方法容易使宴会工作人员清楚台面的主基调，知晓摆放何种餐具及如何摆放更合适。如全羊席、燕窝席等。

3．宴会台面设计的基本要求

要想成功地设计和摆设一张完美的宴会台面，要预先做好充分的准备工作，既要进行周密、细致、精心、合理的构想，又要大胆借鉴和创新，但都需遵守宴会台面设计的一般规律和要求。

（1）按宴会菜单和酒水特点进行设计　宴会台面设计要按宴会菜单中的菜肴特点来确定小件餐具的品种、件数，即吃什么菜配什么餐具，喝什么酒配什么酒杯。不同档次的酒席还要配上不同品种、不同质量、不同件数的餐具，同时按台面的品种摆放相应的筷子、汤匙、碗碟、酒杯。例如较高级的筵席除摆放基本的筷子、汤匙、吃碟和酒杯外，还要按需要摆放卫生盘和各种酒杯。

（2）按照顾客的用餐需要进行设计　餐具和其他物件的摆放位置既要方便顾客用餐，又要便于席间服务，所以要求每位客人的餐具摆放紧凑、整齐和规范化。宴会的讲台、主台等中心位置要明显突出，桌椅之间的排列要整齐美观，方便客人进餐出入和服务人员服务。设计时还要考虑餐厅内的客观条件和具体情况，不可千篇一律。

（3）按民族风格和饮食习惯进行设计　选用小件餐具要符合各民族的用餐习惯，例如中餐和西餐所用的桌面和餐具就不尽相同，必须区别对待。中餐台面要放置筷子，西餐台面则要摆放餐刀、餐叉。安排餐台和席位要按各国、各民族的传统习惯确定，设置的花卉不能违反民族风俗、宗教信仰和禁忌。

（4）按宴会主题进行设计　台面的造型要按宴会的性质恰当安排，使台面的图案所表达的意思和宴会的主题相称。如婚庆筵席宜摆“喜”字，增加婚宴的喜庆色彩。若是接待外宾，就应摆设迎宾席、友谊席、和平席等。

（5）按美观实用的要求进行设计　使用各种小件餐具进行造型设计时，既要设法使图案逼真美观，又要不使餐具过于散乱。顾客经常使用的餐具原则上要摆在顾客的席位上，以便于席间取用。

（6）按清洁卫生的要求进行设计　摆台所用的台布、口布、小件餐具、调味瓶、牙签筒和其他装饰物品都要保持清洁卫生，尤其是摆设小件餐具（如折叠餐巾）时更要注意操作卫生，手和操作工具要洗干净，避免污染。折叠餐巾花时不能用嘴咬餐巾，摆设筷勺时不准拿筷子尖和汤勺舀汤的部位，摆放碗、盘、杯时不准拿与口直接接触的部位和接触用具的内壁。

（二）宴会台型设计

宴会台型设计，就是将宴会所用的餐桌根据一定要求排列组成的各种实用、合理且极具美感的格局。

1. 宴会餐台的种类

（1）主台　宴会主台是指供宴席主宾、主人或其他重要客人就餐的餐台，通称为“1号台”，它是宴请活动的中心。主台一般只设1个，安排8~20人就座，用圆台或条形台。中餐宴会以圆形主台为多，通常直径为150厘米的圆桌，可坐8人左右；主台的规格为：圆台直径最小为180厘米，每桌可坐10人左右，即要比其他餐台大，直径为200~220厘米的圆桌可坐12~14人，直径超过180厘米的圆桌应安放转台，主台人数较多可安排特大圆桌，每桌可坐20人，桌子中间位置用于铺设鲜花。长台规格至少为240厘米×120厘米，根据所坐人数，再相应增大，采用分餐制排列餐具，并留出位置布置鲜花、蜡烛、台灯等装饰品。

（2）副主台　参加宴会的贵宾较多时，可设若干副主台。它以圆台为主，设2~4个，每席坐8~12人。其大小应在主台和普通台之间，一般直径为160~180厘米。

（3）一般餐台　多项选择用圆台，每席坐10人，餐台的直径至少应为160厘米，但对于中低档大型宴会，由于场地面积的限制，也可选用相应略小的规格。

（4）备餐台　多为长条形，根据餐桌数量和服务要求而设。一般是1餐台配1个或2~4个餐台配1个，用小条桌、活动折叠桌或小方桌拼接。

（5）临时酒水台　宴会规模较大时，可设若干临时酒水台，以方便值台员取用。精心布置的酒水台具有一定的装饰效果。酒水台的形状、规格不作统一要求。

（6）餐椅　宴会餐椅以靠背椅为主，主台的餐椅可以特殊一些，场地较小时还可选用餐凳，同时还要考虑预备一定数量的备用餐椅。

2. 餐台设计原则

（1）突出主台　主台应处于宴会场地的正中或最显眼的位置，能纵观全场。

（2）整齐划一　桌椅排列应整齐有序，整个格局成一定的几何图形，不能太零散、杂乱，至少应保持横竖成行，做到桌布一条线、桌腿一条线、花瓶一条线。

（3）出入方便　餐桌之间要留出适当的空间，以最小座空40厘米为基准，既方便来宾就餐，又便于席间服务，同时应留出主行道，以便于主要宾客入座。宴会标准较低且场地面积有限时，可酌情缩小餐桌之间的距离，但要保证客人能够坐下。摆餐椅时要留出服务员的分菜位，其他餐位距离一样，若设立服务台分菜，应在第一主宾右边、第一客人与第二客人之间留出上菜位。

（4）标上台号　大型宴会除主桌外，所有桌子均应编号，预留主台1号，从2号开始放置号码牌，然后以主位面朝全场的方向为基准，按右高左低、近高远低的原则确定后续的台号。

（5）合理安排其他餐台　备餐台多靠边、靠柱而设，且与相应的餐台较近。酒水台的位置视情况而定，一般宜在各区域的靠边位置。重要筵席或高级筵席要设分菜服务台。

（6）合理安排其他活动区域　签名台、礼品台区域设在餐台整体布局的正前方，或主台的右上方。一般情况下要设主宾讲话台，并事先调试好麦克风等相关设备。灵活安排贵宾休息区，做到既方便客人，又能无死角地照顾客人的需求。无舞台的宴会厅其席间演出场地可设于餐台布局正前方，或餐台布局的中间，并铺上地毯，场地四周用花木围起或点缀。

（7）对于大型宴会有必要画出宴会的整个场景示意图，写出图示说明，宴会组织者根据服务区域划分和座位示意图来检查宴会的服务情况、安排客人。通常情况下，在与主人协商一致的情况下，应预留10%的座位。

3．中式宴会的台型设计（图6-2）

（1）独家举办宴会的台型设计　独家举办的中餐宴会通常要在专厅举行。其餐台的主台应突出，安排在正对大门的餐厅上方，面向众席，背向厅壁，纵览全厅，将主宾入席和退席要经过的通道辟为较为宽敞的主行道，其他餐台座椅的摆法、背向要以主桌为准。按桌数不

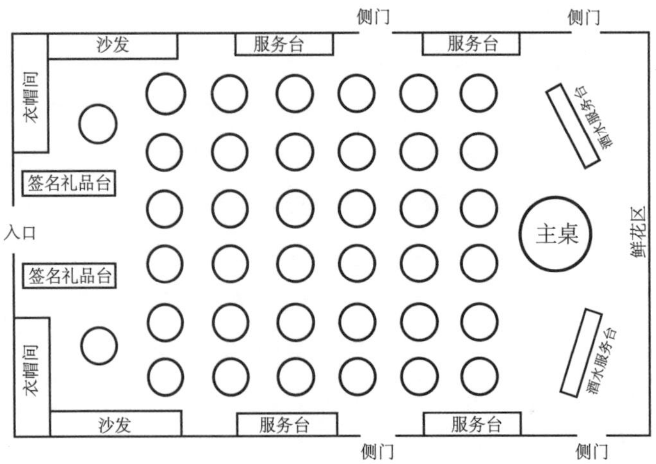

图6-2　中式宴会的台型设计

同的排列方法：3桌可排成“品”字形或竖“一”字形，餐厅最上方的一桌为主台；4桌可排成菱形，餐厅最上方的一桌为主台；5桌可排成“立”字形，上方的一桌为主台；6桌可排成“金”字形，顶尖一桌为主台；大型宴会席桌的排列，其主台可采用“主”字形排列，其他席桌则按宴会厅的具体情况排列成方格形即可。另外，也可将主台摆在中间，将其他席桌围绕主台排列造型，如“梅花席”“三梅吐艳”等。

（2）多个单位同时举办宴会的台型设计　预订酒席的餐台安排一般要自成一个单位，若在一个餐厅有两家或以上单位或个人所订的酒席，就应以屏风将其隔开，以防互相干扰出现服务差错。其餐台排列可根据餐厅具体情况而定。一般的排列方法是：2桌可横向或竖向平行排列，4桌可排列成菱形或四方形，桌数多的可排列成方格形。

4. 西式宴会的台型设计（图6-3）

西餐通常使用小方台，西餐宴会的餐台由若干小方台拼接而成，餐台的台型和大小可按就餐人数、餐厅形状和顾客要求安排。一般20人左右通常摆成“一”形长台或“T”形台，40人左右可安排“工”形台或“N”形台，60人左右则通常摆成“M”形台。

5. 鸡尾酒会的台型设计（图6-4）

鸡尾酒会仅在厅内布置小圆桌，不设菜台，也不设座位。为方便女宾和年老体弱者，可在厅室周围摆放少量的椅子。同时可在厅室左右两侧摆上酒台，供服务人员送酒和备餐之用。

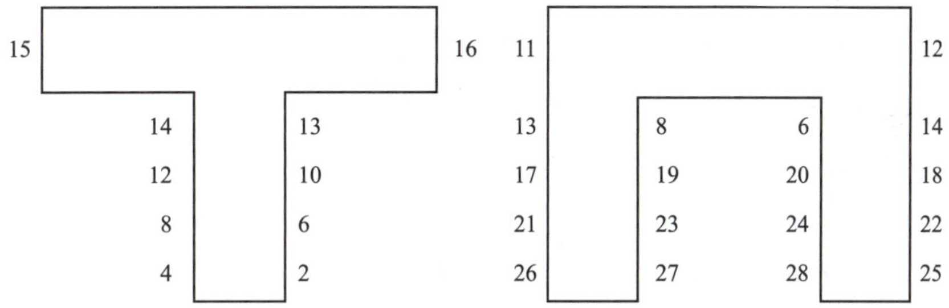

图6-3　西式宴会的台型设计

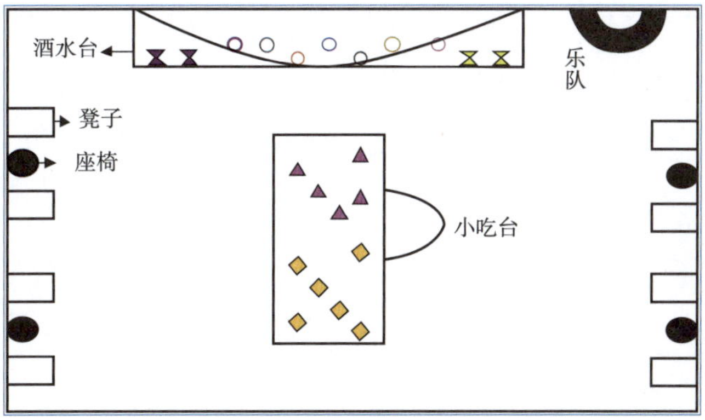

图6-4　鸡尾酒会的台型设计

6. 冷餐酒会的台型设计

冷餐会的餐台应保证有足够的空间布置菜肴。应根据人行走的正常步幅，以每走一步就能挑选一种菜肴为标准设置宴席，充分考虑所供应菜肴的种类与规定时间内服务客人人数之间的比例问题，否则将会造成取餐进度缓慢而使过多客人排队或在座位上等候的现象。

餐台可摆成U形、V形、L形、C形、S形、Z形及1/4圆形、椭圆形。此外，为了避免拥挤，便于供应主菜（如烤牛肉等），可设置独立的供应摊位。由于客人手持盛满菜肴的菜碟穿过人群是比较危险的，若不在客人的座位上供应点心，则可另外摆设点心供应摊位，而且应与主要供应餐桌分开。

可将供应餐桌的中央部分垫高，摆一些引人注目的特色菜或名菜等。饰架及其上面的烛台、插花、水果和装饰用的冰块也会增添高雅的气氛。各类碟之间的空隙可摆一些牛尾菜、冬青等装饰用植物。餐台桌布从供应桌下垂至地面6厘米处，这样既可遮住桌脚，也可避免客人踩踏。可使用色布或加褶，会使单调的长桌看起来更加赏心悦目。

冷餐酒会分不设座和设座两种形式，台型设计也各有不同。

（1）不设座冷餐酒会（图6-5） 应按出席的人数、菜点的多少，用长桌在厅室的中间或厅室的四周摆设若干组菜台，以供应菜点、摆设餐具，中间通常设大型花雕。一般以15～25人为基准设一组菜，在菜点的四周或侧面布置小圆桌或小方桌，周围设若干组酒水台。厅室的四周摆上少量的椅子，供女宾或年老体弱者使用。不设座冷餐酒会一般也不设主宾席，若设主宾席，则可在厅室的上方摆上沙发或扶手椅，每3张沙发或扶手椅前摆放1张大茶几，供摆茶点和用餐。也可摆设大圆桌或长条桌作为主宾席。

（2）设座冷餐酒会（图6-6） 台型设计有两种形式。一是用小圆桌，每张桌边摆6把椅子，在厅内布置若干张菜台；另一种是用10人桌面，摆10把椅子，将菜点和餐具按中餐宴会的形式摆在餐桌上，也可按出席的人数用12～24人的大圆桌或长条桌进行布置。无论是何种台面，餐台都摆放在宴会厅四周，并通常在中间设舞池，在一角设置酒吧。

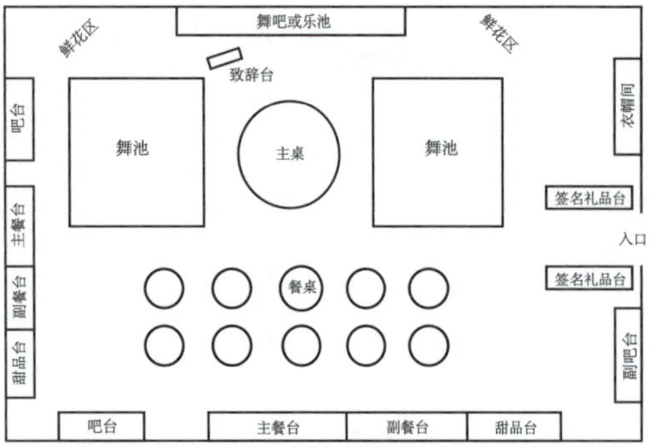

图6-5 不设座冷餐酒会

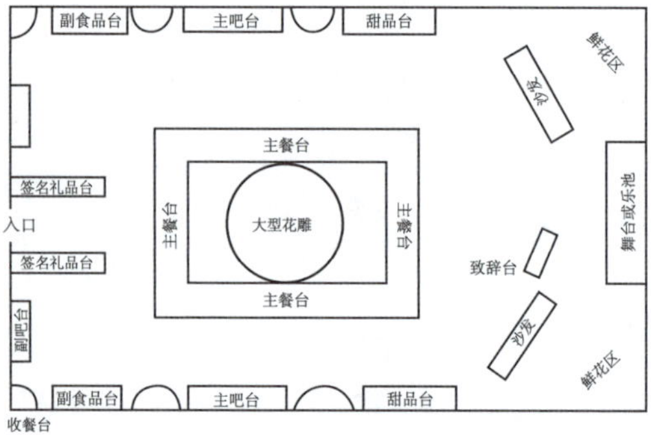

图6-6 设座冷餐酒会

（三）宴会花台设计

图6-7 宴会中的花台

宴会中的花台（图6-7），是指用鲜花堆砌成造型而供人观赏的台面，具有很高的艺术价值。宴会花台设计虽然缺乏实用性，但在高档宴会中有着举足轻重的展示作用。首先，在宴会餐台上插上主次分明、高低错落、艳而不俗、雅而不韵、玲珑有致的鲜花，其精致程度体现了宴会的品质和档次；其次，花台能充分展示宴会的主题。不同的主题匹配不同的花台设计，如婚礼通常会选择浪漫温馨的花台设计，而商务宴请更倾向于简洁大方的设计；此外，花台可以增加宴会的气氛，令来宾心驰神往、赏心悦目，有助于营造隆重、高雅、和谐的就餐环境。

1．花台设计的步骤

（1）构思主题　宴会花台制作前，需根据宴会主题、宴会厅环境以及菜品的设定等综合因素，构思适合当次宴会的花台造型、色彩和总体风格。如近年比较流行的荷花宴，用荷叶、荷花、莲藕和莲子入菜，花台则适合选择荷叶、荷花、莲蓬等组合的系列中式插花，再配以有关荷的书法、古乐等，以营造一个整体清新雅致、古典唯美的中式特色宴席。

（2）立意创新　在主题明确之后，设计和创新花台的插制模式和装饰方法，使其更具冲击力和吸引力，力求参加宴会的宾客能获得新奇感，继而对整个宴席留下深刻印象。如秋季的庆功宴，可以采用大量带枝叶的柿子、橘子、南瓜等做成花艺作品来装饰宴席，以体现丰收、收获的喜悦氛围。

（3）选择花材　适用于花台制作的花卉材料很多，无论是植物的哪一部分，只要具有合适的色彩、优美的形态、新鲜的生命力、贴切的美感和寓意的都可用于花台的制作。如玫瑰代表爱情，适合用于婚礼，中式婚礼通常选用红玫瑰，西式婚礼通常选择粉色或白色玫瑰；而以佛教主题的宴会，常常直接选用莲花（荷花）或用红掌做成的莲花形状组合花艺。高档宴会花台所选用的花卉种类更加丰富，质量更高。同时，高档花台还可能使用绢花、花篮以及各种工艺美术品和雕刻进行装饰形成大型花艺架构，以进一步提升宴会档次。

（4）整体融合　花台上的花艺作品要与餐厅的环境整体融合，需要考虑的因素有餐厅的色彩和布局、花台的形状和大小、灯光的亮度乃至宾客的身份、年龄等。如大的长方台不适宜摆放单独的圆形插花，而在有垂幔的长桌上摆放一长条的圆形插花组合，则更能体现其优雅美观；插花的幅面大小与台面的大小要适度匹配，插花的幅面过大会喧宾夺主，影响菜品摆放，幅面过小则会使宴席显得小气且缺乏生机。特别注意的是，花台作品的高度应以不影响宾客的视线交流为准，并可以制作空中的吊花组合以充分利用空间。

2. 花台设计的意义

（1）象征性　花语是通过各种不同种类的花朵来传达人们的情感和愿望的一种特殊语言。每种花都有其独特的象征性，代表了不同的情感和意义。因此，宴会的花台可以很好地传达各种主题情感和信息。在选择花卉时，可以根据不同的宴会场合和主题需求来挑选相应的花卉，以制作出更为切合主题、别致新颖的花艺作品。如红玫瑰代表热烈的爱情和激情。郁金香每种颜色代表的情感不同。红色郁金香代表爱的宣言，而黄色郁金香则代表高贵和珍重。君子兰的花语是君子谦谦，温和有礼，有才而不骄，得志而不傲，居于谷而不自卑，象征着友谊之花。滨菊的花语是清净、高洁、长寿、吉祥、真情。报春花的花语是青春的快乐和悲伤，不悔。勿忘我花语则代表了永恒的记忆。水仙花的花语是尊敬。

（2）季节性　各种植物花材在自然界的生存变化、季节轮回中形成了独特的情趣和风格，选择当季盛开的花卉或适合当时节气的花材，不仅能保证花束的新鲜和美丽，而且更加经济实惠。人们通过选择适合节气或季节的花卉和材料，可以创作出既符合自然规律又具有艺术美感的花艺作品，体现节气、季节的变化和自然的美妙。同时，花艺设计也可以反映出不同季节的特色和情感，让宾客在欣赏美丽花卉的同时，也能感受到岁月的变迁和自然的魅力。如春季的花艺设计可以选择一些开花早、色彩鲜艳的花卉，如郁金香、风信子和迎春花等；夏季的花艺设计可以充分利用这些花卉的耐热特性，创造出热烈、奔放的作品。还可以选择一些清凉的色调，如蓝色和绿色，为炎热的夏季带来一丝凉爽；秋季的花艺设计可以选择一些在秋季开花的花卉，如菊花、桂花和美人蕉等。这些花卉的花朵颜色丰富，花型多样，可以用来创造出丰富多彩的花艺作品。另外，秋季也是果实成熟的季节，可以考虑将一些秋季的水果和浆果融入花艺设计中，增加作品的层次感和视觉效果；冬季的花艺设计可以选择一些耐寒的花卉，如仙客来和瓜叶菊等。这些花卉可以在寒冷的冬季提供一抹鲜艳的颜色。还可以考虑使用一些冬季的主题元素，如雪花和冰晶等，为冬季的花艺作品增添一份冷艳感和神秘感。另外，节气插花不仅体现了自然界的时序变化，还融合了深厚的文化底蕴，根据节气时令设计制作的花台，展现了插花艺术与中国传统文化的完美结合，并可以起到提升酒店知名度和人流量的作用。

（3）民族性　不同文化背景和表现手法的花艺设计理念体现了宴会花台设计的民族性。各个国家和地区都有国花、代表花，并把它作为民族精神的体现，但同时也有“忌花”，或称作“禁花”“凶花”，如菊花是日本王室的专用花卉，人们对它极为尊重，但在西班牙、意大利和拉美各国被认为是不祥之花，只能用于墓地和灵前；荷花是泰国宗教精神的象征，而日本人认为它是丧花；在中国，喜庆场合应选择红色、黄色、粉色、橙色等暖色调的花，避免送整束白色系列的花束，而墨西哥人忌讳黄色和红色的花，认为黄色意味着死亡，红色会给人带来晦气。在国际交往日益频繁的今天，我们在宴会花台设计时，应广泛查阅和了解相关历史文化资料，根据不同国家、不同民族的风俗习惯，选用最合适表达、最具代表性的花材，并尽量避免使用宾客忌讳的花材，不仅避免误解和冒犯，还能更加恰当地表达情感和尊重对方的文化习俗。

（4）艺术性 花艺是一门综合性的艺术，它涉及花卉的种类、色彩、形状、布局等方面的知识和技巧。通过宴会花台的设计和制作，用鲜花、绢花、盆景、花篮以及各种工艺美术品和雕刻物品等，点缀构成各种新颖、别致、得体的台面，可以表现出花卉的美感和艺术价值，使人们能够通过观赏花卉来深入感知宴会的主题表达，获得更美的就餐体验。因此，花台又称餐桌艺术台面。如果酒店特聘花艺大师，通常需要承担多种职责，包括但不限于提升酒店的整体美感、创造独特的宾客体验以及参与特殊活动的设计与布置。对于更高层次的花艺大师，如台湾花艺大师凌宗湧，他的工作范围更加广泛，不仅限于单一酒店的服务，而是为一系列奢华酒店如养云安缦、阳朔糖舍、西贡柏悦等提供花艺设计。凌宗湧以其自然风格闻名，擅长将自然元素融入奢华环境中，创造出既现代又不失传统韵味的作品。如果酒店特聘一位像凌宗湧这样的花艺大师，不仅可以期待其在日常花艺布置上的卓越表现，还能通过其独特的设计理念和丰富的行业经验，为酒店带来更多的品牌增值效应。

3. 宴会插花的技法

（1）花材处理 是花台设计制作的重要前提，它直接影响到花台的美观和花材的吸水能力及作品展示的持久力。在进行插花前，首先，需要将枝条上的刺和叶片处理干净。所有花束的观测点以下都不要留有叶片，因为花材的叶片长时间会增加花材的吸水负担，导致整个作品寿命缩短；其次，水切是剪切花材最常用的方法之一，即在水里把茎的根部切去2～3厘米。这样可以扩大切口面积，增加吸水量，尤其是对于木质素材来说，斜切更有利于吸水；最后，为了增加吸水量，一般是将素材基部切出约45度的斜向切口。对于粗硬的木本花卉，可以用三角形木楔，镶进要造型的枝体切口内，以达到自然弯曲的美感。

（2）道具准备 首先，在处理花材时，应该使用适合的花剪刀。对于硬枝和粗枝，应该使用枝剪；对于草本类的花材，可以使用一般的剪刀。此外，还需要准备打刺钳、花泥刀等工具。对于需要支撑的花材，可以使用铁丝进行缠绕。对于细枝、茎、菊花等易切花材，可以使用胶带或纸进行包裹，以保护花材并增加吸水面积。在处理大型花材时，手锯用于截断那些超出枝剪剪裁范围的木条、枝条。手钻用于打孔或自攻钉推进工具。订书机、U型钉枪在插花造型的技术处理中，可以改变花卉的原形，如用箬叶做卷叶造型等；其次，花泥是常用的固定鲜切花的基座，它吸水快且有一定的硬度，并有相对时间的保湿功能，可用于做出不同的宴会花台造型。在使用花泥时，应根据需要裁剪成适当的形状，并注意不要将花泥全部浸入水中，以免影响吸水效果。湿花泥通常用来固定鲜花，而干花泥则适用于人造花和干燥花的固定；剑山，又叫花插，也可用于固定花材，特别是在东方插花造型中必不可少的工具。此外，利用容器和各类物品制作各种巧思的撒，也可以用于固定花材，形成别具一格的花艺造型。最后，喷水壶用于给花枝喷水和表面喷雾处理，以减少花瓣、叶片的水分蒸发；通过注水器可以向花瓶等容器中添加水分，帮助保持花材的新鲜度。

（3）选择花器 宴会花台应特别注重花材与器皿的和谐统一，追求自然与艺术的结合。

插花可以使用的器皿种类繁多，其材质包括陶瓷、玻璃、塑料、竹木、藤、漆器、铜器、贝壳等，每种器皿都有其独特的风格和特点，能够通过形状、色彩与花材相互呼应，共同营造出和谐统一的美感。其中，中式插花的器皿形状多样，可以是传统的花瓶、水盆、花篮、笔筒、笔洗、竹筒、木桶，也可以是现代设计的杯、盘、缸、壶、鼎、钵、罐、碟、碗、酒瓶、觚等。这些器皿的设计往往考虑到插花的需要，能够为花材提供一个合适的生长环境。常见的西式插花器皿有花瓶、花盆、花筐、花环、花台及花瓶插等。总体上看，选择容器时应考虑质地与环境的协调性，且在外形上应大方、简洁，比例合适。容器的形状、高低、大小均与构图有密切的关系。

（4）造型设计　插花应遵循一定的原则，但没有固定模式。花枝可插成一种或几种，注意色彩搭配和巧妙摆放。古人云："一枝二枝正，三枝四枝斜，宜正不宜曲，斗清不斗奢。"插花注意事项包括避免花枝排列成直线而显得刻板单调，即遵循"高低错落"的原则；插花过程中，下部花材应密集，上部花材不宜过多，即遵循"上散下聚"的原则；插花作品在创作时通常讲究三种意境：一是创作调和，包括花枝的大小、色彩、插花的目的、空间环境等因素的相互调和，花朵和枝叶在上下左右方向上的呼应和配合，它们围绕一个中心点进行布局，形成一种和谐的整体感，即"俯仰呼应"；二是创作韵律，包括花枝的高低、曲直、横斜变化、花朵大小、开放程度，色彩的差异等都富含变化。花朵和枝叶的布局应该考虑到轻重感，通常将轻盈的花材放在上部，沉重的花材放在下部，这样可以保持作品的稳定性和平衡感，即"上轻下重"；三是创作均衡，包括花枝高度、数量、大小要得当，要"疏密有致"，形成对称或不对称但处于动态平衡的状态；中式花艺讲究花为实，叶为虚，盛花为实，花苞为虚，中心花为实，藤为虚，通过虚实对比来增强作品的空间感和层次感，即"虚实结合"，有助于创造出既真实又富有想象的空间。

（四）展台艺术布置

1. 展台的类型

宴会展台的设计搭建是一项既讲究艺术性又注重实用性的工作，它不仅要满足美观的需求，还要考虑到功能性与实用性。展台艺术布置旨在通过创意和策略性的设计，吸引目标观众并有效地传达品牌信息。

（1）观赏型展台（图6-8）　通常由果蔬雕、巧克力雕、冰雕、黄油雕、食品造型、中外名酒、个性插花等相互配合组成。作品创作的原型可以来源于生活日常、乡土民情或企业特色等，使其散发出温馨的人情味，并流露出情感的寄托，同时具有对宴会主题或企业品牌的宣传作用。

（2）节日型展台（图6-9）　为增添中西方传统节日喜庆气氛而布置的展台，旨在借节日做餐饮文章，刺激人们的消费欲，增加餐饮销售收入。如年末的除夕宴预订展台，在包含年夜饭晚宴菜单的展板素材外，还配合播放喜庆的音乐、设置红色调的装饰品如红灯笼、剪

图6-8　观赏型展台

图6-9　节日型展台

纸、中国结等传统元素，营造热闹、喜庆的节日氛围，以增加预订量；又如在圣诞节可以布置一个圣诞展台，展台以房屋模型为基础造型，周围环绕着浓郁的圣诞树、铃铛以及仿制雪景，模型窗户透出温暖的黄色灯光，可以看到一桌丰盛的圣诞大餐。这样的场景造型不仅能够吸引顾客的眼球，增加节日的氛围，还能增加圣诞餐的销量。

（3）促销型展台（图6-10）　为餐饮企业的促销活动而设计。内容多为食品商、酒商赞助的样品以及广告，或者是特色菜品以及家乡特产、纪念品等，展台规模有大有小，造型通常简单明了。现今的促销展台经常通过LED屏幕播放餐厅的招牌菜、土特产的制作、生产过程，或设置触摸屏互动展示并直接售卖产品，或使用灯光和色彩营造不同的视觉效果吸引顾客。这些现代手段不仅能够提升餐厅的档次，还能够让顾客更加直观地了解产品和享受服务。

（4）作品型展台（图6-11）　指为美食节、厨艺比赛、交流会、新闻发布会等大型活动而专门设计和布置的陈列菜点和厨艺作品的展台，其不但向公众媒体开放参观，还作为媒体录像的主体背景出镜，旨在现场宣传、展示风采和吸引流量。

2. 展台布置原则

（1）展品摆放　根据展品特点和展览主题进行合理组合和布置，展品摆放层次分明，形式多样且风格统一。重要的展品可以摆放在显眼位置以吸引观众目光，突出主题。

图6-10　促销型展台

图6-11　作品型展台

（2）视觉平衡性　确保展览空间中各构成要素的位置、外形、功能、比例在视觉上适宜。不管是构成要素还是展示空间，都应做到视觉上的平衡和统一，充分利用各元素，通过各元素的排序组合使参展者的视觉达到平衡统一，并注重展台基座的布置，尤其是台布、围桌裙的衬托效果。

（3）空间规划　在规划空间时，应充分考虑展台的大小、展示的产品数量和种类、观众流动的方向等因素。合理规划空间可以使观众更便利地参观展台，同时也能提升展示效果。展台设计形式一般有四面观赏型、三面观赏型或单面观赏型，要根据餐厅正门位置特征设计展台的朝向和观赏面，以达到最佳视觉效果。

（4）运用高科技手段　在设计中运用高科技手段，不仅能够全面展示产品，还能让顾客快速直观地了解企业和产品文化，从而吸引顾客，促进消费。

（5）互动体验　考虑到观众的互动体验，通过设置展示台、试用区或者互动游戏等方式，可以吸引观众参与，提升展台的吸引力和趣味性。

（6）安全考虑　需注意其环保性，尽量避免使用含有有害物质的材料。对于展台中包含玻璃装饰的部分，必须使用安全玻璃，并确保施工安装牢固，同时要有醒目标识，防止因玻璃破碎造成的人员伤害。

（7）灯光音响　适当的灯光设计、音响效果及背景墙面美化等可以为展品增添艺术感和吸引力，通过合适的背景音乐、背景墙的衬托，调整好灯光亮度和节奏，以色彩和角度来突出展品特点，能创造更好的展示效果，提升观众体验感。

（8）控制管理　制定展台布置搭建方案要充分考虑预算范围内的材料费用、人工费用、灯光设备费用、租赁费用等，确保在可控预算内完成工作。合理安排搭建和展示周期，确保做好展期前的准备工作，并顺利实现展台功能目标。

3．展台装饰布置

展台装饰布置还包含桌布装饰、帷幔装饰、天花板装饰、奖杯牌匾装饰、摆件装饰以及气球、彩带等各种大众化的小装饰、纪念品等。它们有着不同的色彩、造型、风格、质地和文化内涵，往往是反映宴会主题、烘托宴会气氛的重要角色。摆件的品种和内容的选择，应视宴会的场面和档次而定。在大宴会厅的装饰要少而精，以大型帷幔、雕塑作品为主。在特定的宴会场合，为了迎合特殊人群的审美情趣，装饰布置的选择必须尊重民族习俗和宗教信仰，这类装饰品的布置要注意处理好空间格局关系、色彩关系，做到互相衬托，而不是彼此排斥。

（五）宴会娱乐设计

1．宴会娱乐设计的作用

宴会娱乐设计是宴会设计中不可忽视的一部分，它通过各种形式的娱乐活动来丰富宴会的氛围，增强宾客的参与感和体验感。在设计过程中，需要综合考虑宴会的目的、受众喜好、主题选择、色彩搭配、音乐风格等多个方面，以确保最终的设计方案能够满足客户的需求，并为宾客带来难忘的体验。

（1）烘托宴会主题氛围，体现宴会文化内涵　娱乐形式与宴会经营相结合，不仅烘托了餐厅的经营气氛，而且能在社会上造成一定的有利影响。娱乐形式必须与主题宴会相契合，并参考餐厅规模、档次和经营目标来设计，最终做到娱乐活动和宴会活动的有机结合，既能突出餐厅独特的就餐体验，又能加深宾客对宴会文化内涵的理解，给宾客留下深刻印象，以吸引回头客。如乡土菜宴，往往会设置传统文化区，展示当地特色的刺绣、陶艺、剪纸等手工艺，以及各种互动游戏。这些活动不仅让客人在品尝美食的同时，还能感受到浓厚的文化氛围；在庆祝节日或举办宴会时，乡土菜宴往往会邀请当地的文艺团队进行表演，如舞龙舞狮、打铁花等，这些都是极具特色的非物质文化遗产表演。这些表演不仅增添了活动的热闹气氛，也让客人深入了解当地的传统文化；除了以上的文化体验外，乡土菜宴还会提供一些美食制作体验活动，如亲手制作当地的特色小吃或参与烹饪课程。这样的活动不仅可以让客人学习到如何制作地道的乡土菜肴，还能增加互动性和趣味性。

（2）增添趣味性和互动性，助推节日活动气氛　通过游戏、表演或者音乐舞蹈等形式的娱乐活动，可以让宾客在品尝美食的同时，享受到视觉和听觉的盛宴。这样的娱乐活动不仅能够让宾客放松身心，还能促进他们之间的交流和互动，使得宴会氛围更加活跃。宴会往往为庆祝某个特殊的日子或事件而举办，如生日、婚礼、毕业典礼等，合适的宴会娱乐活动可以让人们共同分享喜悦和快乐，将整体宴会的气氛推向高潮。如互动性游戏“占领阵地”，每队派出四名成员，要求他们在一张报纸上站立，任何部位不能触地。成功后，他们需要撕掉一半的报纸继续挑战，直到失败。这个游戏考验了团队的合作能力和协调性，适合在宴会中进行。

（3）增加社交机会，提供商务交流平台　宴会娱乐活动是加深宾主之间感情的重要手段。通过精心安排的娱乐节目，可以展现出主办方的用心和对宾客的尊重。宴会娱乐可以快速打破参与者之间的壁垒，有助于增进人与人之间的感情交融，帮助人们在自然欢乐的氛围中扩大社交圈子，建立人际关系。宴会娱乐活动也是一个间接展示个人才华和能力的平台，从而可以进一步促进商业合作和交流，加深商业伙伴之间的信任度和合作意愿。如盲人绘画是一个需要团队合作的游戏。游戏时，每个小组选出两名成员，其中一名玩家用眼罩遮住眼睛，根据另一名玩家的口头指令在白板上画画。这个游戏不仅能增进两人的默契，还能活跃气氛。“Hi现场”是一个提供现场互动大屏幕制作的工具，它提供了多种互动游戏和小应用，如摇一摇互动、红包雨、盲盒抽奖、3D抽奖等。这些游戏和小应用都可以免费制作，尤其适用于各种商务宴会、年会等官方活动。

2．宴会娱乐设计的内容

（1）背景音乐　是宴会中常见的一种娱乐方式。背景音乐可以配合宴会的表现形式，在情感上乃至心理上引导宾客享受美好的宴会时光。其中有轻音乐、古典音乐、民族风情音乐、流行音乐等，适合不同场合和主题的宴会。如适合婚礼的背景音乐有《梦中的婚礼》钢琴曲，充盈着幸福感的音乐将带着新人与来宾共同快速地投入婚礼的气氛之中；《百鸟朝凤》是一首充满喜气和祥和的音乐，它的旋律欢快而富有民俗特色，非常适合中国的传统婚礼；罗贝塔·弗莱克（Roberta Flack）创作的*The First Time Ever I Saw Your Face*是一首经典的情歌，非常适合在西式婚礼上播放。

（2）灯光秀　通过霓虹灯、激光灯、彩灯等进行的炫目表演。在宴会厅内设置舞台，通过灯光的变化和配合音乐的节奏，为宾客呈现出一场视觉盛宴。灯光秀能够吸引宾客的注意力，增添宴会的神秘感和浪漫气息。通过专业的灯光设备和高科技手段来打造一场高端大气的婚庆宴会厅灯光秀，并可运用光影互动和体感互动打造梦幻的视觉效果。

（3）影像播放　可以是儿童成长、爱情故事等相关视频，或者是音乐MV等。通过影像播放，宾客可以了解到感人的故事情节，感受成长和情感历程，增加对主人的祝福和了解。如婚礼当天取消常规的“繁文缛节”，只播放经专业团队提前精心制作的既有创意又具个性的穿越主题婚礼视频，然后直接开席，是现代年轻人广泛喜爱的一种新形式的简约婚礼。

（4）互动游戏　是宴会中非常受欢迎的娱乐项目之一。如婚礼互动游戏的选择应根据新人的个人喜好、婚礼的主题以及宾客群体的特点来决定。通过这些游戏的加入，婚礼变得更加生动和难忘，让所有宾客都能享受到这个特殊的时刻。例如，传统的抛手捧花环节可以加以改良变得更具互动性，通过抽签的方式来决定手捧花的归属，这样可以让整个环节更加有趣和公平。

（5）亲友祝福　这个环节通常在百日宴、寿宴、婚宴中进行。允许宾客、亲友团上台送上祝福，或者在宴会现场设置祝福墙、祝福板等，让主人和宾客都能留下美好的回忆。亲友祝福环节能够让宾客感受到新人的用心和感激之情。如今婚宴中，亲友团表演是一个重要的环节，它不仅能展示亲朋好友的多才多艺，还能为宴会增添欢乐和温馨的氛围。

（6）节目演出　可以通过请专业的乐队或歌手进行现场表演，或者钢琴、小提琴演奏等形式为宾客带来听觉盛宴。音乐演出能够调动全场的气氛，使宴会变得更加生动有趣。如在*Sugar*歌曲的音乐录影带中，魔力红乐队突袭各种婚礼现场，当白幕落下音乐响起，新郎新娘以及现场宾客都开始沸腾，随着歌声尽情舞动。这支音乐录影带共准备了六周的时间，无论是乐队的正式表演还是随机的婚礼惊喜，这首歌都能让婚礼变得更加难忘和欢乐。还可以是相声、魔术、杂技、舞蹈、小品、二人转、舞狮、旗袍秀或时装秀等表演。这些特色节目能够为宾客带来惊喜和欢乐，使宴会变得更加丰富多彩。如Edition品牌在广西桂林阳朔的糖舍举办了2020年秋冬系列时装秀，同时亦为其品牌成立十周年大秀，实现了旅游餐饮酒店和时装品牌的深度融合，让人耳目一新。

（7）纪念品发放　为宾客准备的小礼品、纪念品等伴手礼，让他们在离开时带走。这种方式能够让宾客感受到主人的心意，也是宴会中的一个温馨环节，并能留下美好回忆。宴会纪念品的发放需要综合考虑活动的主题、目标、预算以及参与者的期望。通过合理的分组策略、有意义的奖项设置和符合企业文化与员工需求的福利选择，可以有效提升活动的影响力和员工的满意度。同时，纪念品的发放还应当注重创新和个性化，以区别于其他类似的活动，给参与者留下深刻的印象。

（8）美食品尝　除了传统的菜肴，可以准备一些创意美食或特色产品，让宾客品尝。美食品尝不仅满足了宾客的味蕾，也让宴会变得更加有趣和难忘，同时也是一个潜移默化的商业促销渠道，可以灵活巧妙地加以运用。

（六）宴会服饰设计

宴会中服务人员的穿着、仪容仪表及服务过程也是一种动态的宴会环境。灿烂缤纷的服饰文化为宴会服饰设计提供了广泛的选择和丰富的想象空间，与宴会中美食的魅力一样，是烹饪美学的一个特殊体现。

1．宴会服饰文化的基本要求

员工制服的风格样式必须与宴会的主题和经营方式相吻合，与餐饮场所的气氛相协调。员工制服的总体要求是在便于服务操作的前提下，端庄、典雅，大方中不失轻松活泼。员工制服必须量体裁衣，与身形相协调，才能体现最佳的服务姿态和气质。

员工制服还可根据宴会餐厅环境布置而协调变化，适当地运用装饰手法，如发夹、丝巾、领带、徽章等。

2．宴会服饰的常用款式

（1）中餐厅宴会服饰　服饰的色彩应与餐厅的基本色调协调一致，多选用庄重、典雅、热烈的颜色，常用的有金黄色、红色、藕色、绿色、紫色及其同类色。款式选用中国传统的民间服饰，一般女装可为旗袍、袄裙等，男装可为长衫、对襟坎肩等。男性经理制服为深色西服配领带，女性经理制服为深色职业套装配飘带。

（2）西餐厅宴会服饰　高档法式西餐厅的员工服饰庄重、典雅，比较考究，与餐厅整体氛围相协调，色彩以黑色、白色、红色为主。迎宾员一般着西式拖地长裙、白衬衫及与长裙一色的马甲；餐厅服务员为各式紧身西装打领结；酒水服务员一般是黑色或红色马甲背心配西裤、打领结；餐厅经理着深色西服打领结，身着燕尾服能更好地体现欧陆情调，渲染进餐气氛。在咖啡厅的员工服饰色彩比较鲜艳明快，款式精干短小，极富浪漫气息。女装常用西式短裙加一小围兜，窄的袖子便于操作；男装为马甲背心配西裤、打领结。

（3）其他餐饮场所宴会服饰　宴会的餐饮员工服饰通常与主题定位有关，如以正式晚礼服为基本格调，适宜穿着在各类中西式大型宴会、冷餐会、鸡尾酒会等场合进行服务。酒吧员工以深色马甲背心、腰封、领结来体现其特色和风采。特色宴会如瑶乡油茶宴，员工着瑶族传统服饰，其色彩鲜艳、图案精美，其挑花、刺绣、染布等制作工艺体现了瑶族文化的独特魅力。

3．中国宴会服饰

（1）民间乡土服饰　中国民间乡土宴会采用得较多的是蓝印花布服饰。它充满中国民间乡土气息，形成了汉民族独有的艺术格调。蓝印花布题材内容广泛，常见的图案有喜上眉梢（喜鹊、梅花）、狮子滚绣球（节日）、荷花（夫妻和睦）、凤凰、牡丹等，寄托了内心的美好理想和善良的愿望。蓝印花布朴素浑厚，弥漫着浓浓的乡情，长期植根于中国老百姓的心中。蓝印花布服饰是中国民间乡土风情主题服饰的最佳选择，选用范围广，常见的有蓝白印花旗袍、袄裙、筒裙等；也可将蓝印花布设计制作成一块小方巾，扎在头上，以增添女性的娇美。蓝印花布还可作为台布、口布、装饰布等布置装饰餐桌台面。除蓝印花布服饰外，可选择的民间服饰还有手绘服饰、蜡染服饰、绣花服饰等。

（2）少数民族宴会服饰　中国是一个多民族的文明古国，除汉族外，还有55个少数民族，其居住地物产丰富、风光旖旎、民族风情浓郁。少数民族风味美食节的崛起，为终日深居都市的人们吹来了一股新鲜的空气，民族节日盛装是少数民族风味美食盛宴喜用的服饰。如维吾尔族宴会的工作人员统一戴着四棱小花帽，称为“尕巴”；傣族宴会员工服饰可穿着花色长筒裙，结发于顶，插梳子并戴花，还有的把头发打成髻拖于脑后，或稍偏于脑的一侧；蒙古族、藏族的宴席，员工通常都会穿着带有各自民族特色的袍子，并佩戴哈达献给客人。

（3）宫廷宴会服饰　宫廷宴会的员工服饰设计可以从历史资料中汲取灵感。如元代的“质孙服”采用了日、月、龙、凤等纹样作为绣纹，这些元素不仅富有象征意义，也显示了穿戴者的高贵身份。在设计员工服饰时，我们可以将这些元素融入其中，同时考虑现代审美和实用性。材质通常选用丝绸、缎面等高级面料，颜色则选择金色、银色、深红色等，这些面料和颜色能够展现出宫廷的华丽感、高贵和庄重。配饰是宫廷宴会员工服饰的重要组成部分，它可以提升整体造型的精致度和完整度。例如，一枚精美的胸针、一条优雅的项链或者一对华丽的耳环，都能够为员工的整体形象增添光彩。同时，配饰的选择也需要与整体服饰风格相协调，避免过于突兀。

4．外国宴会服饰

（1）德国10月啤酒节服饰　德国民族服饰的特色并不明显，但是有几个地区在服饰方面很有特色，例如巴伐利亚，每当遇到重大节日和喜庆聚会，特别是在啤酒节上，这里的人们就会穿上自己民族的服装，男子头戴小呢帽，帽子上插一根羽毛，身穿皮短裤，挂着背带，穿长袜和翻毛皮鞋，上衣外套翻领，颜色多半为墨绿色。女子通常是上衣敞领，束腰，袖口绣有很多花边，她们的裙子类似围裙，色彩鲜艳，以红色、绿色和白色为主。

（2）热带风情美食宴服饰　常见的热带风情服饰有夏威夷衫、波拉衫、草裙、花环等。夏威夷衫、波拉衫以花款奔放、色泽浓艳、充满热带风情而使人陶醉。最流行的有两种：一种是用原色布做软翻领，全开襟短袖衫，大摆左右开衩，前片下方两个口袋（有的左上方一个口袋），花型以大、中型居多，印满全身；另一种类似T恤衫，图案多为大海、太阳、椰树、沙滩、鱼龟、帆船等，面料均为轻薄柔软、挺括的梭织物，宽松、飘逸，穿着舒适方便。原汁原味的夏威夷服饰称“马罗”，“马罗”是一种用树皮制成的黄色或红色的布，如大力士那样缠兜裆布般系在腰上的男子装束。草裙是夏威夷年轻女孩的标志性服饰，她们喜欢在鬓间插花，成堆成束，配上颈项上的各种颜色花环，显得美丽绚烂。

（3）美国美食宴服饰　除典型的牛仔装束以外，还可选择印第安人服饰或印有美国国旗图案的服饰作为美国美食宴服饰。印第安人民族服饰的图案以花卉为主，其袖边装饰有珠球、簇状鬃毛或动物毛皮等。印第安人的头饰是用鹰的羽毛制成，威武华丽。部落头领的羽毛头饰更为豪华艳丽，称“拱形马鬃”式羽冠。印有美国国旗图案的服饰是美国国旗意识的体现，其星条图纹和红蓝白三色直接体现了美国美食节的主题。

（4）东南亚美食宴（泰国、印度等）服饰　最具特色的服饰是女子纱丽服。纱丽，有美丽纱布的意思。纱丽，是一块长为5~8米的布料，穿时先把布料围在腰际，扞出无数个皱褶，再将布料上端塞入衬裙内固定，剩下的布端则绕过左肩部或头部。纱丽底色大都是红、枣红、玫瑰红、蓝、中黄等色，其质地从普通棉布到闪光的丝绸都有。

（5）日本美食宴服饰　日本人在多种正式场合宴会和传统活动中会穿着和服。“和服”是日本的传统服饰，也叫“着物”，受我国“吴服”影响，后沿承唐朝服饰基础进一步改进而成。和服的特点是领口、腰围宽大，衣袖宽而短，一律不用纽扣，仅以腰带固定；腰带质料讲究，花样繁多，衣料讲究色彩，喜用象征吉祥富贵的佩饰。着和服时必须穿布袜、踏木屐。

（6）韩国烧烤美食宴服饰　韩国人喜欢穿白色服装，故有“白衣民族”之称。韩国民间女子服饰结构简单，一般由袄和裙两部分组成，其最大的特点是贴身短袄和肥长裙，加上色彩、纹饰的搭配，不仅民族特色鲜明，而且优雅大方。

（7）西班牙美食宴服饰　西班牙美食宴传统服饰参考，一是弗拉门戈风格。女性可选择红色、黑色等明艳色彩的层叠裙摆长裙，搭配蕾丝或刺绣，展现热情奔放的气质；男性可尝试修身马甲与紧身长裤，搭配短款夹克，凸显干练与复古感。二是安达卢西亚风情。融入花卉图案的服饰，如印有向日葵、石榴等西班牙特色花卉的衬衫或连衣裙，搭配宽檐帽，呼应地中海地区的阳光与活力。

（8）墨西哥美食宴服饰　墨西哥最为传统的民族服饰是男子通常穿短上衣、紧身裤，将白色亚麻的丝巾系于颈间。短上衣用银扣装饰，下裤外侧缝处用丝绳系成菱形图案。在饰物上，腰带也用银扣，头戴阔边帽，帽四周用银丝带镶边，有时外披彩色羊毛毯。这种服饰称为“恰罗骑士”服。女子服饰为短袖连衣裙式样，类似中国式的公主裙。这种裙子以黑色为底，裙身上下绲有金色花边，胸部四周配有美丽的刺绣，花纹起伏、红绿相间。整个衣裙没有袖子，腰窄而脚部宽大，长可及地。

（9）英国美食宴服饰　英国人在穿戴上是最讲究的，尤其体现在正式宴会中。典型的英国服饰为方格绒短裙，披上斗篷，头戴黑毛方冠，左边插上一根洁白的羽毛，腰间配上一个黑白相间的饰袋，穿着白鞋、短毛袜以及长至膝的裤子。这种特色服饰与苏格兰风笛飘扬悠远的乐声一起，展现了英伦三岛恬静的田园风情。

（10）圣诞节美食活动服饰　采用圣诞老人、牧羊女的传统服饰，色彩以红色为主，白色镶边，而且红色圆锥形绒球帽是必不可少的装饰。圣诞服饰要给人以温暖热烈的感觉。

第三节 宴会设计案例

一、浪漫星空派对

（一）目的和主题

浪漫星空派对以夜空和星空为主题，为体现神秘浪漫的氛围，可以命名为《奇幻夜空》。旨在创造轻松愉快的氛围，为人们提供更多交流互动的机会，自然而然地增进人际关系，适用于生日宴、求婚宴、同学或朋友聚会等。

（二）宴会环境设计

场地布置：选择宽敞明亮的室内场地或户外空地。装饰采用黑色和紫色布料作桌布和椅套；在场地四周悬挂流星灯串、星星灯串；灯光用紫色和蓝色灯光照亮场地，打造神秘幻影效果；在舞池周围放置大量流光灯或LED灯，营造星空闪耀效果；定时播放繁星闪烁或流星划过等星空影像。

音乐选择：富有浪漫和梦幻感的音乐，如古典音乐、轻音乐或电子音乐。

餐厅布置：创造夜空氛围的灯光效果，使用星星、月亮和星座装饰，选择合适的桌布、餐具和装饰品。如在宴会桌上摆放星星形状的摆设，如星星状餐具、星星形状的鲜花等。

（三）宴会菜单设计

1．前菜

流星沙拉：选用生菜、紫甘蓝、黄瓜等新鲜蔬菜，搭配蓝莓、葡萄等紫色水果，象征着夜空中闪烁的流星。淋上特制的蓝莓酱汁，增添酸甜口感，清爽开胃。

星云刺身拼盘：包括三文鱼、金枪鱼、北极贝等刺身，摆放成星云状。用绿色的海藻和红色的鱼子酱点缀，仿佛宇宙中的繁星，色彩丰富，口感鲜美。

2．汤品

银河蔬菜汤：以胡萝卜、玉米、西蓝花等蔬菜熬制而成的浓汤，呈现出金黄的色泽，如同银河般璀璨。上面漂浮着一些白色的奶油泡沫，模拟出星星的效果，温暖而营养。

3. 主菜

狮子座火焰牛排：选用优质的牛排，煎至表面金黄，内部鲜嫩多汁。在牛排上淋上特制的红酒酱汁，点火燃烧，火焰如同狮子座的热情，象征着力量与勇气。搭配烤蔬菜和薯条，营养丰富。

双鱼座海鲜拼盘：包含龙虾、螃蟹、贝类等各种海鲜，摆放成双鱼座的形状。用蓝色的食用色素和银色的糖珠装饰，营造出海洋与星空相结合的感觉，口感丰富多样。

仙女座烤鸡：将整只鸡烤至金黄，外皮酥脆，内部鲜嫩。用香草和香料调味，散发着诱人的香气。在鸡的周围摆放一些烤蘑菇和洋葱，如同仙女座中的星星一般，美味可口。

4. 主食

星空披萨：在披萨饼底上涂抹一层蓝色的番茄酱，象征着夜空。上面铺满各种蔬菜、肉类和奶酪，用黑色的橄榄和银色的糖珠点缀，制作出星星和星座的图案，造型独特，味道香浓。

宇宙炒饭：用米饭、鸡蛋、火腿、蔬菜等炒制而成，加入一些蓝色的食用色素，使米饭呈现出神秘的蓝色。搭配一些金色的玉米粒和银色的面条，仿佛宇宙中的星球和流星，口感丰富。

5. 甜点

流星巧克力慕斯：巧克力慕斯做成流星的形状，表面撒上银色的糖珠和紫色的巧克力碎片，如同流星划过夜空。口感细腻，香甜可口，是星空宴的点睛之笔。

星座水果塔：用奶油、水果和饼干制作成各种星座的形状，如白羊座、金牛座、双子座等。色彩鲜艳、造型可爱，为宾客带来愉快的味蕾享受。

6. 饮品

星空鸡尾酒：用蓝色的利口酒、白色的奶油和红色的果汁调制而成，分层效果如同星空的色彩。上面漂浮着一些星星形状的冰块，美观又好喝，为宾客提供多样化的选择。

宇宙咖啡：在咖啡中加入一些蓝色的奶泡和银色的糖珠，制作出星空的图案。口感浓郁、香气扑鼻，适合在餐后饮用，让人回味无穷。

（四）宴会活动安排

安排专业DJ或乐队提供音乐娱乐，设计与夜空主题相关的游戏和互动环节。

星际时装秀：邀请专业模特穿着与星空主题相关的服装进行时装秀表演，参与宾客可参与设计服装的搭配比赛，评选最佳搭配奖项。

星座知识竞答：邀请专业天文学家为宾客讲解星空和星座故事，并设计星座知识竞答环节，答题正确率最高的宾客将获得奖品。

星空观赏：若宴会场地附近有天文台或天文爱好者协会，可以邀请他们提供观星设备，在宴会结束后进行星空观赏活动。

礼物和纪念品：准备星星吊坠或星座书签等纪念品，分发给参与者。

（五）宴会风险控制

定期与合作方和供应商进行沟通，确保物料供应和合作的顺利进行；制定应急预案，应对可能出现的突发情况；检查场地安全性，确保活动场地符合相关的安全要求；委派专人负责活动执行和现场管理。

主办方在社交媒体上发布活动信息和宣传海报；与合作伙伴进行合作，共同宣传活动；邀请媒体和博主进行报道和宣传；设立活动网站，提供活动细节和报名通道。

二、怀旧复古宴

（一）目的和主题

以中世纪欧洲宫廷为背景，可以命名为《酒醉的探戈》，展现贵族气质和奢华感；也可以结合20世纪三四十年代老上海的特色，命名为《匆匆那年》，呈现旧时代的繁华风情；或者以民国时期或更早年代为背景，取名为《花样年华》，营造怀旧复古氛围。适合生日宴、婚礼、同学或朋友聚会等。

（二）宴会环境设计

场地布置：挑选具有复古特色的宴会厅，如欧式古典或中式古典风格的场地，为宴会奠定复古基调。整体色彩方面，若选欧洲宫廷风，可用代表尊贵奢华的皇家蓝与金色；老上海风情搭配体现摩登浪漫的玫瑰红与米白色；旧时年代感则选用营造神秘庄重氛围的暗红色与黑色。

场地装饰：采用柔和的灯光，如暗黄色或暖白色，为整个宴会厅营造出浪漫、温馨的氛围。可添加华丽的吊灯和壁灯，提升空间的复古感；设计具有复古特色的舞台背景，如欧式古典壁画或中式古典屏风，突出宴会主题。在舞台上布置一些复古道具，如花环、蜡烛、帷幔等，增加舞台层次感和视觉效果。迎宾区与入口设计具有复古特色的入场门，如欧式古典拱门或中式古典门楼迎接宾客。在入口处布置鲜花、彩带、气球等装饰物，营造热闹、喜庆的氛围。

音乐选择：选择20世纪初或中世纪的复古音乐，如爵士乐、古典乐或民谣等作为背景音乐，营造复古氛围。还可策划一场复古音乐现场表演，如小型乐队演奏或复古歌手演唱，为宴会增添特色。

餐厅布置：选用复古风格的桌椅，如雕花的欧式座椅或中式红木座椅，与宴会厅整体风格相协调。在餐桌上布置复古风格的餐具，如银制刀叉、瓷器餐具等，还可摆放鲜花或烛台增添氛围。

花艺布置：选用复古风格的花卉，如玫瑰、郁金香、康乃馨等，展现复古的浪漫气息。在婚礼现场布置花艺，如花门、花柱、桌花等。桌花布置可参考以下建议：根据宴会主题选择花卉，使其色彩与晚宴的整体色调相协调，根据宴会风格选择花型，搭配合适的花器，注意高低搭配创造层次感，加入小灯光增加浪漫氛围，还可添加树枝、果实或绿叶等自然元素增加自然感。

服装与配饰：若是新人着装，新娘选择经典的复古婚纱，如A字形、公主线或鱼尾款式，搭配复古风格的头纱、手套、耳环和项链等，如珍珠或宝石镶嵌款式，增添高贵气息；新郎穿着西装，搭配领带、口袋巾和胸针等复古风格的配饰，提升整体造型的精致感；伴郎穿着复古风格的西装或燕尾服，伴娘服装与之相呼应，展现整体的协调性和复古美感。

（三）宴会菜单设计

菜品选择：主菜注重传统与创新结合，既要满足长辈对传统的追求，也要考虑年轻人的口味。可以选择传统的中式菜品，如烤鸭、鱼香肉丝等，也可加入一些现代烹饪技巧和食材。同时搭配红酒和甜点。

数量寓意：宴席上的菜品数量选择寓意吉祥美好的数字，且最好为双数，如10道，有十全十美的美好寓意，同时保证冷菜、炒菜、炖菜、甜品等搭配合理。

以下以老上海怀旧宴为例：

1. 冷菜

上海熏鱼：选用青鱼，经过油炸和卤制，外皮金黄酥脆，内里鲜嫩多汁，甜咸口味浓郁，是老上海经典冷菜之一。

油爆虾：新鲜的河虾用热油快速爆炒，保留了虾肉的鲜嫩，虾壳香脆，带有淡淡的酒香味。

糟鸡：选用鲜嫩的鸡肉，用香糟卤腌制而成，鸡肉鲜嫩，糟香四溢。

四喜烤麸：烤麸、香菇、木耳、花生米等食材烧制而成，口感软糯，甜咸适中，是一道经典素菜。

2. 热菜

老上海红烧肉：肉质鲜嫩，甜而不腻，是上海菜的标志性菜品，体现了老上海菜浓油赤酱的特点。

蟹粉豆腐：鲜嫩的豆腐搭配鲜美的蟹粉，口感滑嫩，味道鲜美，营养丰富。

响油鳝糊：鳝鱼切成段，烧制后淋上热油，发出“滋滋”的响声，香气扑鼻，鳝肉鲜嫩，咸鲜中带点甜味。

草头圈子：草头即苜蓿，圈子是猪大肠，草头清香解腻，猪大肠肥而不腻，两者搭配相得益彰。

腌笃鲜：新鲜的竹笋、咸肉和鲜肉一起炖煮，汤鲜味美，是春季的时令佳肴。

油酱毛蟹：毛蟹用酱油、糖等调料烧制，蟹肉鲜嫩，酱汁浓郁，味道醇厚。

3. 小吃

生煎包：外皮酥脆，底部金黄，肉馅鲜嫩多汁，咬一口汤汁四溢。

蟹壳黄：形似蟹壳，外皮酥脆，内馅有甜、咸两种口味，甜的有豆沙馅，咸的有葱油馅。

排骨年糕：排骨鲜嫩，年糕软糯，搭配特制的甜面酱，味道独特。

4. 汤品

荠菜肉丝豆腐羹：荠菜清香，肉丝鲜嫩，豆腐滑嫩，口感丰富，营养均衡。

（四）宴会活动安排

安排一些复古风格的表演，如舞蹈、魔术等，为宾客提供娱乐。

（五）宴会风险控制

摄影与摄像人员选择：寻找有多年婚礼拍摄经验的摄影师和技术精湛的摄像师，了解其作品风格和技术水平，确保能够满足复古宴会的拍摄需求。与摄影师和摄像师沟通，明确复古风格的拍摄要求，如特定场景、服装和道具的拍摄细节，以及复古元素的呈现方式，如老电影特效、慢动作等。对后期制作提出具体要求，强调复古元素的运用，如旧电影质感、黑白色调等，确保最终作品符合预期效果。

三、国风荷花宴

（一）目的和主题

国风荷花宴是以荷花、荷叶、藕、莲果等为主要食材打造的生态宴席，古有流传，充满风雅韵味。以中国传统文化为底蕴，围绕荷花这一主题元素，将荷花的清雅、纯洁与国风的典雅、大气相融合，营造出一种既富有诗意又充满文化氛围的宴会环境。现今各地流行的国风荷花宴，普遍适用于家宴、朋友聚会以及各种传统文化传播等场合。

（二）宴会环境设计

场地布置：搭建一个古色古香的中式拱门，用荷花、荷叶和藤蔓进行装饰，两侧放置古风灯笼，灯笼上可绘制荷花图案，营造出典雅的氛围；在通道两侧摆放荷花盆栽，每隔一段距离设置一个古风花架，花架上悬挂荷花形状的灯牌或书法作品，引导宾客进入宴会场地。背景使用中国风背景布，如绿色纱幔隔断，营造出朦胧、优雅的氛围。背景上可绘制大幅的荷花水墨画或张贴荷花主题的书法作品，体现国风特色。

舞台布置：舞台背景以荷花为主题，可采用LED屏幕播放荷花的视频或动画，舞台两侧设置古风屏风，屏风上绘制荷花图案。舞台上可摆放古筝、古琴等传统乐器，用于现场表演。

餐厅布置：每张餐桌使用白色或淡粉色的桌布，搭配绿色的餐巾，餐巾可折叠成荷花形状。在餐桌中央放置一个荷花造型的花艺装饰，周围摆放蜡烛和香薰，增添浪漫的氛围。现场可在餐桌上设置干冰以增加氛围感。

服装与服饰：服务员统一穿着中式旗袍或汉服，佩戴荷花造型的饰品，展现出国风的韵味。参加宴会的人员也可以提前通知统一要求古风着装。

（三）宴会菜单设计

1. 冷盘与前菜

荷花豆腐：清淡爽口，豆腐的嫩滑与荷花的清香相互搭配，开启清爽的用餐体验。

凉拌荷叶：将荷叶洗净切丝，加入调味料凉拌，带有荷叶独特的清香，口感清爽。

荷花酥：以荷花为灵感制作的精致糕点，外形美观，口感酥脆。

荷花果冻：透明的果冻中融入荷花的香气，清甜可口，增添夏日的清凉感。

2. 主菜

荷香烤鱼：采用新鲜的鱼，用荷叶包裹烤制，使鱼吸收荷叶的清香，外皮金黄酥脆，内部鲜嫩多汁。

荷花蒸鸡：鸡肉搭配荷花一同蒸制，荷花的香气渗透到鸡肉中，使鸡肉更加鲜嫩，味道独特。

荷叶粉蒸排骨：排骨裹上米粉，用荷叶包裹蒸制，荷叶的清香与排骨的肉香相互交融，米粉软糯，排骨入味。

风味荷花鱼：鱼肉经过特殊的烹饪方式，融入荷花的风味，造型美观，口感鲜美。

3. 汤品

荷花时蔬汤：用荷花和夏季时令蔬菜熬制而成，汤汁清澈，味道鲜美，为餐桌增添一份清新与滋养。

4. 甜点

荷花蜜饯：荷花经过加工制成蜜饯，保留了荷花的形态和部分清香，甜而不腻。

荷花冰激凌：以荷花为原料制作的冰激凌，口感细腻，带有荷花的淡雅香气。

桂花糖藕：莲藕中填入糯米，煮熟后淋上桂花糖汁，香甜软糯，藕断丝连。

上海古猗园餐厅推出的荷花宴，全套宴席包含8道凉菜、12道热菜和2道点心。菜品突破往年，将莲藕、莲叶、莲花、莲子全部融入，如小荷尖尖角，以刚发芽的荷叶为原材料，加入荷藕粒和新鲜虾肉，包入荷叶卷中油炸而成，口感鲜美多汁不油腻，还带荷叶清香；又如出水芙蓉造型独特，荷藕鲜肉小笼外皮精致，内陷藕瓣脆嫩爽口，颇受顾客喜爱。

广东荷色荷韵的风雅花食宴，有九菜一汤一点，菜式传统又蕴含夏季食养智慧。菜品包括鸿运双喜拼、存宝炖莲蓬、金荷香芥虾、荷香清远鸡、莲藕香扣肉、荷香鲒鱼球、鲜荷衬蟠龙、荷香竞五秀、荷塘映月色、清蒸荷花皖、田园时蔬、鲜虾荷叶饭、象型莲藕酥。

（四）宴会活动安排

开场表演：邀请专业的古筝、古琴演奏者进行开场表演，演奏古典音乐，营造出优雅的氛围。

茶艺展示：安排专业的茶艺师傅进行荷花茶的茶艺展示，讲解荷花茶的历史、制作方法和功效，让宾客了解荷花茶的文化内涵。

书画展览：在宴会场地设置书画展览区，展示刘小晴、郑孝同、杨秋宝等业内名家的成扇作品，让宾客在品尝美食的同时，欣赏到中国传统书画的艺术魅力。

互动游戏：安排一些与荷花和国风文化相关的互动游戏，如猜灯谜、书法比赛等，增加宾客的参与感和趣味性。

（五）宴会风险控制

服务员在服务过程中，要注重传统礼仪和细节，以热情、周到的服务为宾客提供良好的用餐体验。在菜品上桌时，要向宾客介绍菜品的名称、原料和制作方法，增加宾客对菜品的了解。

参考文献

[1] 易中天. 破门而入：美学的问题与历史 [M]. 上海：复旦大学出版社，2004.
[2] 朱光潜. 谈美 [M]. 上海：华东师范大学出版社，2012.
[3] 朱光潜. 西方美学史 [M]. 北京：北京理工大学出版社，2018.
[4] 王德峰. 寻觅意义 [M]. 济南：山东文艺出版社，2022.
[5] 朱基富. 烹饪美学 [M]. 北京：中国轻工业出版社，2010.
[6] 辛少坤. 烹饪美学 [M]. 北京：中国劳动社会保障出版社，2021.
[7] 杨婕沂. 烹饪美学习题册 [M]. 北京：中国劳动社会保障出版社，2022.
[8] 吴晓伟. 中餐烹饪美学 [M]. 大连：大连理工大学出版社，2008.
[9] 何志贵，何艳军. 烹饪工艺美术 [M]. 北京：旅游教育出版社，2020.
[10] 童光森，彭涛. 烹饪工艺学 [M]. 北京：中国轻工业出版社，2020.
[11] 张仁东，许磊. 烹饪工艺学 [M]. 2版. 重庆：重庆大学出版社，2023.
[12] 罗家良. 创意盘饰 [M]. 北京：化学工业出版社，2020.
[13] 刘蔓. 餐饮文化空间设计 [M]. 2版. 重庆：西南大学出版社，2015.
[14] 杨囡囡，车延红，张怡. 宴会设计 [M]. 济南：山东人民出版社，2016.